# Group Tables

# Group Tables

A D Thomas and G V Wood
University College of Swansea

Shiva Publishing Limited

SHIVA PUBLISHING LIMITED
9 Clareville Road, Orpington, Kent BR5 1RU, UK


British Library Cataloguing in Publication Data

Thomas, A D
    Group tables. — (Shiva mathematics series; 2).
    1. Groups, Theory of
    I. Title    II. Wood, G V
    512'.22    QA171

    ISBN 0–906812–04–6
    ISBN 0–906812–02–X Pbk

**Printed in Great Britain by Devon Print Group, Exeter, Devon**

# Contents

# Contents

# Introduction

This book was written following the success of a roughly produced set of multiplication tables in teaching an undergraduate course in group theory, and as a handy source of information. They were produced by an unsophisticated computer program from generators and relations using the Coxeter-Todd algorithm (see [1]). This program was improved and other Fortran programs written and packages created to process the basic information.

These tables are not intended for the expert in group theory. The information contained here is very basic and if not known to him could easily be calculated given time. Thus the book is aimed primarily at a student of group theory to back up the theory and give him an abundant supply of examples and data. However we believe that research workers in mathematics and other sciences will find it useful to have this information tabulated in a compact form in one place.

# Explanation of tables and symbols.

In order to refer to specific groups we have introduced a symbolic number for each group in the table, which we call the type of the group. This has the form m/n where m is the order of the group and n denotes a particular group of that order. The symbol m/1 always refers to the cyclic group of order m. For a given m the order in which the groups occur was chosen according to certain principles where possible. The abelian groups precede the non-abelian groups, and usually direct products are placed before groups not so expressible.

For the groups of order $2^n$, the order, except for the abelian groups, coincides with that in the book of Hall and Senior (see [2]). For these groups we also give the Hall-Senior notation on the top right-hand corner of the page, e.g. $\Gamma_8 a_1$ for $D_{16}$.

For each group of order m, except the cyclic group m/1, we first give a multiplication table. The elements of the group are the integers from 1 to m, with 1 the identity. The table is exhibited as an m x m array with the (i,j)-th entry denoting the product i.j. The numbering of the elements has been chosen to display a normal subgroup in the top left-hand corner. The pattern of the numbers clearly shows the cosets of this subgroup and even the type of the quotient can be recognised.

The elements and type of the centre and commutator subgroup are listed, and so are the types of the abelianisation, inner automorphism group and automorphism group when its order falls within the scope of this book.

For groups of order less than 32 we give the type of the Sylow subgroups, listing explicitly the elements when such a subgroup is unique. The conjugacy classes are listed, except for the class comprising the identity, which is class 1. Other information is given where possible, such as a presentation as a subgroup of a symmetric group.

Generators and relations for the group are given in the usual way. Where the group is a product of two or more subgroups, this fact is indicated in the presentation.

We give the character table and irreducible representations when the group is non-abelian. The columns of the character table represent the conjugacy classes, the number of the column being the number of the class. For each irreducible representation of degree greater than one we describe the matrix corresponding to each of our chosen generators.

The lattice of subgroups has been condensed for simplicity. The types and multiplicities of subgroups are indicated. The symbol k*m/n indicates a conglomeration of k subgroups, each of type m/n. A rectangular box marks the commutator subgroup, and an oval the centre. As usual ascending lines denote inclusions. Unless otherwise stated lines between symbols with multiplicity are abbreviations for lines with the obvious multiplicity. A line joining $k_1 * m_1/n_1$ to $k_2 * m_2/n_2$ where $k_1 = rk_2$ indicates that the $k_1$ subgroups of type $m_1/n_1$ fall into $k_2$ classes with r in a class, and each of the groups of type $m_2/n_2$ is joined to each group in one and only one class.

For example
6*4/1
|
means
|
3*2/1

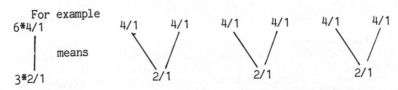

Sometimes a more complicated combinatorial arrangement of subgroups is condensed into a symbol with multiplicities, as in the case of the elementary group $8/3 = C_2 \times C_2 \times C_2$ for example. line ascending from $k_1 * m_1 /n_1$ to $k_2 * m_2 /n_2$ with indices $r_1$ and $r_2$ written beside the lines indicates that each of the subgroups of type $m_2 /n_2$ contains $r_2$ subgroups of type $m_1 /n_1$, and each subgroup of type $m_1 /n_1$ is contained in $r_1$ subgroups of type $m_2 /n_2$, so that $k_1 r_1 = k_2 r_2$.

As an example, consider the table for the group G of type 24/4. In this group the product 4.18 is 15, since 15 is the (4,18)-th entry in the table, and the inverse of 14 is 18 since 1 is in the (14,18)-th position. The top left-hand 12 x 12 subarray is the table for a normal subgroup (of type 12/3 -the dihedral group $D_6$) whose two cosets can clearly be seen. The top left-hand 6 x 6 subarray is also the table of a normal subgroup, this time type 6/1 whose four cosets can be seen to form a group of type 4/2.

The group G has 12 conjugacy classes; class 1 comprises the element 1 and class 10 consists of the two elements 2,6 which have order 6. All together there are 6 elements of order 6 which fall into three conjugacy classes: class 10, class 11 and class 12.

The centre is $\{1,4,13,16\}$ which is a group of type 4/2 (non-cyclic) while the commutator subgroup $\{1,3,5\}$ is cyclic (type 3/1). There are three Sylow-2-subgroups of type 8/3 which, by refering to the group 8/3 earlier in these tables, we see to be abelian, isomorphic to $C_2 \times C_2 \times C_2$. There is only one Sylow-3-subgroup, the subset $\{1,3,5\}$. Next we see two presentations for this group. The first indicates that G is the direct product of two subgroups; the first subgroup is generated by 2,7 whose orders are 6 and 2 and which satisfy the relation $2.7 = 7.2^{-1}$, and the second subgroup is generated by the element 13 of order 2. The group G is isomorphic to $D_6 \times C_2$.

The abelianisation of G is of type 8/3, so is isomorphic to $C_2 \times C_2 \times C_2$ while the inner automorphism group is of type 6/2, which from earlier tables we see to be $S_3$.

The automorphism group is the product of two groups generated by a,b and c,d respectively. Each of these two groups is symmetric, and the automorphism group is isomorphic to 6/2 x 6/2, i.e. to $S_3 \times S_3$. The effect of the automorphisms a,b,c,d on the generators for our group is described explicitly; the automorphism a leaves 2 fixed but maps 7 to 9.

This group is a subgroup of $S_7$ but not of $S_6$. The element 2 corresponds to the permutation (tuv)(wx) of the last seven letters of the alphabet.

The group G has 12 conjugacy classes, and so 12 inequivalent irreducible representations. Eight of these, $R_i$ for $i=1....8$, are one dimensional while $R_9$, $R_{10}$, $R_{11}$ and $R_{12}$ are 2-dimensional. The representation $R_4$, a homomorphism from G to the group $GL_1(\mathbb{C})=\mathbb{C}^*$ of 1 by 1 matrices, takes the value $-1$ on classes 5,6,7,8,11 and 12 so that the element 13,being in class 5, maps to $-1$.

The 2-dimensional representation $R_9$ sends

$$2 \text{ to } \begin{pmatrix} \exp(4\pi i/6) & 0 \\ 0 & \exp(8\pi i/6) \end{pmatrix}, 7 \text{ to } \begin{pmatrix} 0 & 1 \\ 1 & 0 \end{pmatrix} \text{ and } 13 \text{ to } \begin{pmatrix} 1 & 0 \\ 0 & 1 \end{pmatrix}$$

since ek denotes $\exp(2\pi i/6)$ in this table. The representation $R_{10}$ is obtained by multiplying $R_9$ by the 1-dimensional representation $R_4$.

From the lattice diagram, we see that the centre is of type 4/2, indicated by the oval, and the commutator subgroup type 3/1, indicated by the rectangle. The group G has a unique subgroup of type $12/2 = C_6 \times C_2$, which contains three subgroups of type 6/1. the multiple symbol linking 6*12/3 to 4*6/2 is an abbreviation for

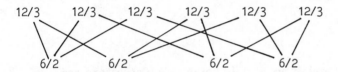

so that each subgroup of type 6/2 in this block is contained in 3 subgroups of type 12/3, and each subgroup of type 12/3 contains 2 subgroups of type 6/2.

There are 51 non-isomorphic groups of order 32. The multiplication tables for these have been included because of their variety. So that this book was not too long, only a limited amount of information has been given for these; the reader can easily calculate other properties if he so wishes, or refer to the book of Hall and Senior [2]. They also provide a large supply of examples for the student to investigate.

Further information on the production of these and other tables may be obtained by writing to the authors at

Department of Pure Mathematics,
University College of Swansea,
Singleton park
Swansea
Wales.

Certain well-known groups with traditional notation occur in these tables, and we list this notation for convenience.

$C_n$: cyclic group of order $n=\langle x:x^n=1\rangle$

Dih(A): the dihedral group of A. where A is abelian; this is semi-direct product of A with $C_2$ , the non-trivial element of $C_2$ takes a to $a^{-1}$, for a in A.

$D_n$: the dihedral group of order $2n=\langle x,y:x^n=1,y^2=1,yxy^{-1}=x^{-1}\rangle$

$Q_n$: the dicyclic group, order $2n=\langle x,y:x^n=1,y^2=x^{n/2},yxy^{-1}=x^{-1}\rangle$

Q: the quaternion group $= Q_4$

$S_n$: the symmetric group on n letters

$A_n$: the alternating group on n letters

Aut(G): the group of automorphisms of G

Inn(G) :the group of inner automorphisms of G

$G_1 \times G_2$: the direct product of G and G

$G_1 \rtimes G_2$: a semi-direct product of $G_1$ with $G_2$, with $G_1$ as a normal subgroup

Hol(G): the holomorph of $G = G \rtimes$ Aut(G).

$Z_n$ :the ring of integers modulo n

$F_p$ : the field of order p

$GL_n(R)$: the group of invertible n x n matrices with entries in R

$SL_n(R)$: the subgroup $\{A\in GL_n(R): \det(A)=1\}$ of $GL_n(R)$

REFERENCES

[1]  H.S.M. Coxeter and W.O.J. Moser     Generators and relations for discrete groups.   Springer (1972)

[2]  M. Hall and J.K. Senior     The groups of order $2^n$ (n⩽6) Macmillan,  New York    (1964)

# Groups of order less than 32

TYPE 4/ 2                         $C_2$ x $C_2$ elementary

```
1 2 3 4
2 1 4 3
3 4 1 2
4 3 2 1
```

ABELIAN
3 elements of order  2 =  2  3  4
$<2:2^2=1>$x$<3:3^2=1>$ = $C_2$ x $C_2$
Automorphism group type 6/2 = $<a,b:a^3=1,b^2=1,ab=ba^{-1}>$
where a cyclically permutes 2,3,4 and b transposes 2 and 3
Degree 4: 2<-> (wx)(yz), 3<-> (wy)(xz), 4<-> (wz)(xy)
Symmetry group of non-square rectangle

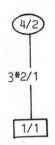

(4/2)

3*2/1

[1/1]

```
1 2 3 4 5 6
2 3 1 5 6 4
3 1 2 6 4 5
4 6 5 1 3 2
5 4 6 2 1 3
6 5 4 3 2 1
```

3 elements of order  2:class  2 =  4  5  6
2 elements of order  3:class  3 =  2  3
Centre =  1
Commutator subgroup type 3/1 =  1  2  3
3 Sylow 2-subgroups type 2/1
1 Sylow 3-subgroup type 3/1 =  1  2  3
$\langle 2,4:2^3=1,4^2=1,2.4=4.2^{-1}\rangle = S_3$ where 2<-> (xyz), 4<-> (xy)
Also the group $GL_2(F_2) = SL_2(F_2)$ where 2<-> $\begin{pmatrix} 0 & 1 \\ 1 & 1 \end{pmatrix}$ and 3<-> $\begin{pmatrix} 0 & 1 \\ 1 & 0 \end{pmatrix}$

Abelianisation type 2/1
Every automorphism inner
Automorphism group type 6/2 = $\langle a,b:a^3=1,b^2=1,ab=ba^{-1}\rangle$
where a(2)=2,a(4)=6; b(2)=3,b(4)=4
Smallest non-abelian group
Every proper subgroup cyclic
Only finite non-abelian group with 3 conjugacy classes

Character table (ek=exp(2$\pi$ik/3))

```
        1  2  3
      ----------
R1:   1  1  1
R2:   1 -1  1
R3:   2  0 -1
```

R3: 2->$\begin{pmatrix} e1 & 0 \\ 0 & e2 \end{pmatrix}$, 4-> $\begin{pmatrix} 0 & 1 \\ 1 & 0 \end{pmatrix}$

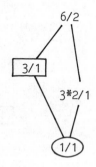

TYPE  8/ 2                    $C_2 \times C_4$

```
1 2 3 4 5 6 7 8
2 3 4 1 6 7 8 5
3 4 1 2 7 8 5 6
4 1 2 3 8 5 6 7
5 6 7 8 1 2 3 4
6 7 8 5 2 3 4 1
7 8 5 6 3 4 1 2
8 5 6 7 4 1 2 3
```

ABELIAN
3 elements of order  2 =  3  5  7
4 elements of order  4 =  2  4  6  8
$\langle 5:5^2=1\rangle \times \langle 2:2^4=1\rangle = C_2 \times C_4$
Automorphism group type 8/4 = $\langle a,b:a^4=1,b^2=1,ab=ba^{-1}\rangle$
where a(2)=6,a(5)=7;  b(2)=2,b(5)=7
Degree 6:  2<-> (uvwx), 5<-> (yz)
Subgroup generated by squares =  1  3

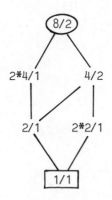

```
1 2 3 4 5 6 7 8
2 1 4 3 6 5 8 7
3 4 1 2 7 8 5 6
4 3 2 1 8 7 6 5
5 6 7 8 1 2 3 4
6 5 8 7 2 1 4 3
7 8 5 6 3 4 1 2
8 7 6 5 4 3 2 1
```

ABELIAN
All non-trivial elements have order 2
$\langle 2:2^2=1\rangle$x$\langle 3:3^2=1\rangle$x$\langle 5:5^2=1\rangle$ = $C_2$ x $C_2$ x $C_2$
Automorphism group order 168 = $GL_3(F_2)$ which acts as a
transitive permutation group on the 7 non-trivial elements
Degree 6: 2<-> (uv), 3<-> (wx), 5<-> (yz)
Generated by any 3 distinct elements whose product is non-trivial

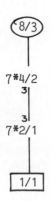

TYPE  8/ 4                    $D_4$   dihedral      $= \Gamma_2 q_1$

```
1 2 3 4 5 6 7 8
2 3 4 1 6 7 8 5
3 4 1 2 7 8 5 6
4 1 2 3 8 5 6 7
5 8 7 6 1 4 3 2
6 5 8 7 2 1 4 3
7 6 5 8 3 2 1 4
8 7 6 5 4 3 2 1
```

5 elements of order  2:class  2 =  3
                        class  3 =  5  7
                        class  4 =  6  8
2 elements of order  4:class  5 =  2  4
Centre type 2/1 =    1  3
Commutator subgroup type 2/1 =   1  3
$\langle 2,5:2^4=1,5^2=1,2.5=5.2^{-1}\rangle = C_4 \rtimes C_2 = D_4$
Abelianisation type 4/2
Inner automorphisms type 4/2
Automorphism group type 8/4 = $\langle a,b:a^4=1,b^2=1,ab=ba^{-1}\rangle$
where a(2)=2,a(5)=6; b(2)=4,b(5)=5
Transitive group of degree 4: 2<-> (wxyz),5<-> (xz)
Subgroup generated by squares =  1  3
Symmetry group of a square
Sylow 2-subgroup of $S_4$ and $S_5$
Also called Octic group

Character table

```
        1  2  3  4  5
       -----------------
R1:     1  1  1  1  1
R2:     1  1 -1  1 -1
R3:     1  1 -1 -1  1
R4:     1  1  1 -1 -1
R5:     2 -2  0  0  0
```

R5: 2-> $\begin{pmatrix} i & 0 \\ 0 & -i \end{pmatrix}$, 5-> $\begin{pmatrix} 0 & 1 \\ 1 & 0 \end{pmatrix}$

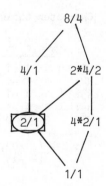

Q  quaternion    $= \Gamma_2 a_2$

```
1 2 3 4 5 6 7 8
2 3 4 1 6 7 8 5
3 4 1 2 7 8 5 6
4 1 2 3 8 5 6 7
5 8 7 6 3 2 1 4
6 5 8 7 4 3 2 1
7 6 5 8 1 4 3 2
8 7 6 5 2 1 4 3
```

1  element of order  2:class  2 =  3
6 elements of order  4:class  3 =  2 4
                       class  4 =  5 7
                       class  5 =  6 8
Centre type 2/1 =    1  3
Commutator subgroup type 2/1 =  1  3
$\langle 2,5:2^4=1,5^2=2^2,2.5=5.2^{-1}\rangle$ = Q
Abelianisation type 4/2
Inner automorphisms type 4/2
Automorphism group type 24/12 = $S_4$ = $\langle a,b:a^4=1,b^2=1,(ab)^3=1\rangle$
where a(2)=2,a(5)=6; b(2)=5,b(5)=2. There are 8 sets of three
elements a,b,c for which a,b,c generate the 3 groups of order 4,
and the automorphism group permutes these in four pairs
Degree 8: 2<-> (stuv)(wxyz), 5<-> (sxuz)(twvy)  which is the
Cayley representation
Subgroup generated by squares = 1  3
Every proper subgroup cyclic
Every subgroup normal
Generated by any of the 24 pairs of non-commuting elements
of order 4

Character table                                        8/5

       1 2 3 4 5
      ---------------
R1:    1  1  1  1  1                                  3*4/1
R2:    1  1 -1  1 -1
R3:    1  1 -1 -1  1
R4:    1  1  1 -1 -1
R5:    2 -2  0  0  0

R5: 2-> $\begin{pmatrix} i & 0 \\ 0 & -i \end{pmatrix}$, 5-> $\begin{pmatrix} 0 & 1 \\ -1 & 0 \end{pmatrix}$
```

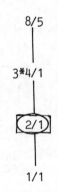
```

```
1 2 3 4 5 6 7 8 9
2 3 1 5 6 4 8 9 7
3 1 2 6 4 5 9 7 8
4 5 6 7 8 9 1 2 3
5 6 4 8 9 7 2 3 1
6 4 5 9 7 8 3 1 2
7 8 9 1 2 3 4 5 6
8 9 7 2 3 1 5 6 4
9 7 8 3 1 2 6 4 5
```

ABELIAN
All non-trivial elements have order 3
$\langle 2:2^3=1\rangle \times \langle 4:4^3=1\rangle = C_3$ x $C_3$
Automorphism group order $48 = GL_2(F_3)$ which acts as full
permutation group on the 4 proper subgroups
Degree 6: 2<-> (uvw), 4<-> (xyz)
Generated by any two elements neither of which is a power
of the other

TYPE 10/ 2                    $D_5$   dihedral

```
 1  2  3  4  5  6  7  8  9 10
 2  3  4  5  1  7  8  9 10  6
 3  4  5  1  2  8  9 10  6  7
 4  5  1  2  3  9 10  6  7  8
 5  1  2  3  4 10  6  7  8  9
 6 10  9  8  7  1  5  4  3  2
 7  6 10  9  8  2  1  5  4  3
 8  7  6 10  9  3  2  1  5  4
 9  8  7  6 10  4  3  2  1  5
10  9  8  7  6  5  4  3  2  1
```

5 elements of order  2:class  2 =  6  7  8  9 10
4 elements of order  5:class  3 =  2  5
                       class  4 =  3  4
Centre =   1
Commutator subgroup type 5/1 =  1  2  3  4  5
5 Sylow 2-subgroups type 2/1
1 Sylow 5-subgroup type 5/1 =  1  2  3  4  5
$\langle 2,6 : 2^5 = 1, 6^2 = 1, 2.6 = 6.2^{-1} \rangle = C_5 \rtimes C_2 = D_5$
Abelianisation type 2/1
Inner automorphisms type 10/2
Automorphism group type 20/5 = $\mathrm{Hol}(C_5)$ = $\langle a,b : a^5 = 1, b^4 = 1, ab = ba^2 \rangle$
where a(2)=2, a(6)=7;  b(2)=3, b(6)=6
Degree 5: 2<-> (vwxyz), 6<-> (wz)(xy)
Symmetry group of the regular pentagon
Normaliser of 5-cycle in A

Character table ($ck = 2\cos(2\pi i k/5)$)                            10/2

```
        1  2  3  4
       ------------
R1:     1  1  1  1
R2:     1 -1  1  1
R3:     2  0 c1 c2
R4:     2  0 c2 c1
```

$R(2+k): 2 \rightarrow \begin{pmatrix} ek & 0 \\ 0 & fk \end{pmatrix}, \quad 6 \rightarrow \begin{pmatrix} 0 & 1 \\ 1 & 0 \end{pmatrix}$

where ex=exp(2$\pi$ik/5), fk=exp(-2$\pi$ik/5), k=1,2

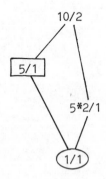

```
 1  2  3  4  5  6  7  8  9 10 11 12
 2  3  4  5  6  1  8  9 10 11 12  7
 3  4  5  6  1  2  9 10 11 12  7  8
 4  5  6  1  2  3 10 11 12  7  8  9
 5  6  1  2  3  4 11 12  7  8  9 10
 6  1  2  3  4  5 12  7  8  9 10 11
 7  8  9 10 11 12  1  2  3  4  5  6
 8  9 10 11 12  7  2  3  4  5  6  1
 9 10 11 12  7  8  3  4  5  6  1  2
10 11 12  7  8  9  4  5  6  1  2  3
11 12  7  8  9 10  5  6  1  2  3  4
12  7  8  9 10 11  6  1  2  3  4  5
```

ABELIAN
3 elements of order  2 =  4  7 10
2 elements of order  3 =  3  5
6 elements of order  6 =  2  6  8  9 11 12
1 Sylow 2-subgroup type 4/2 =  1  4  7 10
1 Sylow 3-subgroup type 3/1 =  1  3  5
$<7:7^2=1>x<2:2^6=1> = C_2 \times C_6$
$<4:4^2=1>x<7:7^2=1>x<3:3^3=1> = C_2 \times C_2 \times C_3$
Automorphism group type 12/3 = $D_6$ = $<a,b:a^6=1,b^2=1,ab=ba^{-1}>$
where a(2)=8,a(7)=4; b(2)=8,b(7)=7
Degree 7: 2<-> (tuv)(wx), 7<-> (yz)
Subgroup generated by squares =  1  3  5

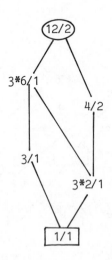

TYPE 12/ 3                    $D_6$ dihedral

```
 1  2  3  4  5  6  7  8  9 10 11 12
 2  3  4  5  6  1  8  9 10 11 12  7
 3  4  5  6  1  2  9 10 11 12  7  8
 4  5  6  1  2  3 10 11 12  7  8  9
 5  6  1  2  3  4 11 12  7  8  9 10
 6  1  2  3  4  5 12  7  8  9 10 11
 7 12 11 10  9  8  1  6  5  4  3  2
 8  7 12 11 10  9  2  1  6  5  4  3
 9  8  7 12 11 10  3  2  1  6  5  4
10  9  8  7 12 11  4  3  2  1  6  5
11 10  9  8  7 12  5  4  3  2  1  6
12 11 10  9  8  7  6  5  4  3  2  1
```

7 elements of order 2:class 2 = 4
                     class 3 = 7  9 11
                     class 4 = 8 10 12
2 elements of order 3:class 5 = 3 5
2 elements of order 6:class 6 = 2 6
Centre type 2/1 =    1  4
Commutator subgroup type 3/1 = 1 3 5
3 Sylow 2-subgroups type 4/2
1 Sylow 3-subgroup type 3/1 = 1 3 5
$\langle 2,7:2^6=1,7^2=1,2.7=7.2^{-1}\rangle = C_6 \rtimes C_2 = D_6$
$\langle 3,7:3^3=1,7^2=1,3.7=7.3^{-1}\rangle \times \langle 4:4^2=1\rangle = S_3 \times C_2$
Abelianisation type 4/2
Inner automorphisms type 6/2
Automorphism group type 12/3 = $\langle a,b:a^6=1,b^2=1,ab=ba^{-1}\rangle$
where a(2)=2,a(7)=8; b(2)=6,b(7)=7
Degree 5: 2<-> (vwx)(yz), 7<-> (wx)
Symmetry group of regular hexagon


Character table

        1  2  3  4  5  6
      ---------------------
R1:     1  1  1  1  1  1
R2:     1 -1 -1  1  1 -1
R3:     1 -1  1 -1  1 -1
R4:     1  1 -1 -1  1  1
R5:     2 -2  0  0 -1  1
R6:     2  2  0  0 -1 -1

$R(4+k): 2\rightarrow \begin{pmatrix} ek & 0 \\ 0 & fk \end{pmatrix}, 7\rightarrow \begin{pmatrix} 0 & 1 \\ 1 & 0 \end{pmatrix}$

where ek=exp($2\pi ik/6$), fk=exp($-2\pi ik/6$),k=1,2
```

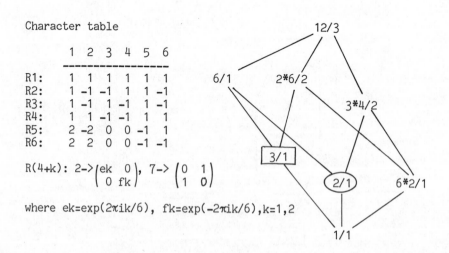
```

```
 1  2  3  4  5  6  7  8  9 10 11 12
 2  1  4  3  6  5  8  7 10  9 12 11
 3  4  1  2  7  8  5  6 11 12  9 10
 4  3  2  1  8  7  6  5 12 11 10  9
 5  8  6  7  9 12 10 11  1  4  2  3
 6  7  5  8 10 11  9 12  2  3  1  4
 7  6  8  5 11 10 12  9  3  2  4  1
 8  5  7  6 12  9 11 10  4  1  3  2
 9 11 12 10  1  3  4  2  5  7  8  6
10 12 11  9  2  4  3  1  6  8  7  5
11  9 10 12  3  1  2  4  7  5  6  8
12 10  9 11  4  2  1  3  8  6  5  7
```

3 elements of order  2:class  2 =  2  3  4
8 elements of order  3:class  3 =  5  6  7  8
                       class  4 =  9 10 11 12

Centre =   1
Commutator subgroup type 4/2 =  1  2  3  4
1 Sylow 2-subgroup type 4/2 =  1  2  3  4
4 Sylow 3-subgroups type 3/1
$\langle 2,5:2^2=1,5^3=1,(5.2)^3=1\rangle = A_4$
$\langle 2,3,5:2^2=1,3^2=1,5^3=1,2.3=3.2,5.2=2.3.5,5.3=2.5\rangle = (C_2 \times C_2) \rtimes C_3$
where $C_3$ cyclically permutes the 3 non-trivial elements of $C_2 \times C_2$
Abelianisation type 3/1
Inner automorphisms type 12/4
Automorphism group type 24/12 = $\langle a,b:a^4=1,b^2=1,(ab)^3=1\rangle$
where a(2)=4,a(5)=11; b(2)=2,b(5)=9
Symmetry group of the tetrahedron
Degree 4: 2<-> (wx)(yz), 9<-> (wxy)
Occurs as $PSL_2(F_3)$ with 9,2 represented by $\begin{pmatrix} 0 & -1 \\ 1 & 1 \end{pmatrix}$ and $\begin{pmatrix} 0 & -1 \\ 1 & 0 \end{pmatrix}$

No subgroup of order 6
Every proper subgroup is elementary abelian
Conjugacy classes 3 and 4 combine in $S_4$
Largest finite group with precisely 4 conjugacy classes
Smallest group with an irreducible 3-dimensional representation
Generated by any of the 24 pairs consisting of an element of order
3 and an element of order 2

Character table (ek=exp(2$\pi$ik/3))                              12/4

```
      1  2  3  4
     ------------
R1:   1  1  1  1
R2:   1  1 e1 e2
R3:   1  1 e2 e1
R4:   3 -1  0  0
```

R4: 2->$\begin{pmatrix} -1 & 0 & 0 \\ 0 & 1 & 0 \\ 0 & 0 & -1 \end{pmatrix}$, 3->$\begin{pmatrix} 0 & -1 & 0 \\ -1 & 0 & 0 \\ 0 & 0 & -1 \end{pmatrix}$, 5->$\begin{pmatrix} 0 & 1 & 0 \\ 0 & 0 & 1 \\ 1 & 0 & 0 \end{pmatrix}$

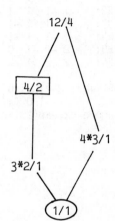

```
 1  2  3  4  5  6  7  8  9 10 11 12
 2  3  4  5  6  1  8  9 10 11 12  7
 3  4  5  6  1  2  9 10 11 12  7  8
 4  5  6  1  2  3 10 11 12  7  8  9
 5  6  1  2  3  4 11 12  7  8  9 10
 6  1  2  3  4  5 12  7  8  9 10 11
 7 12 11 10  9  8  4  3  2  1  6  5
 8  7 12 11 10  9  5  4  3  2  1  6
 9  8  7 12 11 10  6  5  4  3  2  1
10  9  8  7 12 11  1  6  5  4  3  2
11 10  9  8  7 12  2  1  6  5  4  3
12 11 10  9  8  7  3  2  1  6  5  4
```

```
1  element of order   2:class  2 =  4
2  elements of order  3:class  3 =  3  5
6  elements of order  4:class  4 =  7  9 11
                        class  5 =  8 10 12
2  elements of order  6:class  6 =  2  6
```

Centre type 2/1 =    1  4
Commutator subgroup type 3/1 =  1  3  5
3 Sylow 2-subgroups type 4/1
1 Sylow 3-subgroup type 3/1 =  1  3  5
$\langle 2,7:2^6=1,7^2=2^3,2.7=7.2^{-1}\rangle = Q_6$
$\langle 3,7:3^3=1,7^4=1,3.7=7.3^{-1}\rangle = C_3 \rtimes C_4$
Abelianisation type 4/1
Inner automorphisms type 6/2
Automorphism group type 12/3 = $\langle a,b:a^6=1,b^2=1,ab=ba^{-1}\rangle$
where a(2)=2,a(7)=8; b(2)=6,b(7)=7
Degree 7: 3<-> (tuv), 7<-> (tu)(wxyz)
Every proper subgroup cyclic

Character table

```
         1  2  3  4  5  6
        ---------------------
R1:      1  1  1  1  1  1
R2:      1 -1  1  i -i -1
R3:      1  1  1 -1 -1  1
R4:      1 -1  1 -i  i -1
R5:      2 -2 -1  0  0  1
R6:      2  2 -1  0  0 -1
```

$R(4+k): 2\rightarrow \begin{pmatrix} ek & 0 \\ 0 & fk \end{pmatrix}, 7\rightarrow \begin{pmatrix} 0 & 1 \\ -1 & 0 \end{pmatrix}$
where ek=exp($2\pi ik/6$), fk=exp($-2\pi ik/6$),k=1-2

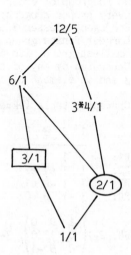

```
 1  2  3  4  5  6  7  8  9 10 11 12 13 14
 2  3  4  5  6  7  1  9 10 11 12 13 14  8
 3  4  5  6  7  1  2 10 11 12 13 14  8  9
 4  5  6  7  1  2  3 11 12 13 14  8  9 10
 5  6  7  1  2  3  4 12 13 14  8  9 10 11
 6  7  1  2  3  4  5 13 14  8  9 10 11 12
 7  1  2  3  4  5  6 14  8  9 10 11 12 13
 8 14 13 12 11 10  9  1  7  6  5  4  3  2
 9  8 14 13 12 11 10  2  1  7  6  5  4  3
10  9  8 14 13 12 11  3  2  1  7  6  5  4
11 10  9  8 14 13 12  4  3  2  1  7  6  5
12 11 10  9  8 14 13  5  4  3  2  1  7  6
13 12 11 10  9  8 14  6  5  4  3  2  1  7
14 13 12 11 10  9  8  7  6  5  4  3  2  1
```

7 elements of order 2:class 2 =  8  9 10 11 12 13 14
6 elements of order 7:class 3 =  2  7
                   class 4 =  3  6
                   class 5 =  4  5

Centre =   1
Commutator subgroup type 7/1 =  1  2  3  4  5  6  7
7 Sylow 2-subgroups type 2/1
1 Sylow 7-subgroup type 7/1 =  1  2  3  4  5  6  7
$\langle 2,8:2^7=1,8^2=1,2.8=8.2^{-1}\rangle = C_7 \rtimes C_2 = D_7$
Abelianisation type 2/1
Inner automorphisms type 14/2
Automorphism group order 42 = $\mathrm{Hol}(C_7)$ = $\langle a,b:a^7=1,b^6=1,ab=ba^3\rangle$
where a(2)=2,a(8)=9; b(2)=4,b(8)=8
Symmetry group of the regular 7-gon
Degree 7: 2<-> (tuvwxyz), 8<-> (uz)(vy)(wx)


Character table (ck=2cos($2\pi$ik/7))

```
     1  2  3  4  5
    ---------------
R1:  1  1  1  1  1
R2:  1 -1  1  1  1
R3:  2  0 c1 c2 c3
R4:  2  0 c2 c3 c1
R5:  2  0 c3 c1 c2
```

R(2+k): 2->$\begin{pmatrix} ek & 0 \\ 0 & fk \end{pmatrix}$, 8->$\begin{pmatrix} 0 & 1 \\ 1 & 0 \end{pmatrix}$
where ek=exp($2\pi$ik/7), fk=exp(-$2\pi$ik/7),k=1-3

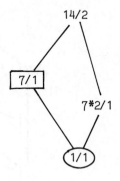

```
 1  2  3  4  5  6  7  8  9 10 11 12 13 14 15 16
 2  1  4  3  6  5  8  7 10  9 12 11 14 13 16 15
 3  4  5  6  7  8  9 10 11 12 13 14 15 16  1  2
 4  3  6  5  8  7 10  9 12 11 14 13 16 15  2  1
 5  6  7  8  9 10 11 12 13 14 15 16  1  2  3  4
 6  5  8  7 10  9 12 11 14 13 16 15  2  1  4  3
 7  8  9 10 11 12 13 14 15 16  1  2  3  4  5  6
 8  7 10  9 12 11 14 13 16 15  2  1  4  3  6  5
 9 10 11 12 13 14 15 16  1  2  3  4  5  6  7  8
10  9 12 11 14 13 16 15  2  1  4  3  6  5  8  7
11 12 13 14 15 16  1  2  3  4  5  6  7  8  9 10
12 11 14 13 16 15  2  1  4  3  6  5  8  7 10  9
13 14 15 16  1  2  3  4  5  6  7  8  9 10 11 12
14 13 16 15  2  1  4  3  6  5  8  7 10  9 12 11
15 16  1  2  3  4  5  6  7  8  9 10 11 12 13 14
16 15  2  1  4  3  6  5  8  7 10  9 12 11 14 13
```

ABELIAN
3 elements of order  2 =  2  9 10
4 elements of order  4 =  5  6 13 14
8 elements of order  8 =  3  4  7  8 11 12 15 16
$\langle 2:2^2=1\rangle \times \langle 3:3^8=1\rangle$ = $C_2$ x $C_8$
Automorphism group type 16/6 = $\langle a,b:a^4=1,b^2=1,ab=ba^{-1}\rangle \times \langle c:c^2=1\rangle$
where a(2)=10,a(3)=4; b(2)=10,b(3)=3; c(2)=2,c(3)=7
Subgroup generated by squares type 4/1 =  1  5  9 13

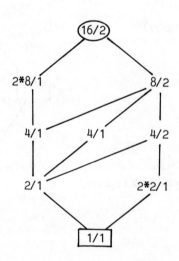

```
 1  2  3  4  5  6  7  8  9 10 11 12 13 14 15 16
 2  3  4  1  6  7  8  5 10 11 12  9 14 15 16 13
 3  4  1  2  7  8  5  6 11 12  9 10 15 16 13 14
 4  1  2  3  8  5  6  7 12  9 10 11 16 13 14 15
 5  6  7  8  9 10 11 12 13 14 15 16  1  2  3  4
 6  7  8  5 10 11 12  9 14 15 16 13  2  3  4  1
 7  8  5  6 11 12  9 10 15 16 13 14  3  4  1  2
 8  5  6  7 12  9 10 11 16 13 14 15  4  1  2  3
 9 10 11 12 13 14 15 16  1  2  3  4  5  6  7  8
10 11 12  9 14 15 16 13  2  3  4  1  6  7  8  5
11 12  9 10 15 16 13 14  3  4  1  2  7  8  5  6
12  9 10 11 16 13 14 15  4  1  2  3  8  5  6  7
13 14 15 16  1  2  3  4  5  6  7  8  9 10 11 12
14 15 16 13  2  3  4  1  6  7  8  5 10 11 12  9
15 16 13 14  3  4  1  2  7  8  5  6 11 12  9 10
16 13 14 15  4  1  2  3  8  5  6  7 12  9 10 11
```

ABELIAN
3 elements of order  2 =  3  9 11
12 elements of order  4 =  2  4  5  6  7  8 10 12 13 14 15 16
$\langle 2, 2^4 = 1\rangle \times \langle 5 : 5^4 = 1\rangle$ = $C_4$ x $C_4$
Automorphism group order 96 = $GL_2(Z_4)$, an extension of 16/5 by 6/2
Subgroup generated by squares type 4/2 =  1  3  9 11

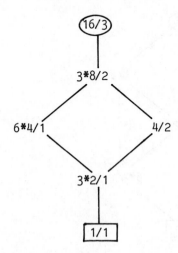

$C_2 \times C_2 \times C_4$

```
 1  2  3  4  5  6  7  8  9 10 11 12 13 14 15 16
 2  1  4  3  6  5  8  7 10  9 12 11 14 13 16 15
 3  4  1  2  7  8  5  6 11 12  9 10 15 16 13 14
 4  3  2  1  8  7  6  5 12 11 10  9 16 15 14 13
 5  6  7  8  9 10 11 12 13 14 15 16  1  2  3  4
 6  5  8  7 10  9 12 11 14 13 16 15  2  1  4  3
 7  8  5  6 11 12  9 10 15 16 13 14  3  4  1  2
 8  7  6  5 12 11 10  9 16 15 14 13  4  3  2  1
 9 10 11 12 13 14 15 16  1  2  3  4  5  6  7  8
10  9 12 11 14 13 16 15  2  1  4  3  6  5  8  7
11 12  9 10 15 16 13 14  3  4  1  2  7  8  5  6
12 11 10  9 16 15 14 13  4  3  2  1  8  7  6  5
13 14 15 16  1  2  3  4  5  6  7  8  9 10 11 12
14 13 16 15  2  1  4  3  6  5  8  7 10  9 12 11
15 16 13 14  3  4  1  2  7  8  5  6 11 12  9 10
16 15 14 13  4  3  2  1  8  7  6  5 12 11 10  9
```

ABELIAN
7 elements of order  2 =  2  3  4  9 10 11 12
8 elements of order  4 =  5  6  7  8 13 14 15 16
$\langle 2:2^2=1 \rangle \times \langle 3:3^2=1 \rangle \times \langle 5:5^4=1 \rangle$ = $C_2 \times C_2 \times C_4$
Automorphism group order 192. The element 9 is fixed by
every automorphism being the square of the elements of
order 4. There is a unique automorphism taking 5 to any
of the 8 elements of order 4,2 to any of the six elements
2,3,4,10,11,12 when the image of 2.9 = 10 is determined,and 3
to one of the remaining 4 elements of order 2
Subgroup generated by squares =  1  9

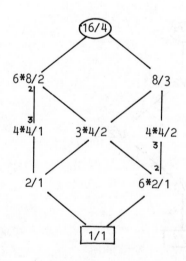

$C_2 \times C_2 \times C_2 \times C_2$  elementary

```
 1  2  3  4  5  6  7  8  9 10 11 12 13 14 15 16
 2  1  4  3  6  5  8  7 10  9 12 11 14 13 16 15
 3  4  1  2  7  8  5  6 11 12  9 10 15 16 13 14
 4  3  2  1  8  7  6  5 12 11 10  9 16 15 14 13
 5  6  7  8  1  2  3  4 13 14 15 16  9 10 11 12
 6  5  8  7  2  1  4  3 14 13 16 15 10  9 12 11
 7  8  5  6  3  4  1  2 15 16 13 14 11 12  9 10
 8  7  6  5  4  3  2  1 16 15 14 13 12 11 10  9
 9 10 11 12 13 14 15 16  1  2  3  4  5  6  7  8
10  9 12 11 14 13 16 15  2  1  4  3  6  5  8  7
11 12  9 10 15 16 13 14  3  4  1  2  7  8  5  6
12 11 10  9 16 15 14 13  4  3  2  1  8  7  6  5
13 14 15 16  9 10 11 12  5  6  7  8  1  2  3  4
14 13 16 15 10  9 12 11  6  5  8  7  2  1  4  3
15 16 13 14 11 12  9 10  7  8  5  6  3  4  1  2
16 15 14 13 12 11 10  9  8  7  6  5  4  3  2  1
```

ABELIAN
All non-trivial elements have order 2
Automorphism group order $20160 = 2^6 . 3^2 . 5 . 7 = GL_4(F_2)$
Unique group of order 16 with all non-trivial elements of order 2

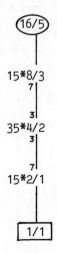

$D_4 \times C_2$ =     $\Gamma_2 a_1$

```
 1  2  3  4  5  6  7  8  9 10 11 12 13 14 15 16
 2  3  4  1  6  7  8  5 10 11 12  9 14 15 16 13
 3  4  1  2  7  8  5  6 11 12  9 10 15 16 13 14
 4  1  2  3  8  5  6  7 12  9 10 11 16 13 14 15
 5  8  7  6  1  4  3  2 13 16 15 14  9 12 11 10
 6  5  8  7  2  1  4  3 14 13 16 15 10  9 12 11
 7  6  5  8  3  2  1  4 15 14 13 16 11 10  9 12
 8  7  6  5  4  3  2  1 16 15 14 13 12 11 10  9
 9 10 11 12 13 14 15 16  1  2  3  4  5  6  7  8
10 11 12  9 14 15 16 13  2  3  4  1  6  7  8  5
11 12  9 10 15 16 13 14  3  4  1  2  7  8  5  6
12  9 10 11 16 13 14 15  4  1  2  3  8  5  6  7
13 16 15 14  9 12 11 10  5  8  7  6  1  4  3  2
14 13 16 15 10  9 12 11  6  5  8  7  2  1  4  3
15 14 13 16 11 10  9 12  7  6  5  8  3  2  1  4
16 15 14 13 12 11 10  9  8  7  6  5  4  3  2  1
```

11 elements of order  2:class  2 =  3
                        class  3 =  5  7
                        class  4 =  6  8
                        class  5 =  9
                        class  6 = 11
                        class  7 = 13 15
                        class  8 = 14 16
 4 elements of order  4:class  9 =  2  4
                        class 10 = 10 12

Centre type 4/2 =    1  3  9 11
Commutator subgroup type 2/1 =  1  3
$\langle 2,5:2^4=1,5^2=1,2.5=5.2^{-1}\rangle \times \langle 9:9^2=1\rangle = D_4 \times C_2$
Abelianisation type 8/3
Inner automorphisms type 4/2
Automorphism group order 64. There is a unique automorphism
taking 2 to any of 2,4,10,12,and 5 to any of 5,6,7,8,13,14,15,16
and 9 to either 9 or 11.   The automorphism group permutes the
four subgroups of type 8/4 as a group of type 8/4. The subgroup of
automorphisms fixing one subgroup or all subgroups of type 8/4 is
itself of type 8/4 = Aut(8/4)
Degree 6: 2<-> (uvwx), 5<-> (vx), 9<-> (yz)
Sylow 2-subgroup of $S_6$ and $S_7$
Subgroup generated by squares type 2/1 =  1  3
All subgroups of order 4 are normal
Unique group of order 16 with 11 elements of order 2

Character table

|      | 1 | 2  | 3  | 4  | 5  | 6  | 7  | 8  | 9  | 10 |
|------|---|----|----|----|----|----|----|----|----|----|
| R1:  | 1 | 1  | 1  | 1  | 1  | 1  | 1  | 1  | 1  | 1  |
| R2:  | 1 | 1  | 1  | 1  | -1 | -1 | -1 | -1 | 1  | -1 |
| R3:  | 1 | 1  | -1 | -1 | 1  | 1  | -1 | -1 | 1  | 1  |
| R4:  | 1 | 1  | -1 | -1 | -1 | -1 | 1  | 1  | 1  | -1 |
| R5:  | 1 | 1  | 1  | -1 | 1  | 1  | 1  | -1 | -1 | -1 |
| R6:  | 1 | 1  | 1  | -1 | -1 | -1 | -1 | 1  | -1 | 1  |
| R7:  | 1 | 1  | -1 | 1  | 1  | 1  | -1 | 1  | -1 | -1 |
| R8:  | 1 | 1  | -1 | 1  | -1 | -1 | 1  | -1 | -1 | 1  |
| R9:  | 2 | -2 | 0  | 0  | 2  | -2 | 0  | 0  | 0  | 0  |
| R10: | 2 | -2 | 0  | 0  | -2 | 2  | 0  | 0  | 0  | 0  |

R9: $2 \rightarrow \begin{pmatrix} i & 0 \\ 0 & -i \end{pmatrix}$, $5 \rightarrow \begin{pmatrix} 0 & 1 \\ 1 & 0 \end{pmatrix}$, $9 \rightarrow \begin{pmatrix} 1 & 0 \\ 0 & 1 \end{pmatrix}$

R10 = R9.R2

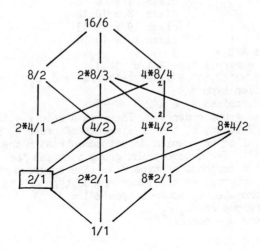

$Q \times C_2 = \Gamma_2 a_2$

```
 1  2  3  4  5  6  7  8  9 10 11 12 13 14 15 16
 2  3  4  1  6  7  8  5 10 11 12  9 14 15 16 13
 3  4  1  2  7  8  5  6 11 12  9 10 15 16 13 14
 4  1  2  3  8  5  6  7 12  9 10 11 16 13 14 15
 5  8  7  6  3  2  1  4 13 16 15 14 11 10  9 12
 6  5  8  7  4  3  2  1 14 13 16 15 12 11 10  9
 7  6  5  8  1  4  3  2 15 14 13 16  9 12 11 10
 8  7  6  5  2  1  4  3 16 15 14 13 10  9 12 11
 9 10 11 12 13 14 15 16  1  2  3  4  5  6  7  8
10 11 12  9 14 15 16 13  2  3  4  1  6  7  8  5
11 12  9 10 15 16 13 14  3  4  1  2  7  8  5  6
12  9 10 11 16 13 14 15  4  1  2  3  8  5  6  7
13 16 15 14 11 10  9 12  5  8  7  6  3  2  1  4
14 13 16 15 12 11 10  9  6  5  8  7  4  3  2  1
15 14 13 16  9 12 11 10  7  6  5  8  1  4  3  2
16 15 14 13 10  9 12 11  8  7  6  5  2  1  4  3
```

3 elements of order  2:class  2 =  3
                       class  3 =  9
                       class  4 = 11
12 elements of order  4:class  5 =  2  4
                       class  6 =  5  7
                       class  7 =  6  8
                       class  8 = 10 12
                       class  9 = 13 15
                       class 10 = 14 16
Centre type 4/2 =   1  3  9 11
Commutator subgroup type 2/1 =  1  3
$\langle 2,5:2^4=1,5^2=2^2,2.5=5.2^{-1}\rangle \times \langle 9:9^2=1\rangle = Q \times C_2$
Abelianisation type 8/3
Inner automorphisms type 4/2
Automorphism group order 192. There is a unique automorphism
which maps 2 to any of the 12 elements of order 4, 5 to any of the
8 elements of order 4 which do not commute with the image of 2,and
9 to 9 or 11.  The automorphism group permutes the 4 subgroups of
type 8/5 as a subgroup of type 8/4.  The subgroup of automorphisms
fixing one subgroup or all subgroups of type 8/5 is of type 24/12
Subgroup generated by squares type 2/1 =  1  3
Sylow 2-subgroup of $GL_2(F_3)$
All subgroups are normal

Character table

```
          1  2  3  4  5  6  7  8  9 10
        -------------------------------
R1:       1  1  1  1  1  1  1  1  1  1
R2:       1  1 -1 -1  1  1  1 -1 -1 -1
R3:       1  1  1  1  1 -1 -1  1 -1 -1
R4:       1  1 -1 -1  1 -1 -1 -1  1  1
R5:       1  1  1  1 -1  1 -1 -1  1 -1
R6:       1  1 -1 -1 -1  1 -1  1 -1  1
R7:       1  1  1  1 -1 -1  1 -1 -1  1
R8:       1  1 -1 -1 -1 -1  1  1  1 -1
R9:       2 -2  2 -2  0  0  0  0  0  0
R10:      2 -2 -2  2  0  0  0  0  0  0
```

R9: 2-> $\begin{pmatrix} i & 0 \\ 0 & -i \end{pmatrix}$, 5-> $\begin{pmatrix} 0 & 1 \\ -1 & 0 \end{pmatrix}$, 9-> $\begin{pmatrix} 1 & 0 \\ 0 & 1 \end{pmatrix}$

R10 = R9.R2

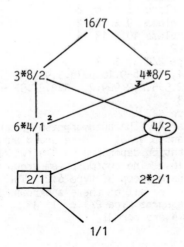

| 1 | 2 | 3 | 4 | 5 | 6 | 7 | 8 | 9 | 10 | 11 | 12 | 13 | 14 | 15 | 16 |
|---|---|---|---|---|---|---|---|---|----|----|----|----|----|----|----|
| 2 | 3 | 4 | 1 | 6 | 7 | 8 | 5 | 10 | 11 | 12 | 9 | 14 | 15 | 16 | 13 |
| 3 | 4 | 1 | 2 | 7 | 8 | 5 | 6 | 11 | 12 | 9 | 10 | 15 | 16 | 13 | 14 |
| 4 | 1 | 2 | 3 | 8 | 5 | 6 | 7 | 12 | 9 | 10 | 11 | 16 | 13 | 14 | 15 |
| 5 | 6 | 7 | 8 | 1 | 2 | 3 | 4 | 13 | 14 | 15 | 16 | 9 | 10 | 11 | 12 |
| 6 | 7 | 8 | 5 | 2 | 3 | 4 | 1 | 14 | 15 | 16 | 13 | 10 | 11 | 12 | 9 |
| 7 | 8 | 5 | 6 | 3 | 4 | 1 | 2 | 15 | 16 | 13 | 14 | 11 | 12 | 9 | 10 |
| 8 | 5 | 6 | 7 | 4 | 1 | 2 | 3 | 16 | 13 | 14 | 15 | 12 | 9 | 10 | 11 |
| 9 | 10 | 11 | 12 | 15 | 16 | 13 | 14 | 1 | 2 | 3 | 4 | 7 | 8 | 5 | 6 |
| 10 | 11 | 12 | 9 | 16 | 13 | 14 | 15 | 2 | 3 | 4 | 1 | 8 | 5 | 6 | 7 |
| 11 | 12 | 9 | 10 | 13 | 14 | 15 | 16 | 3 | 4 | 1 | 2 | 5 | 6 | 7 | 8 |
| 12 | 9 | 10 | 11 | 14 | 15 | 16 | 13 | 4 | 1 | 2 | 3 | 6 | 7 | 8 | 5 |
| 13 | 14 | 15 | 16 | 11 | 12 | 9 | 10 | 5 | 6 | 7 | 8 | 3 | 4 | 1 | 2 |
| 14 | 15 | 16 | 13 | 12 | 9 | 10 | 11 | 6 | 7 | 8 | 5 | 4 | 1 | 2 | 3 |
| 15 | 16 | 13 | 14 | 9 | 10 | 11 | 12 | 7 | 8 | 5 | 6 | 1 | 2 | 3 | 4 |
| 16 | 13 | 14 | 15 | 10 | 11 | 12 | 9 | 8 | 5 | 6 | 7 | 2 | 3 | 4 | 1 |

```
7 elements of order  2:class  2 =  3
                       class  3 =  5  7
                       class  4 =  9 11
                       class  5 = 14 16
8 elements of order  4:class  6 =  2
                       class  7 =  4
                       class  8 =  6  8
                       class  9 = 10 12
                       class 10 = 13 15
```

Centre type 4/1 =   1  2  3  4
Commutator subgroup type 2/1 =  1  3
$\langle 5,9,16:5^2=1,9^2=1,16^2=1,5.9.16=9.16.5=16.5.9\rangle$
$\langle 2,5,9:2^4=1,5^2=1,9^2=1,2.5=5.2,2.9=9.2,5.9=9.2^2.5\rangle = (C_4 \times C_2) \rtimes C_2$
Abelianisation type 8/3
Inner automorphisms type 4/2
Automorphism group order 48. The automorphism group permutes
conjugacy classes 3,4 and 5 as $S_3$.  There are 8 automorphisms
inducing a given permutation depending on the two choices for the
images of each of 5,9,16.   The automorphism group permutes the 3
subgroups of type 8/4 as a group of type 6/2.  The subgroup of
automorphisms fixing one or all of these subgroups is of type 8/4
Subgroup generated by squares type 2/1 =  1  3
All subgroups of order 4 are normal

Character table

|      | 1 | 2  | 3  | 4  | 5  | 6  | 7   | 8  | 9  | 10 |
|------|---|----|----|----|----|----|-----|----|----|----|
| R1:  | 1 | 1  | 1  | 1  | 1  | 1  | 1   | 1  | 1  | 1  |
| R2:  | 1 | 1  | 1  | -1 | -1 | 1  | 1   | 1  | -1 | -1 |
| R3:  | 1 | 1  | -1 | 1  | -1 | 1  | 1   | -1 | 1  | -1 |
| R4:  | 1 | 1  | -1 | -1 | 1  | 1  | 1   | -1 | -1 | 1  |
| R5:  | 1 | 1  | 1  | 1  | -1 | -1 | -1  | -1 | -1 | 1  |
| R6:  | 1 | 1  | 1  | -1 | 1  | -1 | -1  | -1 | 1  | -1 |
| R7:  | 1 | 1  | -1 | 1  | 1  | -1 | -1  | 1  | -1 | -1 |
| R8:  | 1 | 1  | -1 | -1 | -1 | -1 | -1  | 1  | 1  | 1  |
| R9:  | 2 | -2 | 0  | 0  | 0  | 2i | -2i | 0  | 0  | 0  |
| R10: | 2 | -2 | 0  | 0  | 0  | 2i | -2i | 0  | 0  | 0  |

R9: $2 \to \begin{pmatrix} i & 0 \\ 0 & i \end{pmatrix}$, $5 \to \begin{pmatrix} 0 & 1 \\ 1 & 0 \end{pmatrix}$, $9 \to \begin{pmatrix} 1 & 0 \\ 0 & -1 \end{pmatrix}$

R10 = R9.R5

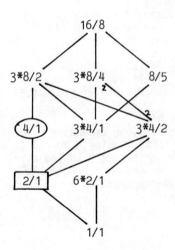

| 1 | 2 | 3 | 4 | 5 | 6 | 7 | 8 | 9 | 10 | 11 | 12 | 13 | 14 | 15 | 16 |
|---|---|---|---|---|---|---|---|---|----|----|----|----|----|----|----|
| 2 | 3 | 4 | 1 | 6 | 7 | 8 | 5 | 10 | 11 | 12 | 9 | 14 | 15 | 16 | 13 |
| 3 | 4 | 1 | 2 | 7 | 8 | 5 | 6 | 11 | 12 | 9 | 10 | 15 | 16 | 13 | 14 |
| 4 | 1 | 2 | 3 | 8 | 5 | 6 | 7 | 12 | 9 | 10 | 11 | 16 | 13 | 14 | 15 |
| 5 | 6 | 7 | 8 | 1 | 2 | 3 | 4 | 13 | 14 | 15 | 16 | 9 | 10 | 11 | 12 |
| 6 | 7 | 8 | 5 | 2 | 3 | 4 | 1 | 14 | 15 | 16 | 13 | 10 | 11 | 12 | 9 |
| 7 | 8 | 5 | 6 | 3 | 4 | 1 | 2 | 15 | 16 | 13 | 14 | 11 | 12 | 9 | 10 |
| 8 | 5 | 6 | 7 | 4 | 1 | 2 | 3 | 16 | 13 | 14 | 15 | 12 | 9 | 10 | 11 |
| 9 | 16 | 11 | 14 | 13 | 12 | 15 | 10 | 1 | 8 | 3 | 6 | 5 | 4 | 7 | 2 |
| 10 | 13 | 12 | 15 | 14 | 9 | 16 | 11 | 2 | 5 | 4 | 7 | 6 | 1 | 8 | 3 |
| 11 | 14 | 9 | 16 | 15 | 10 | 13 | 12 | 3 | 6 | 1 | 8 | 7 | 2 | 5 | 4 |
| 12 | 15 | 10 | 13 | 16 | 11 | 14 | 9 | 4 | 7 | 2 | 5 | 8 | 3 | 6 | 1 |
| 13 | 12 | 15 | 10 | 9 | 16 | 11 | 14 | 5 | 4 | 7 | 2 | 1 | 8 | 3 | 6 |
| 14 | 9 | 16 | 11 | 10 | 13 | 12 | 15 | 6 | 1 | 8 | 3 | 2 | 5 | 4 | 7 |
| 15 | 10 | 13 | 12 | 11 | 14 | 9 | 16 | 7 | 2 | 5 | 4 | 3 | 6 | 1 | 8 |
| 16 | 11 | 14 | 9 | 12 | 15 | 10 | 13 | 8 | 3 | 6 | 1 | 4 | 7 | 2 | 5 |

```
7 elements of order  2:class  2 =  3
                       class  3 =  5
                       class  4 =  7
                       class  5 =  9 15
                       class  6 = 11 13
8 elements of order  4:class  7 =  2  8
                       class  8 =  4  6
                       class  9 = 10 16
                       class 10 = 12 14
```

Centre type 4/2 =   1  3  5  7
Commutator subgroup type 2/1 =  1  7
$\langle 16,4:16^4=1,4^4=1,(16.4)^2=1,(16^{-1}.4)^2=1\rangle$
$\langle 2,5,9:2^4=1,5^2=1,9^2=1,2.5=5.2,2.9=9.2^3.5,5.9=9.5\rangle$ = $(C_4 \times C_2) \rtimes C_2$
Abelianisation type 8/2
Inner automorphisms type 4/2
Automorphism group type 32/33, an extension of 16/5 by 2/1
There is a unique automorphism taking 4 to one of 2,4,6,8 and
16 to any of 10,12,14,16, or taking 4 to one of 10,12,14,16 and
16 to one of 2,4,6,8
Subgroup generated by squares type 4/2 =  1  3  5  7  although 7
is not a square

Character table

|      | 1 | 2  | 3  | 4  | 5  | 6  | 7  | 8  | 9  | 10 |
|------|---|----|----|----|----|----|----|----|----|----|
| R1:  | 1 | 1  | 1  | 1  | 1  | 1  | 1  | 1  | 1  | 1  |
| R2:  | 1 | -1 | -1 | 1  | 1  | -1 | i  | -i | i  | -i |
| R3:  | 1 | 1  | 1  | 1  | 1  | 1  | -1 | -1 | -1 | -1 |
| R4:  | 1 | -1 | -1 | 1  | 1  | -1 | -i | i  | -i | i  |
| R5:  | 1 | 1  | 1  | 1  | -1 | -1 | 1  | 1  | -1 | -1 |
| R6:  | 1 | -1 | -1 | 1  | -1 | 1  | i  | -i | i  | -i |
| R7:  | 1 | 1  | 1  | 1  | -1 | -1 | -1 | -1 | 1  | 1  |
| R8:  | 1 | -1 | -1 | 1  | -1 | 1  | -i | i  | -i | i  |
| R9:  | 2 | -2 | 2  | -2 | 0  | 0  | 0  | 0  | 0  | 0  |
| R10: | 2 | 2  | -2 | -2 | 0  | 0  | 0  | 0  | 0  | 0  |

R9: $2 \rightarrow \begin{pmatrix} i & 0 \\ 0 & -i \end{pmatrix}$, $5 \rightarrow \begin{pmatrix} 1 & 0 \\ 0 & 1 \end{pmatrix}$, $9 \rightarrow \begin{pmatrix} 0 & 1 \\ 1 & 0 \end{pmatrix}$

R10 = R9.R2

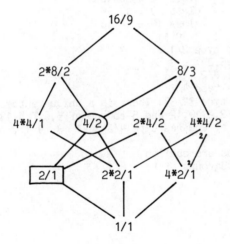

$\Gamma_2 C_2$

```
 1  2  3  4  5  6  7  8  9 10 11 12 13 14 15 16
 2  3  4  1  6  7  8  5 10 11 12  9 14 15 16 13
 3  4  1  2  7  8  5  6 11 12  9 10 15 16 13 14
 4  1  2  3  8  5  6  7 12  9 10 11 16 13 14 15
 5  8  7  6  9 12 11 10 13 16 15 14  1  4  3  2
 6  5  8  7 10  9 12 11 14 13 16 15  2  1  4  3
 7  6  5  8 11 10  9 12 15 14 13 16  3  2  1  4
 8  7  6  5 12 11 10  9 16 15 14 13  4  3  2  1
 9 10 11 12 13 14 15 16  1  2  3  4  5  6  7  8
10 11 12  9 14 15 16 13  2  3  4  1  6  7  8  5
11 12  9 10 15 16 13 14  3  4  1  2  7  8  5  6
12  9 10 11 16 13 14 15  4  1  2  3  8  5  6  7
13 16 15 14  1  4  3  2  5  8  7  6  9 12 11 10
14 13 16 15  2  1  4  3  6  5  8  7 10  9 12 11
15 14 13 16  3  2  1  4  7  6  5  8 11 10  9 12
16 15 14 13  4  3  2  1  8  7  6  5 12 11 10  9
```

3 elements of order  2:class  2 =  3
                      class  3 =  9
                      class  4 = 11
12 elements of order  4:class  5 =  2  4
                      class  6 =  5  7
                      class  7 =  6  8
                      class  8 = 10 12
                      class  9 = 13 15
                      class 10 = 14 16

Centre type 4/2 =   1  3  9 11
Commutator subgroup type 2/1 =  1  3
$\langle 2,5:2^4=1,5^4=1,2.5=5.2^{-1}\rangle = C_4 \rtimes C_4$
Abelianisation type 8/2
Inner automorphisms type 4/2
Automorphism group type 32/33. There is a unique automorphism
taking 2 to one of 2,4,10,12 and 5 to one of 5,6,7,8,13,14,15,16
Subgroup generated by squares type 4/2 =  1  3  9 11, but 11 is
not a square
All proper subgroups are abelian
Has 4 non-normal subgroups of type 4/1

Character table

|       | 1 | 2  | 3  | 4  | 5  | 6  | 7  | 8  | 9  | 10 |
|-------|---|----|----|----|----|----|----|----|----|----|
| R1:   | 1 | 1  | 1  | 1  | 1  | 1  | 1  | 1  | 1  | 1  |
| R2:   | 1 | 1  | -1 | -1 | 1  | i  | i  | -1 | -i | -i |
| R3:   | 1 | 1  | 1  | 1  | 1  | -1 | -1 | 1  | -1 | -1 |
| R4:   | 1 | 1  | -1 | -1 | 1  | -i | -i | -1 | i  | i  |
| R5:   | 1 | 1  | 1  | 1  | -1 | 1  | -1 | -1 | 1  | -1 |
| R6:   | 1 | 1  | -1 | -1 | -1 | i  | -i | 1  | -i | i  |
| R7:   | 1 | 1  | 1  | 1  | -1 | -1 | 1  | -1 | -1 | 1  |
| R8:   | 1 | 1  | -1 | -1 | -1 | -i | i  | 1  | i  | -i |
| R9:   | 2 | -2 | 2  | -2 | 0  | 0  | 0  | 0  | 0  | 0  |
| R10:  | 2 | -2 | -2 | 2  | 0  | 0  | 0  | 0  | 0  | 0  |

R9: 2-> $\begin{pmatrix} i & 0 \\ 0 & -i \end{pmatrix}$, 5-> $\begin{pmatrix} 0 & 1 \\ 1 & 0 \end{pmatrix}$

R10: 2-> $\begin{pmatrix} i & 0 \\ 0 & -i \end{pmatrix}$, 5-> $\begin{pmatrix} 0 & 1 \\ -1 & 0 \end{pmatrix}$

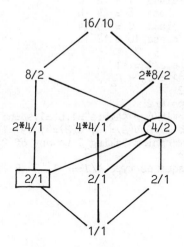

```
 1  2  3  4  5  6  7  8  9 10 11 12 13 14 15 16
 2  3  4  5  6  7  8  1 10 11 12 13 14 15 16  9
 3  4  5  6  7  8  1  2 11 12 13 14 15 16  9 10
 4  5  6  7  8  1  2  3 12 13 14 15 16  9 10 11
 5  6  7  8  1  2  3  4 13 14 15 16  9 10 11 12
 6  7  8  1  2  3  4  5 14 15 16  9 10 11 12 13
 7  8  1  2  3  4  5  6 15 16  9 10 11 12 13 14
 8  1  2  3  4  5  6  7 16  9 10 11 12 13 14 15
 9 14 11 16 13 10 15 12  1  6  3  8  5  2  7  4
10 15 12  9 14 11 16 13  2  7  4  1  6  3  8  5
11 16 13 10 15 12  9 14  3  8  5  2  7  4  1  6
12  9 14 11 16 13 10 15  4  1  6  3  8  5  2  7
13 10 15 12  9 14 11 16  5  2  7  4  1  6  3  8
14 11 16 13 10 15 12  9  6  3  8  5  2  7  4  1
15 12  9 14 11 16 13 10  7  4  1  6  3  8  5  2
16 13 10 15 12  9 14 11  8  5  2  7  4  1  6  3
```

3 elements of order 2:class  2 =  5
                      class  3 =  9 13
4 elements of order 4:class  4 =  3
                      class  5 =  7
                      class  6 = 11 15
8 elements of order 8:class  7 =  2  6
                      class  8 =  4  8
                      class  9 = 10 14
                      class 10 = 12 16

Centre type 4/2 = 1 3 5 7          *gen by 3 or 7*

*4/1*

Commutator subgroup type 2/1 = 1 5
$\langle 2,9:2^8=1,9^2=1,2.9=9.2^5\rangle = C_8 \rtimes C_2$
Abelianisation type 8/2
Inner automorphisms type 4/2
Automorphism group type 16/6 = $\langle a,b:a^4=1,b^2=1,ab=ba^{-1}\rangle \times \langle c:c^2=1\rangle$
where a(2)=12,a(9)=9; b(2)=2,b(9)=13; c(2)=4,c(9)=13
There is a unique automorphism taking 2 to any of 2,4,6,8,10,12,
14 or 16, and 9 to 9 or 13
Subgroup generated by squares type 4/1 = 1  3  5  7

Character table (ek=exp(2πik/8))

```
        1   2   3   4    5    6   7   8   9  10
 1    ------------------------------------------
R1:     1   1   1   1    1    1   1   1   1   1
R2:     1   1   1  -1   -1   -1   i  -i   i  -i
R3:     1   1   1   1    1    1  -1  -1  -1  -1
R4:     1   1   1  -1   -1   -1  -i   i  -i   i
R5:     1   1  -1   1    1   -1   1   1  -1  -1
R6:     1   1  -1  -1   -1    1   i  -i  -i   i
R7:     1   1  -1   1    1   -1  -1  -1   1   1
R8:     1   1  -1  -1   -1    1  -i   i   i  -i
R9:     2  -2   0  2i  -2i    0   0   0   0   0
R10:    2  -2   0 -2i   2i    0   0   0   0   0
```

R9: 2-> $\begin{pmatrix} e1 & 0 \\ 0 & e5 \end{pmatrix}$, 9-> $\begin{pmatrix} 0 & 1 \\ 1 & 0 \end{pmatrix}$

R10: 2-> $\begin{pmatrix} e3 & 0 \\ 0 & e7 \end{pmatrix}$, 9-> $\begin{pmatrix} 0 & 1 \\ 1 & 0 \end{pmatrix}$

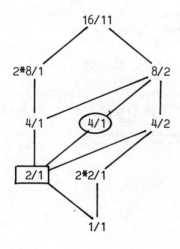

TYPE 16/12    $D_8$   dihedral $= \Gamma_3 q_1$

```
 1  2  3  4  5  6  7  8  9 10 11 12 13 14 15 16
 2  3  4  5  6  7  8  1 10 11 12 13 14 15 16  9
 3  4  5  6  7  8  1  2 11 12 13 14 15 16  9 10
 4  5  6  7  8  1  2  3 12 13 14 15 16  9 10 11
 5  6  7  8  1  2  3  4 13 14 15 16  9 10 11 12
 6  7  8  1  2  3  4  5 14 15 16  9 10 11 12 13
 7  8  1  2  3  4  5  6 15 16  9 10 11 12 13 14
 8  1  2  3  4  5  6  7 16  9 10 11 12 13 14 15
 9 16 15 14 13 12 11 10  1  8  7  6  5  4  3  2
10  9 16 15 14 13 12 11  2  1  8  7  6  5  4  3
11 10  9 16 15 14 13 12  3  2  1  8  7  6  5  4
12 11 10  9 16 15 14 13  4  3  2  1  8  7  6  5
13 12 11 10  9 16 15 14  5  4  3  2  1  8  7  6
14 13 12 11 10  9 16 15  6  5  4  3  2  1  8  7
15 14 13 12 11 10  9 16  7  6  5  4  3  2  1  8
16 15 14 13 12 11 10  9  8  7  6  5  4  3  2  1
```

9 elements of order  2:class  2 =  5
                        class  3 =  9 11 13 15
                        class  4 = 10 12 14 16
2 elements of order  4:class  5 =  3  7
4 elements of order  8:class  6 =  2  8
                        class  7 =  4  6
Centre type 2/1 =   1  5
Commutator subgroup type 4/1 =  1  3  5  7
$\langle 2,9:2^8=1,9^2=1,2.9=9.2^{-1}\rangle = C_8 \rtimes C_2 = D_8$
Abelianisation type 4/2
Inner automorphisms type 8/4
Automorphism group type 32/44 = Hol($C_8$) =
$\langle a,b,c:a^8=1,b^2=1,c^2=1,bc=cb,ab=ba^3,ac=ca^5\rangle$
where a(2)=2,a(9)=10; b(2)=4,b(9)=9; c(2)=6,c(9)=9
Subgroup generated by squares type 4/1 =  1  3  5  7
Four non-normal subgroups of type 4/2
Symmetry group of the regular 8-gon
Unique group of order 16 with 9 elements of order 2

Character table (ck=2cos(2πik/8))

```
          1  2  3  4  5  6  7
         ----------------------
R1:       1  1  1  1  1  1  1
R2:       1  1 -1  1  1 -1 -1
R3:       1  1 -1 -1  1  1  1
R4:       1  1  1 -1  1 -1 -1
R5:       2 -2  0  0  0 c1 c3
R6:       2  2  0  0 -2  0  0
R7:       2 -2  0  0  0 c3 c1
```

$$R(4+k): 2 \rightarrow \begin{pmatrix} ek & 0 \\ 0 & fk \end{pmatrix}, \quad 9 \rightarrow \begin{pmatrix} 0 & 1 \\ 1 & 0 \end{pmatrix}$$

where ek=exp(2πik/8), fk=exp(-2πik/8), k=1-3

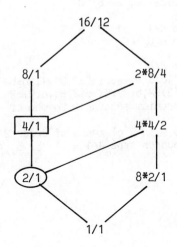

$\Gamma_3 a_2$

```
 1  2  3  4  5  6  7  8  9 10 11 12 13 14 15 16
 2  3  4  5  6  7  8  1 10 11 12 13 14 15 16  9
 3  4  5  6  7  8  1  2 11 12 13 14 15 16  9 10
 4  5  6  7  8  1  2  3 12 13 14 15 16  9 10 11
 5  6  7  8  1  2  3  4 13 14 15 16  9 10 11 12
 6  7  8  1  2  3  4  5 14 15 16  9 10 11 12 13
 7  8  1  2  3  4  5  6 15 16  9 10 11 12 13 14
 8  1  2  3  4  5  6  7 16  9 10 11 12 13 14 15
 9 12 15 10 13 16 11 14  1  4  7  2  5  8  3  6
10 13 16 11 14  9 12 15  2  5  8  3  6  1  4  7
11 14  9 12 15 10 13 16  3  6  1  4  7  2  5  8
12 15 10 13 16 11 14  9  4  7  2  5  8  3  6  1
13 16 11 14  9 12 15 10  5  8  3  6  1  4  7  2
14  9 12 15 10 13 16 11  6  1  4  7  2  5  8  3
15 10 13 16 11 14  9 12  7  2  5  8  3  6  1  4
16 11 14  9 12 15 10 13  8  3  6  1  4  7  2  5
```

```
5 elements of order  2:class  2 =  5
                       class  3 =  9 11 13 15
6 elements of order  4:class  4 =  3  7
                       class  5 = 10 12 14 16
4 elements of order  8:class  6 =  2  4
                       class  7 =  6  8
```

Centre type 2/1 =    1   5

Commutator subgroup type 4/1 =   1   3   5   7

$\langle 2,9:2^8=1,9^2=1,2.9=9.2^3\rangle = C_8 \rtimes C_2$

Abelianisation type 4/2

Inner automorphisms type 8/4

Automorphism group type 16/6 = $\langle a,b:a^4=1,b^2=1,ab=ba^{-1}\rangle \times \langle c:c^2=1\rangle$

where a(2)=2,a(9)=11; b(2)=4,b(9)=9; c(2)=6,c(9)=9

There is a unique automorphism sending 2 to one of 2,4,6,8 and 9 to one of 9,11,13,15

Unique group of order 16 with 5 elements of order 2

Subgroup generated by squares type 4/1 =   1   3   5   7

Character table (z1=i√2, z2=-i√2)

```
        1   2   3   4   5   6   7
       ------------------------------
R1:     1   1   1   1   1   1   1
R2:     1   1  -1   1   1  -1  -1
R3:     1   1   1   1  -1  -1  -1
R4:     1   1  -1   1  -1   1   1
R5:     2  -2   0   0   0  z1  z2
R6:     2   2   0  -2   0   0   0
R7:     2  -2   0   0   0  z2  z1
```

$$R5: \quad 2 \rightarrow \begin{pmatrix} e1 & 0 \\ 0 & e3 \end{pmatrix}, \quad 9 \rightarrow \begin{pmatrix} 0 & 1 \\ 1 & 0 \end{pmatrix}$$

$$R6: \quad 2 \rightarrow \begin{pmatrix} i & 0 \\ 0 & -i \end{pmatrix}, \quad 9 \rightarrow \begin{pmatrix} 0 & 1 \\ 1 & 0 \end{pmatrix}$$

$$R7: \quad 2 \rightarrow \begin{pmatrix} e5 & 0 \\ 0 & e7 \end{pmatrix}, \quad 9 \rightarrow \begin{pmatrix} 0 & 1 \\ 1 & 0 \end{pmatrix}$$

where $ek = \exp(2\pi i k/8)$

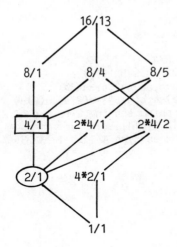

$Q_8$    dicyclic $= \Gamma_3 a_3$

```
 1  2  3  4  5  6  7  8  9 10 11 12 13 14 15 16
 2  3  4  5  6  7  8  1 10 11 12 13 14 15 16  9
 3  4  5  6  7  8  1  2 11 12 13 14 15 16  9 10
 4  5  6  7  8  1  2  3 12 13 14 15 16  9 10 11
 5  6  7  8  1  2  3  4 13 14 15 16  9 10 11 12
 6  7  8  1  2  3  4  5 14 15 16  9 10 11 12 13
 7  8  1  2  3  4  5  6 15 16  9 10 11 12 13 14
 8  1  2  3  4  5  6  7 16  9 10 11 12 13 14 15
 9 16 15 14 13 12 11 10  5  4  3  2  1  8  7  6
10  9 16 15 14 13 12 11  6  5  4  3  2  1  8  7
11 10  9 16 15 14 13 12  7  6  5  4  3  2  1  8
12 11 10  9 16 15 14 13  8  7  6  5  4  3  2  1
13 12 11 10  9 16 15 14  1  8  7  6  5  4  3  2
14 13 12 11 10  9 16 15  2  1  8  7  6  5  4  3
15 14 13 12 11 10  9 16  3  2  1  8  7  6  5  4
16 15 14 13 12 11 10  9  4  3  2  1  8  7  6  5
```

```
 1  element of order  2:class  2 =  5
10 elements of order  4:class  3 =  3  7
                         class  4 =  9 11 13 15
                         class  5 = 10 12 14 16
 4 elements of order  8:class  6 =  2  8
                         class  7 =  4  6
```

Centre type 2/1 =   1   5
Commutator subgroup type 4/1 =   1  3  5  7
$\langle 2,9:2^8=1,9^2=2^4,2.9=9.2^{-1}\rangle$ = $Q_8$
Abelianisation type 4/2
Inner automorphisms type 8/4
Automorphism group type 32/44 = Hol($C_8$) =
$\langle a,b,c:a^8=1,b^2=1,c^2=1,bc=cb,ab=ba^3,ac=ca^5\rangle$
where a(2)=2,a(9)=10; b(2)=4,b(9)=9; c(2)=6,c(9)=9
There is a unique automorphism sending 2 to one of 2,4,6,8
and 9 to one of 9,10,11,12,13,14,15,16
Subgroup generated by squares type 4/1 =   1  3  5  7
Has 4 non-normal subgroups of type 4/1

Character table (ck=2cos($2\pi ik/8$))

|     | 1 | 2 | 3 | 4 | 5 | 6 | 7 |
|-----|---|---|---|---|---|---|---|
| R1: | 1 | 1 | 1 | 1 | 1 | 1 | 1 |
| R2: | 1 | 1 | 1 | -1 | 1 | -1 | -1 |
| R3: | 1 | 1 | 1 | 1 | -1 | -1 | -1 |
| R4: | 1 | 1 | 1 | -1 | -1 | 1 | 1 |
| R5: | 2 | -2 | 0 | 0 | 0 | c1 | c3 |
| R6: | 2 | 2 | -2 | 0 | 0 | 0 | 0 |
| R7: | 2 | -2 | 0 | 0 | 0 | c3 | c1 |

$$R(4+k):\ 2\text{->}\begin{pmatrix} ek & 0 \\ 0 & fk \end{pmatrix},\ 9\text{->}\begin{pmatrix} 0 & 1 \\ -1 & 0 \end{pmatrix}$$

where ek=exp($2\pi ik/8$), fk=exp($-2\pi ik/8$), k=1-3

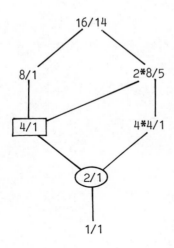

TYPE 18/ 2                              $C_6 \times C_3$

```
 1  2  3  4  5  6  7  8  9 10 11 12 13 14 15 16 17 18
 2  3  1  5  6  4  8  9  7 11 12 10 14 15 13 17 18 16
 3  1  2  6  4  5  9  7  8 12 10 11 15 13 14 18 16 17
 4  5  6  7  8  9 10 11 12 13 14 15 16 17 18  1  2  3
 5  6  4  8  9  7 11 12 10 14 15 13 17 18 16  2  3  1
 6  4  5  9  7  8 12 10 11 15 13 14 18 16 17  3  1  2
 7  8  9 10 11 12 13 14 15 16 17 18  1  2  3  4  5  6
 8  9  7 11 12 10 14 15 13 17 18 16  2  3  1  5  6  4
 9  7  8 12 10 11 15 13 14 18 16 17  3  1  2  6  4  5
10 11 12 13 14 15 16 17 18  1  2  3  4  5  6  7  8  9
11 12 10 14 15 13 17 18 16  2  3  1  5  6  4  8  9  7
12 10 11 15 13 14 18 16 17  3  1  2  6  4  5  9  7  8
13 14 15 16 17 18  1  2  3  4  5  6  7  8  9 10 11 12
14 15 13 17 18 16  2  3  1  5  6  4  8  9  7 11 12 10
15 13 14 18 16 17  3  1  2  6  4  5  9  7  8 12 10 11
16 17 18  1  2  3  4  5  6  7  8  9 10 11 12 13 14 15
17 18 16  2  3  1  5  6  4  8  9  7 11 12 10 14 15 13
18 16 17  3  1  2  6  4  5  9  7  8 12 10 11 15 13 14
```

ABELIAN
1 element of order  2
8 elements of order  3 =  2  3  7  8  9 13 14 15
8 elements of order  6 =  4  5  6 11 12 16 17 18
1 Sylow 2-subgroup type 2/1 =  1 10
1 Sylow 3-subgroup type 9/2 =  1  2  3  7  8  9 13 14 15
$\langle 4:4^6=1\rangle \times \langle 2:2^3=1\rangle = C_6 \times C_3$
Automorphism group order 48 = Aut(9/2) = $GL_2(F_3)$

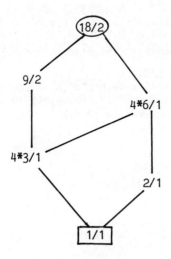

TYPE 18/ 3                          $S_3 \times C_3$

```
 1  2  3  4  5  6  7  8  9 10 11 12 13 14 15 16 17 18
 2  3  1  5  6  4  8  9  7 11 12 10 14 15 13 17 18 16
 3  1  2  6  4  5  9  7  8 12 10 11 15 13 14 18 16 17
 4  6  5  1  3  2 10 12 11  7  9  8 16 18 17 13 15 14
 5  4  6  2  1  3 11 10 12  8  7  9 17 16 18 14 13 15
 6  5  4  3  2  1 12 11 10  9  8  7 18 17 16 15 14 13
 7  8  9 11 12 10 13 14 15 17 18 16  1  2  3  5  6  4
 8  9  7 12 10 11 14 15 13 18 16 17  2  3  1  6  4  5
 9  7  8 10 11 12 15 13 14 16 17 18  3  1  2  4  5  6
10 12 11  9  8  7 16 18 17 15 14 13  4  6  5  3  2  1
11 10 12  7  9  8 17 16 18 13 15 14  5  4  6  1  3  2
12 11 10  8  7  9 18 17 16 14 13 15  6  5  4  2  1  3
13 14 15 18 16 17  1  2  3  6  4  5  7  8  9 12 10 11
14 15 13 16 17 18  2  3  1  4  5  6  8  9  7 10 11 12
15 13 14 17 18 16  3  1  2  5  6  4  9  7  8 11 12 10
16 18 17 14 13 15  4  6  5  2  1  3 10 12 11  8  7  9
17 16 18 15 14 13  5  4  6  3  2  1 11 10 12  9  8  7
18 17 16 13 15 14  6  5  4  1  3  2 12 11 10  7  9  8
```

3 elements of order  2:class  2 =  4  5  6
8 elements of order  3:class  3 =  2  3
                       class  4 =  7  9
                       class  5 =  8
                       class  6 = 13 14
                       class  7 = 15
6 elements of order  6:class  8 = 10 11 12
                       class  9 = 16 17 18
Centre type 3/1 =    1  8 15
Commutator subgroup type 3/1 =  1  2  3
3 Sylow 2-subgroups type 2/1
1 Sylow 3-subgroup type 9/2 =  1  2  3  7  8  9 13 14 15
$\langle 2,4:2^3=1,4^2=1,2.4=4.2^{-1}\rangle \times \langle 8:8^3=1\rangle = S_3 \times C_3 = 6/2 \times 3/1$
$\langle 2,4,7:2^3=1,4^2=1,7^3=1,2.4=4.2^{-1},2.7=7.2,4.7=7.4.2\rangle = S_3 \rtimes C_2$
$\langle 2,7,4:2^3=1,7^3=1,4^2=1,2.7=7.2,4^{-1}.2.4=7,4^{-1}.7.4=2\rangle = (C_3 \times C_3) \rtimes C_2$
Abelianisation type 6/1
Inner automorphisms type 6/2
Automorphism group type 12/3 = $\langle a,b:a^6=1,b^2=1,ab=ba^{-1}\rangle$
where a(2)=2,a(4)=6,a(8)=15; b(2)=3,b(4)=4,b(8)=8
Degree 6: 2<-> (uvw), 4<-> (vw), 8<-> (xyz)

Character table  (ek=exp(2πik/6))

|     | 1 | 2 | 3 | 4 | 5 | 6 | 7 | 8 | 9 |
|-----|---|---|---|---|---|---|---|---|---|
| R1: | 1 | 1 | 1 | 1 | 1 | 1 | 1 | 1 | 1 |
| R2: | 1 | -1 | 1 | e4 | e4 | e2 | e2 | e1 | e5 |
| R3: | 1 | 1 | 1 | e2 | e2 | e4 | e4 | e2 | e4 |
| R4: | 1 | -1 | 1 | 1 | 1 | 1 | 1 | -1 | -1 |
| R5: | 1 | 1 | 1 | e4 | e4 | e2 | e2 | e4 | e2 |
| R6: | 1 | -1 | 1 | e2 | e2 | e4 | e4 | e5 | e1 |
| R7: | 2 | 0 | -1 | -1 | 2 | -1 | 2 | 0 | 0 |
| R8: | 2 | 0 | -1 | e5 | 2e2 | e1 | 2e4 | 0 | 0 |
| R9: | 2 | 0 | -1 | e1 | 2e4 | e5 | 2e2 | 0 | 0 |

$$R7:\ 2 \to \begin{pmatrix} e2 & 0 \\ 0 & e4 \end{pmatrix},\ 4 \to \begin{pmatrix} 0 & 1 \\ 1 & 0 \end{pmatrix},\ 8 \to \begin{pmatrix} 1 & 0 \\ 0 & 1 \end{pmatrix}$$

R8 = R7.R3,  R9 = R7.R2

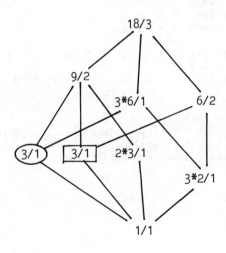

$D_q$   dihedral

```
 1  2  3  4  5  6  7  8  9 10 11 12 13 14 15 16 17 18
 2  3  4  5  6  7  8  9  1 11 12 13 14 15 16 17 18 10
 3  4  5  6  7  8  9  1  2 12 13 14 15 16 17 18 10 11
 4  5  6  7  8  9  1  2  3 13 14 15 16 17 18 10 11 12
 5  6  7  8  9  1  2  3  4 14 15 16 17 18 10 11 12 13
 6  7  8  9  1  2  3  4  5 15 16 17 18 10 11 12 13 14
 7  8  9  1  2  3  4  5  6 16 17 18 10 11 12 13 14 15
 8  9  1  2  3  4  5  6  7 17 18 10 11 12 13 14 15 16
 9  1  2  3  4  5  6  7  8 18 10 11 12 13 14 15 16 17
10 18 17 16 15 14 13 12 11  1  9  8  7  6  5  4  3  2
11 10 18 17 16 15 14 13 12  2  1  9  8  7  6  5  4  3
12 11 10 18 17 16 15 14 13  3  2  1  9  8  7  6  5  4
13 12 11 10 18 17 16 15 14  4  3  2  1  9  8  7  6  5
14 13 12 11 10 18 17 16 15  5  4  3  2  1  9  8  7  6
15 14 13 12 11 10 18 17 16  6  5  4  3  2  1  9  8  7
16 15 14 13 12 11 10 18 17  7  6  5  4  3  2  1  9  8
17 16 15 14 13 12 11 10 18  8  7  6  5  4  3  2  1  9
18 17 16 15 14 13 12 11 10  9  8  7  6  5  4  3  2  1
```

9 elements of order  2:class  2 = 10 11 12 13 14 15 16 17 18
2 elements of order  3:class  3 = 4 7
6 elements of order  9:class  4 = 2 9
                      class  5 = 3 8
                      class  6 = 5 6

Centre =   1
Commutator subgroup type 9/1 =  1  2  3  4  5  6  7  8  9
9 Sylow 2-subgroups type 2/1
1 Sylow 3-subgroup type 9/1 =  1  2  3  4  5  6  7  8  9
$\langle 2,10:2^q=1,10^2=1,2.10=10.2^{-1}\rangle$ = $C_q \rtimes C_2$ = $D_q$
Abelianisation type 2/1
Inner automorphisms type 18/4
Automorphism group order 54 = Hol($C_q$) = $\langle a,b:a^q=1,b^6=1,ab=ba^2\rangle$
where a(2)=2,a(10)=11; b(2)=6,b(10)=10
Degree 9: 2<-> (rstuvwxyz), 10<-> (rz)(sy)(tx)(uw)

Character table  (ck=2cos(2πik/9))

```
        1  2  3  4  5  6
       -------------------
R1:     1  1  1  1  1  1
R2:     1 -1  1  1  1  1
R3:     2  0 -1 c1 c2 c4
R4:     2  0 -1 c2 c4 c1
R5:     2  0  2 -1 -1 -1
R6:     2  0 -1 c4 c1 c2
```

$$R(2+k):\ 2\text{->}\begin{pmatrix} ek & 0 \\ 0 & fk \end{pmatrix},\ 10\text{->}\begin{pmatrix} 0 & 1 \\ 1 & 0 \end{pmatrix}$$

where ek=exp(2πik/9), fk=exp(-2πik/9),k=1-4

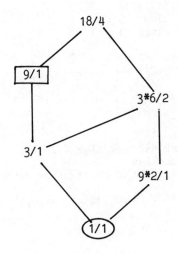

$(C_3 \times C_3) \rtimes C_2$

```
 1  2  3  4  5  6  7  8  9 10 11 12 13 14 15 16 17 18
 2  3  1  5  6  4  8  9  7 11 12 10 14 15 13 17 18 16
 3  1  2  6  4  5  9  7  8 12 10 11 15 13 14 18 16 17
 4  5  6  7  8  9  1  2  3 13 14 15 16 17 18 10 11 12
 5  6  4  8  9  7  2  3  1 14 15 13 17 18 16 11 12 10
 6  4  5  9  7  8  3  1  2 15 13 14 18 16 17 12 10 11
 7  8  9  1  2  3  4  5  6 16 17 18 10 11 12 13 14 15
 8  9  7  2  3  1  5  6  4 17 18 16 11 12 10 14 15 13
 9  7  8  3  1  2  6  4  5 18 16 17 12 10 11 15 13 14
10 12 11 16 18 17 13 15 14  1  3  2  7  9  8  4  6  5
11 10 12 17 16 18 14 13 15  2  1  3  8  7  9  5  4  6
12 11 10 18 17 16 15 14 13  3  2  1  9  8  7  6  5  4
13 15 14 10 12 11 16 18 17  4  6  5  1  3  2  7  9  8
14 13 15 11 10 12 17 16 18  5  4  6  2  1  3  8  7  9
15 14 13 12 11 10 18 17 16  6  5  4  3  2  1  9  8  7
16 18 17 13 15 14 10 12 11  7  9  8  4  6  5  1  3  2
17 16 18 14 13 15 11 10 12  8  7  9  5  4  6  2  1  3
18 17 16 15 14 13 12 11 10  9  8  7  6  5  4  3  2  1
```

9 elements of order  2:class  2 = 10 11 12 13 14 15 16 17 18
8 elements of order  3:class  3 =  2  3
                        class  4 =  4  7
                        class  5 =  5  9
                        class  6 =  6  8

Centre =   1
Commutator subgroup type 9/2 =  1  2  3  4  5  6  7  8  9
9 Sylow 2-subgroups type 2/1
1 Sylow 3-subgroup type 9/2 =  1  2  3  4  5  6  7  8  9
$\langle 2,4,10{:}2^3=1, 4^3=1, 10^2=1, 2.4=4.2, 2.10=10.2^{-1}, 4.10=10.4^{-1}\rangle$ =
$(C_3 \times C_3) \rtimes C_2 = \mathrm{Dih}(C_3 \times C_3)$
Abelianisation type 2/1
Inner automorphisms type 18/5
Automorphism group order 432 = $\mathrm{Hol}(C_3 \times C_3)$
Every proper subgroup abelian
Subgroup of $S_3 \times S_3$ consisting of pairs of permutations
with the same sign
Degree 6: 2<-> (uvw), 4<-> (xyz), 10<-> (vw)(yz)

Character table  (ek=exp($2\pi i k/3$))

```
        1  2  3  4  5  6
       --------------------
R1:     1  1  1  1  1  1
R2:     1 -1  1  1  1  1
R3:     2  0 -1  2 -1 -1
R4:     2  0  2 -1 -1 -1
R5:     2  0 -1 -1 -1  2
R6:     2  0 -1 -1  2 -1
```

R3: $2 \rightarrow \begin{pmatrix} e1 & 0 \\ 0 & e2 \end{pmatrix}$, $4 \rightarrow \begin{pmatrix} 1 & 0 \\ 0 & 1 \end{pmatrix}$, $10 \rightarrow \begin{pmatrix} 0 & 1 \\ 1 & 0 \end{pmatrix}$

R4: $2 \rightarrow \begin{pmatrix} 1 & 0 \\ 0 & 1 \end{pmatrix}$, $4 \rightarrow \begin{pmatrix} e1 & 0 \\ 0 & e2 \end{pmatrix}$, $10 \rightarrow \begin{pmatrix} 0 & 1 \\ 1 & 0 \end{pmatrix}$

R5: $2 \rightarrow \begin{pmatrix} e1 & 0 \\ 0 & e2 \end{pmatrix}$, $4 \rightarrow \begin{pmatrix} e1 & 0 \\ 0 & e2 \end{pmatrix}$, $10 \rightarrow \begin{pmatrix} 0 & 1 \\ 1 & 0 \end{pmatrix}$

R6 $2 \rightarrow \begin{pmatrix} e1 & 0 \\ 0 & e2 \end{pmatrix}$, $4 \rightarrow \begin{pmatrix} e2 & 0 \\ 0 & e1 \end{pmatrix}$, $10 \rightarrow \begin{pmatrix} 0 & 1 \\ 1 & 0 \end{pmatrix}$

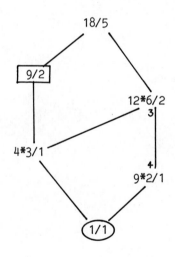

| 1 | 2 | 3 | 4 | 5 | 6 | 7 | 8 | 9 | 10 | 11 | 12 | 13 | 14 | 15 | 16 | 17 | 18 | 19 | 20 |
|---|---|---|---|---|---|---|---|---|----|----|----|----|----|----|----|----|----|----|----|
| 2 | 3 | 4 | 5 | 6 | 7 | 8 | 9 | 10 | 1 | 12 | 13 | 14 | 15 | 16 | 17 | 18 | 19 | 20 | 11 |
| 3 | 4 | 5 | 6 | 7 | 8 | 9 | 10 | 1 | 2 | 13 | 14 | 15 | 16 | 17 | 18 | 19 | 20 | 11 | 12 |
| 4 | 5 | 6 | 7 | 8 | 9 | 10 | 1 | 2 | 3 | 14 | 15 | 16 | 17 | 18 | 19 | 20 | 11 | 12 | 13 |
| 5 | 6 | 7 | 8 | 9 | 10 | 1 | 2 | 3 | 4 | 15 | 16 | 17 | 18 | 19 | 20 | 11 | 12 | 13 | 14 |
| 6 | 7 | 8 | 9 | 10 | 1 | 2 | 3 | 4 | 5 | 16 | 17 | 18 | 19 | 20 | 11 | 12 | 13 | 14 | 15 |
| 7 | 8 | 9 | 10 | 1 | 2 | 3 | 4 | 5 | 6 | 17 | 18 | 19 | 20 | 11 | 12 | 13 | 14 | 15 | 16 |
| 8 | 9 | 10 | 1 | 2 | 3 | 4 | 5 | 6 | 7 | 18 | 19 | 20 | 11 | 12 | 13 | 14 | 15 | 16 | 17 |
| 9 | 10 | 1 | 2 | 3 | 4 | 5 | 6 | 7 | 8 | 19 | 20 | 11 | 12 | 13 | 14 | 15 | 16 | 17 | 18 |
| 10 | 1 | 2 | 3 | 4 | 5 | 6 | 7 | 8 | 9 | 20 | 11 | 12 | 13 | 14 | 15 | 16 | 17 | 18 | 19 |
| 11 | 12 | 13 | 14 | 15 | 16 | 17 | 18 | 19 | 20 | 1 | 2 | 3 | 4 | 5 | 6 | 7 | 8 | 9 | 10 |
| 12 | 13 | 14 | 15 | 16 | 17 | 18 | 19 | 20 | 11 | 2 | 3 | 4 | 5 | 6 | 7 | 8 | 9 | 10 | 1 |
| 13 | 14 | 15 | 16 | 17 | 18 | 19 | 20 | 11 | 12 | 3 | 4 | 5 | 6 | 7 | 8 | 9 | 10 | 1 | 2 |
| 14 | 15 | 16 | 17 | 18 | 19 | 20 | 11 | 12 | 13 | 4 | 5 | 6 | 7 | 8 | 9 | 10 | 1 | 2 | 3 |
| 15 | 16 | 17 | 18 | 19 | 20 | 11 | 12 | 13 | 14 | 5 | 6 | 7 | 8 | 9 | 10 | 1 | 2 | 3 | 4 |
| 16 | 17 | 18 | 19 | 20 | 11 | 12 | 13 | 14 | 15 | 6 | 7 | 8 | 9 | 10 | 1 | 2 | 3 | 4 | 5 |
| 17 | 18 | 19 | 20 | 11 | 12 | 13 | 14 | 15 | 16 | 7 | 8 | 9 | 10 | 1 | 2 | 3 | 4 | 5 | 6 |
| 18 | 19 | 20 | 11 | 12 | 13 | 14 | 15 | 16 | 17 | 8 | 9 | 10 | 1 | 2 | 3 | 4 | 5 | 6 | 7 |
| 19 | 20 | 11 | 12 | 13 | 14 | 15 | 16 | 17 | 18 | 9 | 10 | 1 | 2 | 3 | 4 | 5 | 6 | 7 | 8 |
| 20 | 11 | 12 | 13 | 14 | 15 | 16 | 17 | 18 | 19 | 10 | 1 | 2 | 3 | 4 | 5 | 6 | 7 | 8 | 9 |

ABELIAN

3 elements of order  2 =  6 11 16
4 elements of order  5 =  3  5  7  9
12 elements of order 10 =  2  4  8 10 12 13 14 15 17 18 19 20
1 Sylow 2-subgroup type 4/2 =  1  6 11 16
1 Sylow 5-subgroup type 5/1 =  1  3  5  7  9
$\langle 2,11:2^{10}=1,11^2=1,2.11=11.2 \rangle = C_{10} \times C_2$
Automorphism group type 24/9 = $\langle a,b:a^3=1,b^2=1,ab=ba^{-1} \rangle \times \langle c:c^4=1 \rangle$
where a(2)=17,a(11)=16;b(2)=17,b(11)=6;c(2)=8,c(11)=11
Degree 9: 2<-> (rstuv)(wx), 11<-> (yz)

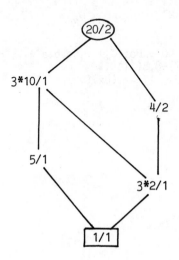

TYPE 20/ 3                    $D_{10}$ dihedral

```
 1  2  3  4  5  6  7  8  9 10 11 12 13 14 15 16 17 18 19 20
 2  3  4  5  6  7  8  9 10  1 12 13 14 15 16 17 18 19 20 11
 3  4  5  6  7  8  9 10  1  2 13 14 15 16 17 18 19 20 11 12
 4  5  6  7  8  9 10  1  2  3 14 15 16 17 18 19 20 11 12 13
 5  6  7  8  9 10  1  2  3  4 15 16 17 18 19 20 11 12 13 14
 6  7  8  9 10  1  2  3  4  5 16 17 18 19 20 11 12 13 14 15
 7  8  9 10  1  2  3  4  5  6 17 18 19 20 11 12 13 14 15 16
 8  9 10  1  2  3  4  5  6  7 18 19 20 11 12 13 14 15 16 17
 9 10  1  2  3  4  5  6  7  8 19 20 11 12 13 14 15 16 17 18
10  1  2  3  4  5  6  7  8  9 20 11 12 13 14 15 16 17 18 19
11 20 19 18 17 16 15 14 13 12  1 10  9  8  7  6  5  4  3  2
12 11 20 19 18 17 16 15 14 13  2  1 10  9  8  7  6  5  4  3
13 12 11 20 19 18 17 16 15 14  3  2  1 10  9  8  7  6  5  4
14 13 12 11 20 19 18 17 16 15  4  3  2  1 10  9  8  7  6  5
15 14 13 12 11 20 19 18 17 16  5  4  3  2  1 10  9  8  7  6
16 15 14 13 12 11 20 19 18 17  6  5  4  3  2  1 10  9  8  7
17 16 15 14 13 12 11 20 19 18  7  6  5  4  3  2  1 10  9  8
18 17 16 15 14 13 12 11 20 19  8  7  6  5  4  3  2  1 10  9
19 18 17 16 15 14 13 12 11 20  9  8  7  6  5  4  3  2  1 10
20 19 18 17 16 15 14 13 12 11 10  9  8  7  6  5  4  3  2  1
```

11 elements of order  2:class  2 =  6
                         class  3 = 11 13 15 17 19
                         class  4 = 12 14 16 18 20
 4 elements of order  5:class  5 =  3  9
                         class  6 =  5  7
 4 elements of order 10:class  7 =  2 10
                         class  8 =  4  8
Centre type 2/1 =    1  6
Commutator subgroup type 5/1 =  1  3  5  7  9
5 Sylow 2-subgroups type 4/2
1 Sylow 5-subgroup type 5/1 =  1  3  5  7  9
$\langle 2,11:2^{10}=1,11^2=1,2.11=11.2^{-1}\rangle = C_{10}\rtimes C_2 = D_{10}$
Abelianisation type 4/2
Inner automorphisms type 10/2
Automorphism group order 40 = Hol($C_{10}$) = $\langle a,b:a^{10}=1,b^4=1,ab=ba^3\rangle$
where a(2)=2,a(11)=12;b(2)=8,b(11)=11
Degree 7: 2<-> (tuvwx)(yz), 11<-> (ux)(vw)

Character table  (ck=2cos(2πik/10))

```
            1  2  3  4  5  6  7  8
            ----------------------
R1:         1  1  1  1  1  1  1  1
R2:         1 -1  1 -1  1  1 -1 -1
R3:         1  1 -1 -1  1  1  1  1
R4:         1 -1 -1  1  1  1 -1 -1
R5:         2 -2  0  0 c2 c4 c1 c3
R6:         2  2  0  0 c4 c2 c2 c4
R7:         2 -2  0  0 c4 c2 c3 c1
R8:         2  2  0  0 c2 c4 c4 c2
```

$$R(4+k): \quad 2\text{->}\begin{pmatrix} ek & 0 \\ 0 & fk \end{pmatrix}, \quad 11\text{->}\begin{pmatrix} 0 & 1 \\ 1 & 0 \end{pmatrix}$$

where ek=exp(2πik/10), fk=exp(-2πik/10)

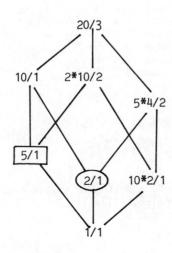

TYPE 20/ 4                      $Q_{10}$  dicyclic

```
 1  2  3  4  5  6  7  8  9 10 11 12 13 14 15 16 17 18 19 20
 2  3  4  5  6  7  8  9 10  1 12 13 14 15 16 17 18 19 20 11
 3  4  5  6  7  8  9 10  1  2 13 14 15 16 17 18 19 20 11 12
 4  5  6  7  8  9 10  1  2  3 14 15 16 17 18 19 20 11 12 13
 5  6  7  8  9 10  1  2  3  4 15 16 17 18 19 20 11 12 13 14
 6  7  8  9 10  1  2  3  4  5 16 17 18 19 20 11 12 13 14 15
 7  8  9 10  1  2  3  4  5  6 17 18 19 20 11 12 13 14 15 16
 8  9 10  1  2  3  4  5  6  7 18 19 20 11 12 13 14 15 16 17
 9 10  1  2  3  4  5  6  7  8 19 20 11 12 13 14 15 16 17 18
10  1  2  3  4  5  6  7  8  9 20 11 12 13 14 15 16 17 18 19
11 20 19 18 17 16 15 14 13 12  6  5  4  3  2  1 10  9  8  7
12 11 20 19 18 17 16 15 14 13  7  6  5  4  3  2  1 10  9  8
13 12 11 20 19 18 17 16 15 14  8  7  6  5  4  3  2  1 10  9
14 13 12 11 20 19 18 17 16 15  9  8  7  6  5  4  3  2  1 10
15 14 13 12 11 20 19 18 17 16 10  9  8  7  6  5  4  3  2  1
16 15 14 13 12 11 20 19 18 17  1 10  9  8  7  6  5  4  3  2
17 16 15 14 13 12 11 20 19 18  2  1 10  9  8  7  6  5  4  3
18 17 16 15 14 13 12 11 20 19  3  2  1 10  9  8  7  6  5  4
19 18 17 16 15 14 13 12 11 20  4  3  2  1 10  9  8  7  6  5
20 19 18 17 16 15 14 13 12 11  5  4  3  2  1 10  9  8  7  6
```

```
 1  element of order  2:class  2 =  6
10 elements of order  4:class  3 = 11 13 15 17 19
                        class  4 = 12 14 16 18 20
 4 elements of order  5:class  5 =  3  9
                        class  6 =  5  7
 4 elements of order 10:class  7 =  2 10
                        class  8 =  4  8
```

Centre type 2/1 =    1  6
Commutator subgroup type 5/1 =  1  3  5  7  9
5 Sylow 2-subgroups type 4/1
1 Sylow 5-subgroup type 5/1 =  1  3  5  7  9
$\langle 2,11:2^{10}=1,11^2=2^5,2.11=11.2^{-1}\rangle = Q_{10}$
$\langle 3,11:3^5=1,11^4=1,3.11=11.3^{-1}\rangle = C_5 \rtimes C_4$
Abelianisation type 4/1
Inner automorphisms type 10/2
Automorphism group order 40 = Hol($C_{10}$) = $\langle a,b:a^{10}=1,b^4=1,ab=ba^3\rangle$
where a(2)=2,a(11)=12; b(2)=8,b(11)=11
All proper subgroups are cyclic

Character table  (ck=2cos(2πik/10))

```
        1  2  3  4  5  6  7  8
    ----------------------------
R1:     1  1  1  1  1  1  1  1
R2:     1 -1  i -i  1  1 -1 -1
R3:     1  1 -1 -1  1  1  1  1
R4:     1 -1 -i  i  1  1 -1 -1
R5:     2 -2  0  0 c2 c4 c1 c3
R6:     2  2  0  0 c4 c2 c2 c4
R7:     2 -2  0  0 c4 c2 c3 c1
R8:     2  2  0  0 c2 c4 c4 c2
```

$$R(4+k):\ 2->\begin{pmatrix} ek & 0 \\ 0 & fk \end{pmatrix},\ 11->\begin{pmatrix} 0 & 1 \\ -1 & 0 \end{pmatrix}$$

where ek=exp(2πik/10), fk=exp(-2πik/10)

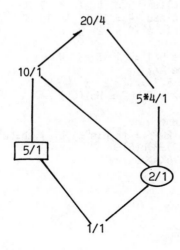

```
 1  2  3  4  5  6  7  8  9 10 11 12 13 14 15 16 17 18 19 20
 2  3  4  5  1  7  8  9 10  6 12 13 14 15 11 17 18 19 20 16
 3  4  5  1  2  8  9 10  6  7 13 14 15 11 12 18 19 20 16 17
 4  5  1  2  3  9 10  6  7  8 14 15 11 12 13 19 20 16 17 18
 5  1  2  3  4 10  6  7  8  9 15 11 12 13 14 20 16 17 18 19
 6  8 10  7  9 11 13 15 12 14 16 18 20 17 19  1  3  5  2  4
 7  9  6  8 10 12 14 11 13 15 17 19 16 18 20  2  4  1  3  5
 8 10  7  9  6 13 15 12 14 11 18 20 17 19 16  3  5  2  4  1
 9  6  8 10  7 14 11 13 15 12 19 16 18 20 17  4  1  3  5  2
10  7  9  6  8 15 12 14 11 13 20 17 19 16 18  5  2  4  1  3
11 15 14 13 12 16 20 19 18 17  1  5  4  3  2  6 10  9  8  7
12 11 15 14 13 17 16 20 19 18  2  1  5  4  3  7  6 10  9  8
13 12 11 15 14 18 17 16 20 19  3  2  1  5  4  8  7  6 10  9
14 13 12 11 15 19 18 17 16 20  4  3  2  1  5  9  8  7  6 10
15 14 13 12 11 20 19 18 17 16  5  4  3  2  1 10  9  8  7  6
16 19 17 20 18  1  4  2  5  3  6  9  7 10  8 11 14 12 15 13
17 20 18 16 19  2  5  3  1  4  7 10  8  6  9 12 15 13 11 14
18 16 19 17 20  3  1  4  2  5  8  6  9  7 10 13 11 14 12 15
19 17 20 18 16  4  2  5  3  1  9  7 10  8  6 14 12 15 13 11
20 18 16 19 17  5  3  1  4  2 10  8  6  9  7 15 13 11 14 12
```

 5 elements of order  2:class  2 =  11 12 13 14 15
10 elements of order  4:class  3 =   6  7  8  9 10
                        class  4 =  16 17 18 19 20
 4 elements of order  5:class  5 =   2  3  4  5
Centre =    1
Commutator subgroup type 5/1 =  1  2  3  4  5
5 Sylow 2-subgroups type 4/1
1 Sylow 5-subgroup type 5/1 =  1  2  3  4  5
$\langle 2,6:2^5=1,6^4=1,2.6=6.2^3\rangle$ = C$_5 \rtimes$ C$_4$ = Hol(C$_5$)
Abelianisation type 4/1
All automorphisms are inner
Automorphism group type 20/5 = $\langle a,b:a^5=1,b^4=1,ab=ba^3\rangle$
where a(2)=2,a(6)=7; b(2)=3,b(6)=6
Degree 5: 2<-> (uvwxy), 6<-> (vxyw).

Character table  (ek=exp(2πik/5))

```
        1  2  3  4  5
       ---------------
R1:     1  1  1  1  1
R2:     1 -1  i -i  1
R3:     1  1 -1 -1  1
R4:     1 -1 -i  i  1
R5:     4  0  0  0 -1
```

$$
R5:\ 2 \to \begin{pmatrix} e1 & 0 & 0 & 0 \\ 0 & e2 & 0 & 0 \\ 0 & 0 & e4 & 0 \\ 0 & 0 & 0 & e3 \end{pmatrix},\ 6 \to \begin{pmatrix} 0 & 1 & 0 & 0 \\ 0 & 0 & 1 & 0 \\ 0 & 0 & 0 & 1 \\ 1 & 0 & 0 & 0 \end{pmatrix}
$$

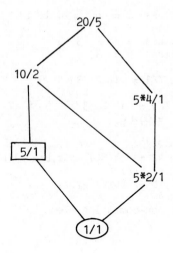

$C_7 \rtimes C_3$

```
 1  2  3  4  5  6  7  8  9 10 11 12 13 14 15 16 17 18 19 20 21
 2  3  4  5  6  7  1  9 10 11 12 13 14  8 16 17 18 19 20 21 15
 3  4  5  6  7  1  2 10 11 12 13 14  8  9 17 18 19 20 21 15 16
 4  5  6  7  1  2  3 11 12 13 14  8  9 10 18 19 20 21 15 16 17
 5  6  7  1  2  3  4 12 13 14  8  9 10 11 19 20 21 15 16 17 18
 6  7  1  2  3  4  5 13 14  8  9 10 11 12 20 21 15 16 17 18 19
 7  1  2  3  4  5  6 14  8  9 10 11 12 13 21 15 16 17 18 19 20
 8 10 12 14  9 11 13 15 17 19 21 16 18 20  1  3  5  7  2  4  6
 9 11 13  8 10 12 14 16 18 20 15 17 19 21  2  4  6  1  3  5  7
10 12 14  9 11 13  8 17 19 21 16 18 20 15  3  5  7  2  4  6  1
11 13  8 10 12 14  9 18 20 15 17 19 21 16  4  6  1  3  5  7  2
12 14  9 11 13  8 10 19 21 16 18 20 15 17  5  7  2  4  6  1  3
13  8 10 12 14  9 11 20 15 17 19 21 16 18  6  1  3  5  7  2  4
14  9 11 13  8 10 12 21 16 18 20 15 17 19  7  2  4  6  1  3  5
15 19 16 20 17 21 18  1  5  2  6  3  7  4  8 12  9 13 10 14 11
16 20 17 21 18 15 19  2  6  3  7  4  1  5  9 13 10 14 11  8 12
17 21 18 15 19 16 20  3  7  4  1  5  2  6 10 14 11  8 12  9 13
18 15 19 16 20 17 21  4  1  5  2  6  3  7 11  8 12  9 13 10 14
19 16 20 17 21 18 15  5  2  6  3  7  4  1 12  9 13 10 14 11  8
20 17 21 18 15 19 16  6  3  7  4  1  5  2 13 10 14 11  8 12  9
21 18 15 19 16 20 17  7  4  1  5  2  6  3 14 11  8 12  9 13 10
```

14 elements of order  3:class  2 =  8  9 10 11 12 13 14
                         class  3 = 15 16 17 18 19 20 21
 6 elements of order  7:class  4 =  2  3  5
                         class  5 =  4  6  7
Centre =   1
Commutator subgroup type 7/1 =  1  2  3  4  5  6  7
7 Sylow 3-subgroups type 3/1
1 Sylow 7-subgroup type 7/1 =  1  2  3  4  5  6  7
$\langle 2,8:2^7=1,8^3=1,2.8=8.2^4\rangle$ = $C_7 \rtimes C_3$
Abelianisation type 3/1
Inner automorphisms type 21/2
Automorphism group order 42 = $Hol(C_7)$ = $\langle a,b:a^7=1,b^6=1,ab=ba^5\rangle$
where a(2)=2,a(8)=9; b(2)=4,b(8)=8
Degree 7: 2<-> (tuvwxyz), 8<-> (uxv)(wyz).
Normaliser of 7-cycle in $A_7$
Generated by any pair of non-commuting elements

Character table  (ek=exp($2\pi ik/3$))

|      | 1 | 2  | 3  | 4  | 5  |
|------|---|----|----|----|----|
| R1:  | 1 | 1  | 1  | 1  | 1  |
| R2:  | 1 | e1 | e2 | 1  | 1  |
| R3:  | 1 | e2 | e1 | 1  | 1  |
| R4:  | 3 | 0  | 0  | z1 | z2 |
| R5:  | 3 | 0  | 0  | z2 | z1 |

where $z1=(-1+i\sqrt{7})/2, z2=(-1-i\sqrt{7})/2$

$$R4: \ 2\to \begin{pmatrix} f1 & 0 & 0 \\ 0 & f2 & 0 \\ 0 & 0 & f4 \end{pmatrix}, \ 8\to \begin{pmatrix} 0 & 1 & 0 \\ 0 & 0 & 1 \\ 1 & 0 & 0 \end{pmatrix}$$

$$R5: \ 2\to \begin{pmatrix} f6 & 0 & 0 \\ 0 & f5 & 0 \\ 0 & 0 & f3 \end{pmatrix}, \ 8\to \begin{pmatrix} 0 & 1 & 0 \\ 0 & 0 & 1 \\ 1 & 0 & 0 \end{pmatrix}$$

where fk=exp($2\pi ik/7$)

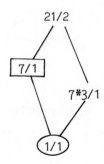

```
 1  2  3  4  5  6  7  8  9 10 11 12 13 14 15 16 17 18 19 20 21 22
 2  3  4  5  6  7  8  9 10 11  1 13 14 15 16 17 18 19 20 21 22 12
 3  4  5  6  7  8  9 10 11  1  2 14 15 16 17 18 19 20 21 22 12 13
 4  5  6  7  8  9 10 11  1  2  3 15 16 17 18 19 20 21 22 12 13 14
 5  6  7  8  9 10 11  1  2  3  4 16 17 18 19 20 21 22 12 13 14 15
 6  7  8  9 10 11  1  2  3  4  5 17 18 19 20 21 22 12 13 14 15 16
 7  8  9 10 11  1  2  3  4  5  6 18 19 20 21 22 12 13 14 15 16 17
 8  9 10 11  1  2  3  4  5  6  7 19 20 21 22 12 13 14 15 16 17 18
 9 10 11  1  2  3  4  5  6  7  8 20 21 22 12 13 14 15 16 17 18 19
10 11  1  2  3  4  5  6  7  8  9 21 22 12 13 14 15 16 17 18 19 20
11  1  2  3  4  5  6  7  8  9 10 22 12 13 14 15 16 17 18 19 20 21
12 22 21 20 19 18 17 16 15 14 13  1 11 10  9  8  7  6  5  4  3  2
13 12 22 21 20 19 18 17 16 15 14  2  1 11 10  9  8  7  6  5  4  3
14 13 12 22 21 20 19 18 17 16 15  3  2  1 11 10  9  8  7  6  5  4
15 14 13 12 22 21 20 19 18 17 16  4  3  2  1 11 10  9  8  7  6  5
16 15 14 13 12 22 21 20 19 18 17  5  4  3  2  1 11 10  9  8  7  6
17 16 15 14 13 12 22 21 20 19 18  6  5  4  3  2  1 11 10  9  8  7
18 17 16 15 14 13 12 22 21 20 19  7  6  5  4  3  2  1 11 10  9  8
19 18 17 16 15 14 13 12 22 21 20  8  7  6  5  4  3  2  1 11 10  9
20 19 18 17 16 15 14 13 12 22 21  9  8  7  6  5  4  3  2  1 11 10
21 20 19 18 17 16 15 14 13 12 22 10  9  8  7  6  5  4  3  2  1 11
22 21 20 19 18 17 16 15 14 13 12 11 10  9  8  7  6  5  4  3  2  1
```

11 elements of order  2:class  2 = 12 13 14 15 16 17 18 19 20 21 22
10 elements of order 11:class  3 =  2 11
                        class  4 =  3 10
                        class  5 =  4  9
                        class  6 =  5  8
                        class  7 =  6  7
Centre =   1
Commutator subgroup =  1  2  3  4  5  6  7  8  9 10 11
11 Sylow 2-subgroups type 2/1
 1 Sylow 11-subgroup type 11/1 =  1  2  3  4  5  6  7  8  9 10 11
$\langle 2,12:2^{11}=1,12^2=1,2.12=12.2^{-1}\rangle = C_{11} \rtimes C_2 = D_{11}$
Abelianisation type 2/1
Inner automorphisms type 22/2
Automorphism group order 110 = $Hol(C_{11})$ = $\langle a,b:a^{11}=1,b^{10}=1,ab=ba^2\rangle$
where a(2)=3,a(12)=12; b(2)=2,b(12)=13
Degree 11: 2<-> (pqrstuvwxyz), 11<-> (qz)(ry)(sx)(tw)(uv).

Character table  $(ck=2\cos(2\pi ik/11))$

```
           1  2  3  4  5  6  7
         --------------------------
R1:        1  1  1  1  1  1  1
R2:        1 -1  1  1  1  1  1
R3:        2  0 c1 c2 c3 c4 c5
R4:        2  0 c2 c4 c5 c3 c1
R5:        2  0 c3 c5 c2 c1 c4
R6:        2  0 c4 c3 c1 c5 c2
R7:        2  0 c5 c1 c4 c2 c3
```

$$R(2+k): \quad 2 \to \begin{pmatrix} ek & 0 \\ 0 & fk \end{pmatrix}, \quad 12 \to \begin{pmatrix} 0 & 1 \\ 1 & 0 \end{pmatrix}$$

where $ek=\exp(2\pi ik/11), fk=\exp(-2\pi ik/11), k=1\text{-}5$

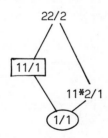

$C_2$ x $C_{12}$

```
 1  2  3  4  5  6  7  8  9 10 11 12 13 14 15 16 17 18 19 20 21 22 23 24
 2  1  4  3  6  5  8  7 10  9 12 11 14 13 16 15 18 17 20 19 22 21 24 23
 3  4  5  6  7  8  9 10 11 12 13 14 15 16 17 18 19 20 21 22 23 24  1  2
 4  3  6  5  8  7 10  9 12 11 14 13 16 15 18 17 20 19 22 21 24 23  2  1
 5  6  7  8  9 10 11 12 13 14 15 16 17 18 19 20 21 22 23 24  1  2  3  4
 6  5  8  7 10  9 12 11 14 13 16 15 18 17 20 19 22 21 24 23  2  1  4  3
 7  8  9 10 11 12 13 14 15 16 17 18 19 20 21 22 23 24  1  2  3  4  5  6
 8  7 10  9 12 11 14 13 16 15 18 17 20 19 22 21 24 23  2  1  4  3  6  5
 9 10 11 12 13 14 15 16 17 18 19 20 21 22 23 24  1  2  3  4  5  6  7  8
10  9 12 11 14 13 16 15 18 17 20 19 22 21 24 23  2  1  4  3  6  5  8  7
11 12 13 14 15 16 17 18 19 20 21 22 23 24  1  2  3  4  5  6  7  8  9 10
12 11 14 13 16 15 18 17 20 19 22 21 24 23  2  1  4  3  6  5  8  7 10  9
13 14 15 16 17 18 19 20 21 22 23 24  1  2  3  4  5  6  7  8  9 10 11 12
14 13 16 15 18 17 20 19 22 21 24 23  2  1  4  3  6  5  8  7 10  9 12 11
15 16 17 18 19 20 21 22 23 24  1  2  3  4  5  6  7  8  9 10 11 12 13 14
16 15 18 17 20 19 22 21 24 23  2  1  4  3  6  5  8  7 10  9 12 11 14 13
17 18 19 20 21 22 23 24  1  2  3  4  5  6  7  8  9 10 11 12 13 14 15 16
18 17 20 19 22 21 24 23  2  1  4  3  6  5  8  7 10  9 12 11 14 13 16 15
19 20 21 22 23 24  1  2  3  4  5  6  7  8  9 10 11 12 13 14 15 16 17 18
20 19 22 21 24 23  2  1  4  3  6  5  8  7 10  9 12 11 14 13 16 15 18 17
21 22 23 24  1  2  3  4  5  6  7  8  9 10 11 12 13 14 15 16 17 18 19 20
22 21 24 23  2  1  4  3  6  5  8  7 10  9 12 11 14 13 16 15 18 17 20 19
23 24  1  2  3  4  5  6  7  8  9 10 11 12 13 14 15 16 17 18 19 20 21 22
24 23  2  1  4  3  6  5  8  7 10  9 12 11 14 13 16 15 18 17 20 19 22 21
```

ABELIAN
3 elements of order  2 =  2 13 14
2 elements of order  3 =  9 17
4 elements of order  4 =  7  8 19 20
6 elements of order  6 =  5  6 10 18 21 22
8 elements of order 12 =  3  4 11 12 15 16 23 24
1 Sylow 2-subgroup type 8/2 =  1  2  7  8 13 14 19 20
1 Sylow 3-subgroup type 3/1 =  1  9 17
$\langle 2,3: 2^2=1, 3^{12}=1, 2.3=3.2 \rangle$ = $C_2$ x $C_{12}$
Aut group type 16/6 = $\langle a,b:a^4=1, b^2=1, ab=ba^{-1} \rangle$x$\langle c:c^2=1 \rangle$
where a(2)=10,a(3)=4;b(2)=10,b(3)=3;c(2)=2,c(3)=15
Degree 9: 2<-> (rs), 3<-> (tuvw)(xyz)
Unique group of order 24 with 8 elements of order 12

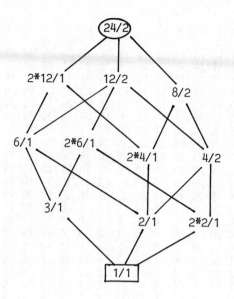

TYPE 24/ 3  $C_6 \times C_2^2$

```
 1  2  3  4  5  6  7  8  9 10 11 12 13 14 15 16 17 18 19 20 21 22 23 24
 2  3  4  5  6  1  8  9 10 11 12  7 14 15 16 17 18 13 20 21 22 23 24 19
 3  4  5  6  1  2  9 10 11 12  7  8 15 16 17 18 13 14 21 22 23 24 19 20
 4  5  6  1  2  3 10 11 12  7  8  9 16 17 18 13 14 15 22 23 24 19 20 21
 5  6  1  2  3  4 11 12  7  8  9 10 17 18 13 14 15 16 23 24 19 20 21 22
 6  1  2  3  4  5 12  7  8  9 10 11 18 13 14 15 16 17 24 19 20 21 22 23
 7  8  9 10 11 12  1  2  3  4  5  6 19 20 21 22 23 24 13 14 15 16 17 18
 8  9 10 11 12  7  2  3  4  5  6  1 20 21 22 23 24 19 14 15 16 17 18 13
 9 10 11 12  7  8  3  4  5  6  1  2 21 22 23 24 19 20 15 16 17 18 13 14
10 11 12  7  8  9  4  5  6  1  2  3 22 23 24 19 20 21 16 17 18 13 14 15
11 12  7  8  9 10  5  6  1  2  3  4 23 24 19 20 21 22 17 18 13 14 15 16
12  7  8  9 10 11  6  1  2  3  4  5 24 19 20 21 22 23 18 13 14 15 16 17
13 14 15 16 17 18 19 20 21 22 23 24  1  2  3  4  5  6  7  8  9 10 11 12
14 15 16 17 18 13 20 21 22 23 24 19  2  3  4  5  6  1  8  9 10 11 12  7
15 16 17 18 13 14 21 22 23 24 19 20  3  4  5  6  1  2  9 10 11 12  7  8
16 17 18 13 14 15 22 23 24 19 20 21  4  5  6  1  2  3 10 11 12  7  8  9
17 18 13 14 15 16 23 24 19 20 21 22  5  6  1  2  3  4 11 12  7  8  9 10
18 13 14 15 16 17 24 19 20 21 22 23  6  1  2  3  4  5 12  7  8  9 10 11
19 20 21 22 23 24 13 14 15 16 17 18  7  8  9 10 11 12  1  2  3  4  5  6
20 21 22 23 24 19 14 15 16 17 18 13  8  9 10 11 12  7  2  3  4  5  6  1
21 22 23 24 19 20 15 16 17 18 13 14  9 10 11 12  7  8  3  4  5  6  1  2
22 23 24 19 20 21 16 17 18 13 14 15 10 11 12  7  8  9  4  5  6  1  2  3
23 24 19 20 21 22 17 18 13 14 15 16 11 12  7  8  9 10  5  6  1  2  3  4
24 19 20 21 22 23 18 13 14 15 16 17 12  7  8  9 10 11  6  1  2  3  4  5
```

ABELIAN

 7 elements of order  2 =   4  7 10 13 16 19 22
 2 elements of order  3 =   3  5
14 elements of order  6 =   2  6  8  9 11 12 14 15 17 18 20 21 23 24
 1 Sylow 2-subgroup type 8/3 =  1  4  7 10 13 16 19 22
 1 Sylow 3-subgroup type 3/1 =  1  3  5
$\langle 2:2^6=1 \rangle \times \langle 7:7^2=1 \rangle \times \langle 13:13^2=1 \rangle = C_6 \times C_2 \times C_2$
Automorphism group order 336 = $GL_3(F_2) \times C_2$
Degree 9: 2<-> (rst)(uv), 7<-> (wx), 13<-> (yz)

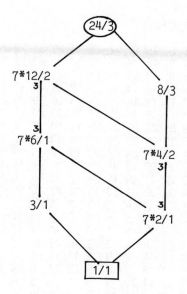

TYPE 24/ 4    $D_6 \times C_2$

| 1 | 2 | 3 | 4 | 5 | 6 | 7 | 8 | 9 | 10 | 11 | 12 | 13 | 14 | 15 | 16 | 17 | 18 | 19 | 20 | 21 | 22 | 23 | 24 |
|---|---|---|---|---|---|---|---|---|---|---|---|---|---|---|---|---|---|---|---|---|---|---|---|
| 2 | 3 | 4 | 5 | 6 | 1 | 8 | 9 | 10 | 11 | 12 | 7 | 14 | 15 | 16 | 17 | 18 | 13 | 20 | 21 | 22 | 23 | 24 | 19 |
| 3 | 4 | 5 | 6 | 1 | 2 | 9 | 10 | 11 | 12 | 7 | 8 | 15 | 16 | 17 | 18 | 13 | 14 | 21 | 22 | 23 | 24 | 19 | 20 |
| 4 | 5 | 6 | 1 | 2 | 3 | 10 | 11 | 12 | 7 | 8 | 9 | 16 | 17 | 18 | 13 | 14 | 15 | 22 | 23 | 24 | 19 | 20 | 21 |
| 5 | 6 | 1 | 2 | 3 | 4 | 11 | 12 | 7 | 8 | 9 | 10 | 17 | 18 | 13 | 14 | 15 | 16 | 23 | 24 | 19 | 20 | 21 | 22 |
| 6 | 1 | 2 | 3 | 4 | 5 | 12 | 7 | 8 | 9 | 10 | 11 | 18 | 13 | 14 | 15 | 16 | 17 | 24 | 19 | 20 | 21 | 22 | 23 |
| 7 | 12 | 11 | 10 | 9 | 8 | 1 | 6 | 5 | 4 | 3 | 2 | 19 | 24 | 23 | 22 | 21 | 20 | 13 | 18 | 17 | 16 | 15 | 14 |
| 8 | 7 | 12 | 11 | 10 | 9 | 2 | 1 | 6 | 5 | 4 | 3 | 20 | 19 | 24 | 23 | 22 | 21 | 14 | 13 | 18 | 17 | 16 | 15 |
| 9 | 8 | 7 | 12 | 11 | 10 | 3 | 2 | 1 | 6 | 5 | 4 | 21 | 20 | 19 | 24 | 23 | 22 | 15 | 14 | 13 | 18 | 17 | 16 |
| 10 | 9 | 8 | 7 | 12 | 11 | 4 | 3 | 2 | 1 | 6 | 5 | 22 | 21 | 20 | 19 | 24 | 23 | 16 | 15 | 14 | 13 | 18 | 17 |
| 11 | 10 | 9 | 8 | 7 | 12 | 5 | 4 | 3 | 2 | 1 | 6 | 23 | 22 | 21 | 20 | 19 | 24 | 17 | 16 | 15 | 14 | 13 | 18 |
| 12 | 11 | 10 | 9 | 8 | 7 | 6 | 5 | 4 | 3 | 2 | 1 | 24 | 23 | 22 | 21 | 20 | 19 | 18 | 17 | 16 | 15 | 14 | 13 |
| 13 | 14 | 15 | 16 | 17 | 18 | 19 | 20 | 21 | 22 | 23 | 24 | 1 | 2 | 3 | 4 | 5 | 6 | 7 | 8 | 9 | 10 | 11 | 12 |
| 14 | 15 | 16 | 17 | 18 | 13 | 20 | 21 | 22 | 23 | 24 | 19 | 2 | 3 | 4 | 5 | 6 | 1 | 8 | 9 | 10 | 11 | 12 | 7 |
| 15 | 16 | 17 | 18 | 13 | 14 | 21 | 22 | 23 | 24 | 19 | 20 | 3 | 4 | 5 | 6 | 1 | 2 | 9 | 10 | 11 | 12 | 7 | 8 |
| 16 | 17 | 18 | 13 | 14 | 15 | 22 | 23 | 24 | 19 | 20 | 21 | 4 | 5 | 6 | 1 | 2 | 3 | 10 | 11 | 12 | 7 | 8 | 9 |
| 17 | 18 | 13 | 14 | 15 | 16 | 23 | 24 | 19 | 20 | 21 | 22 | 5 | 6 | 1 | 2 | 3 | 4 | 11 | 12 | 7 | 8 | 9 | 10 |
| 18 | 13 | 14 | 15 | 16 | 17 | 24 | 19 | 20 | 21 | 22 | 23 | 6 | 1 | 2 | 3 | 4 | 5 | 12 | 7 | 8 | 9 | 10 | 11 |
| 19 | 24 | 23 | 22 | 21 | 20 | 13 | 18 | 17 | 16 | 15 | 14 | 7 | 12 | 11 | 10 | 9 | 8 | 1 | 6 | 5 | 4 | 3 | 2 |
| 20 | 19 | 24 | 23 | 22 | 21 | 14 | 13 | 18 | 17 | 16 | 15 | 8 | 7 | 12 | 11 | 10 | 9 | 2 | 1 | 6 | 5 | 4 | 3 |
| 21 | 20 | 19 | 24 | 23 | 22 | 15 | 14 | 13 | 18 | 17 | 16 | 9 | 8 | 7 | 12 | 11 | 10 | 3 | 2 | 1 | 6 | 5 | 4 |
| 22 | 21 | 20 | 19 | 24 | 23 | 16 | 15 | 14 | 13 | 18 | 17 | 10 | 9 | 8 | 7 | 12 | 11 | 4 | 3 | 2 | 1 | 6 | 5 |
| 23 | 22 | 21 | 20 | 19 | 24 | 17 | 16 | 15 | 14 | 13 | 18 | 11 | 10 | 9 | 8 | 7 | 12 | 5 | 4 | 3 | 2 | 1 | 6 |
| 24 | 23 | 22 | 21 | 20 | 19 | 18 | 17 | 16 | 15 | 14 | 13 | 12 | 11 | 10 | 9 | 8 | 7 | 6 | 5 | 4 | 3 | 2 | 1 |

15 elements of order 2:class   2 =   4
                        class   3 =   7  9 11
                        class   4 =   8 10 12
                        class   5 = 13
                        class   6 = 16
                        class   7 = 19 21 23
                        class   8 = 20 22 24
 2 elements of order 3:class   9 =   3  5
 6 elements of order 6:class 10 =   2  6
                        class 11 = 14 18
                        class 12 = 15 17
Centre type 4/2 =    1  4 13 16
Commutator subgroup type 3/1 =  1  3  5
3 Sylow 2-subgroups type 8/3
1 Sylow 3-subgroup type 3/1 =  1  3  5
$\langle 2,7:2^6=1,7^2=1,2.7=7.2^{-1}\rangle \times \langle 13:13^2=1\rangle = D_6 \times C_2 = \text{Dih}(C_6 \times C_2)$
$\langle 5,7:5^3=1,7^2=1,5.7=7.5^{-1}\rangle \times \langle 4,13:4^2=1,13^2=1,4.13=13.4\rangle = S_3 \times C_2 \times C_2$
Abelianisation type 8/3
Inner automorphisms type 6/2
Aut group = $\langle a,b:a^3=1,b^2=1,ab=ba^{-1}\rangle \times \langle c,d:c^3=1,d^2=1,cd=dc^{-1}\rangle = 6/2 \times 6/2$
where a(2)=2,a(7)=9,a(13)=13;b(2)=6,b(7)=7,b(13)=13;
c(2)=17,c(7)=7,c(13)=16;d(2)=17,d(7)=7,d(13)=4
Degree 7: 2<-> (tuv)(wx), 7<-> (uv), 13<-> (yz)
Unique group of order 24 with 15 elements of order 2

Character table (ek=exp($2\pi ik/6$))

|     | 1 | 2 | 3 | 4 | 5 | 6 | 7 | 8 | 9 | 10 | 11 | 12 |
|-----|---|---|---|---|---|---|---|---|---|----|----|----|
| R1: | 1 | 1 | 1 | 1 | 1 | 1 | 1 | 1 | 1 | 1 | 1 | 1 |
| R2: | 1 | -1 | 1 | -1 | 1 | -1 | 1 | -1 | 1 | -1 | -1 | 1 |
| R3: | 1 | 1 | -1 | -1 | 1 | 1 | -1 | -1 | 1 | 1 | 1 | 1 |
| R4: | 1 | 1 | 1 | 1 | -1 | -1 | -1 | -1 | 1 | 1 | -1 | -1 |
| R5: | 1 | 1 | -1 | -1 | -1 | -1 | 1 | 1 | 1 | 1 | -1 | -1 |
| R6: | 1 | -1 | 1 | -1 | -1 | 1 | -1 | 1 | 1 | -1 | 1 | -1 |
| R7: | 1 | -1 | -1 | 1 | 1 | -1 | -1 | 1 | 1 | -1 | -1 | 1 |
| R8: | 1 | -1 | -1 | 1 | -1 | 1 | 1 | -1 | 1 | -1 | 1 | -1 |
| R9: | 2 | 2 | 0 | 0 | 2 | 2 | 0 | 0 | -1 | -1 | -1 | -1 |
| R10: | 2 | 2 | 0 | 0 | -2 | -2 | 0 | 0 | -1 | -1 | 1 | 1 |
| R11: | 2 | -2 | 0 | 0 | 2 | -2 | 0 | 0 | -1 | 1 | 1 | -1 |
| R12: | 2 | -2 | 0 | 0 | -2 | 2 | 0 | 0 | -1 | 1 | -1 | 1 |

R9  2->$\begin{pmatrix} e2 & 0 \\ 0 & e4 \end{pmatrix}$, 7->$\begin{pmatrix} 0 & 1 \\ 1 & 0 \end{pmatrix}$, 13->$\begin{pmatrix} 1 & 0 \\ 0 & 1 \end{pmatrix}$

R11: 2->$\begin{pmatrix} e1 & 0 \\ 0 & e5 \end{pmatrix}$, 7->$\begin{pmatrix} 0 & 1 \\ 1 & 0 \end{pmatrix}$, 13->$\begin{pmatrix} 1 & 0 \\ 0 & 1 \end{pmatrix}$

R10 = R9.R4,  R12 = R11.R4

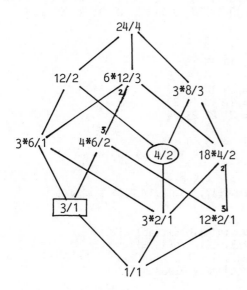

## TYPE 24/ 5                                     $A_4 \times C_2$

```
 1  2  3  4  5  6  7  8  9 10 11 12 13 14 15 16 17 18 19 20 21 22 23 24
 2  1  4  3  6  5  8  7 10  9 12 11 14 13 16 15 18 17 20 19 22 21 24 23
 3  4  1  2  7  8  5  6 11 12  9 10 15 16 13 14 19 20 17 18 23 24 21 22
 4  3  2  1  8  7  6  5 12 11 10  9 16 15 14 13 20 19 18 17 24 23 22 21
 5  8  6  7  9 12 10 11  1  4  2  3 17 20 18 19 21 24 22 23 13 16 14 15
 6  7  5  8 10 11  9 12  2  3  1  4 18 19 17 20 22 23 21 24 14 15 13 16
 7  6  8  5 11 10 12  9  3  2  4  1 19 18 20 17 23 22 24 21 15 14 16 13
 8  5  7  6 12  9 11 10  4  1  3  2 20 17 19 18 24 21 23 22 16 13 15 14
 9 11 12 10  1  3  4  2  5  7  8  6 21 23 24 22 13 15 16 14 17 19 20 18
10 12 11  9  2  4  3  1  6  8  7  5 22 24 23 21 14 16 15 13 18 20 19 17
11  9 10 12  3  1  2  4  7  5  6  8 23 21 22 24 15 13 14 16 19 17 18 20
12 10  9 11  4  2  1  3  8  6  5  7 24 22 21 23 16 14 13 15 20 18 17 19
13 14 15 16 17 18 19 20 21 22 23 24  1  2  3  4  5  6  7  8  9 10 11 12
14 13 16 15 18 17 20 19 22 21 24 23  2  1  4  3  6  5  8  7 10  9 12 11
15 16 13 14 19 20 17 18 23 24 21 22  3  4  1  2  7  8  5  6 11 12  9 10
16 15 14 13 20 19 18 17 24 23 22 21  4  3  2  1  8  7  6  5 12 11 10  9
17 20 18 19 21 24 22 23 13 16 14 15  5  8  6  7  9 12 10 11  1  4  2  3
18 19 17 20 22 23 21 24 14 15 13 16  6  7  5  8 10 11  9 12  2  3  1  4
19 18 20 17 23 22 24 21 15 14 16 13  7  6  8  5 11 10 12  9  3  2  4  1
20 17 19 18 24 21 23 22 16 13 15 14  8  5  7  6 12  9 11 10  4  1  3  2
21 23 24 22 13 15 16 14 17 19 20 18  9 11 12 10  1  3  4  2  5  7  8  6
22 24 23 21 14 16 15 13 18 20 19 17 10 12 11  9  2  4  3  1  6  8  7  5
23 21 22 24 15 13 14 16 19 17 18 20 11  9 10 12  3  1  2  4  7  5  6  8
24 22 21 23 16 14 13 15 20 18 17 19 12 10  9 11  4  2  1  3  8  6  5  7
```

7 elements of order  2:class  2 =   2  3  4
                        class  3 = 13
                        class  4 = 14 15 16
8 elements of order  3:class  5 =  5  6  7  8
                        class  6 =  9 10 11 12
8 elements of order  6:class  7 = 17 18 19 20
                        class  8 = 21 22 23 24
Centre type 2/1 =    1 13
Commutator subgroup type 4/2 =  1  2  3  4
1 Sylow 2-subgroup type 8/3 =  1  2  3  4 13 14 15 16
4 Sylow 3-subgroups type 3/1
$\langle 2,9:2^2=1,9^3=1,(2.9)^3=1\rangle \times \langle 13:13^2=1\rangle = A_4 \times C_2$
$\langle 2,3,17:2^2=1,3^2=1,17^2=1,2.3=3.2,2.17=17.3,3.17=17.2.3\rangle = C_2^2 \rtimes C_6$
Abelianisation type 6/1
Inner automorphisms type 12/4
Automorhism group type 24/12 = $\langle a,b:a^4=1,b^2=1,(ab)^3=1\rangle$
where a(2)=2,a(9)=6,a(13)=13;b(2)=3,b(9)=5,b(13)=13
Degree 6: 2<-> (uv)(wx), 9<-> (vwx), 13<-> (yz)
Unique group of order 24 with 8 conjugacy classes

Character table (ek=exp(2πik/6))

```
        1  2  3  4  5  6  7  8
       -------------------------
R1:     1  1  1  1  1  1  1  1
R2:     1  1 -1 -1 e4 e2 e1 e5
R3:     1  1  1  1 e2 e4 e2 e4
R4:     1  1 -1 -1  1  1 -1 -1
R5:     1  1  1  1 e4 e2 e4 e2
R6:     1  1 -1 -1 e2 e4 e5 e1
R7:     3 -1  3 -1  0  0  0  0
R8:     3 -1 -3  1  0  0  0  0
```

$$R7:\ 2\text{->}\begin{pmatrix} -1 & 0 & 0 \\ 0 & 1 & 0 \\ 0 & 0 & -1 \end{pmatrix},\ 9\text{->}\begin{pmatrix} 0 & 1 & 0 \\ 0 & 0 & 1 \\ 1 & 0 & 0 \end{pmatrix},\ 13\text{->}\begin{pmatrix} 1 & 0 & 0 \\ 0 & 1 & 0 \\ 0 & 0 & 1 \end{pmatrix}$$

R8 = R7.R4

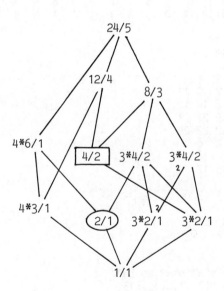

TYPE 24/ 6                    $Q_6 \times C_2$

```
 1  2  3  4  5  6  7  8  9 10 11 12 13 14 15 16 17 18 19 20 21 22 23 24
 2  3  4  5  6  1  8  9 10 11 12  7 14 15 16 17 18 13 20 21 22 23 24 19
 3  4  5  6  1  2  9 10 11 12  7  8 15 16 17 18 13 14 21 22 23 24 19 20
 4  5  6  1  2  3 10 11 12  7  8  9 16 17 18 13 14 15 22 23 24 19 20 21
 5  6  1  2  3  4 11 12  7  8  9 10 17 18 13 14 15 16 23 24 19 20 21 22
 6  1  2  3  4  5 12  7  8  9 10 11 18 13 14 15 16 17 24 19 20 21 22 23
 7 12 11 10  9  8  4  3  2  1  6  5 19 24 23 22 21 20 16 15 14 13 18 17
 8  7 12 11 10  9  5  4  3  2  1  6 20 19 24 23 22 21 17 16 15 14 13 18
 9  8  7 12 11 10  6  5  4  3  2  1 21 20 19 24 23 22 18 17 16 15 14 13
10  9  8  7 12 11  1  6  5  4  3  2 22 21 20 19 24 23 13 18 17 16 15 14
11 10  9  8  7 12  2  1  6  5  4  3 23 22 21 20 19 24 14 13 18 17 16 15
12 11 10  9  8  7  3  2  1  6  5  4 24 23 22 21 20 19 15 14 13 18 17 16
13 14 15 16 17 18 19 20 21 22 23 24  1  2  3  4  5  6  7  8  9 10 11 12
14 15 16 17 18 13 20 21 22 23 24 19  2  3  4  5  6  1  8  9 10 11 12  7
15 16 17 18 13 14 21 22 23 24 19 20  3  4  5  6  1  2  9 10 11 12  7  8
16 17 18 13 14 15 22 23 24 19 20 21  4  5  6  1  2  3 10 11 12  7  8  9
17 18 13 14 15 16 23 24 19 20 21 22  5  6  1  2  3  4 11 12  7  8  9 10
18 13 14 15 16 17 24 19 20 21 22 23  6  1  2  3  4  5 12  7  8  9 10 11
19 24 23 22 21 20 16 15 14 13 18 17  7 12 11 10  9  8  4  3  2  1  6  5
20 19 24 23 22 21 17 16 15 14 13 18  8  7 12 11 10  9  5  4  3  2  1  6
21 20 19 24 23 22 18 17 16 15 14 13  9  8  7 12 11 10  6  5  4  3  2  1
22 21 20 19 24 23 13 18 17 16 15 14 10  9  8  7 12 11  1  6  5  4  3  2
23 22 21 20 19 24 14 13 18 17 16 15 11 10  9  8  7 12  2  1  6  5  4  3
24 23 22 21 20 19 15 14 13 18 17 16 12 11 10  9  8  7  3  2  1  6  5  4
```

3 elements of order  2:class  2 =  4
                       class  3 = 13
                       class  4 = 16
2 elements of order  3:class  5 =  3  5
12 elements of order  4:class  6 =  7  9 11
                       class  7 =  8 10 12
                       class  8 = 19 21 23
                       class  9 = 20 22 24
6 elements of order  6:class 10 =  2  6
                       class 11 = 14 18
                       class 12 = 15 17
Centre type 4/2 =    1  4 13 16
Commutator subgroup type 3/1 =  1  3  5
3 Sylow 2-subgroups type 8/2
1 Sylow 3-subgroup type 3/1 =  1  3  5
$\langle 2,7:2^6=1,7^2=2^3,2.7=7.2^{-1}\rangle \times \langle 13:13^2=1\rangle = Q_6 \times C_2$
Abelianisation type 8/2
Inner automorphisms type 6/2
Automorphism group type 12/3 = $\langle a,b:a^6=1,b^2=1,ab=ba^{-1}\rangle$
where a(2)=2,a(7)=8,a(13)=13;b(2)=6,b(7)=7,b(13)=13
Unique group of order 24 with 12 elements of order 4

Character table (ek=exp(2πik/6))

|      | 1 | 2  | 3  | 4  | 5  | 6  | 7  | 8  | 9  | 10 | 11 | 12 |
|------|---|----|----|----|----|----|----|----|----|----|----|----|
| R1:  | 1 | 1  | 1  | 1  | 1  | 1  | 1  | 1  | 1  | 1  | 1  | 1  |
| R2:  | 1 | -1 | 1  | -1 | 1  | i  | -i | i  | -i | -1 | -1 | 1  |
| R3:  | 1 | 1  | 1  | 1  | 1  | -1 | -1 | -1 | -1 | 1  | 1  | 1  |
| R4:  | 1 | -1 | 1  | -1 | 1  | -i | i  | -i | i  | -1 | -1 | 1  |
| R5:  | 1 | 1  | -1 | -1 | 1  | 1  | 1  | -1 | -1 | 1  | -1 | -1 |
| R6:  | 1 | -1 | -1 | 1  | 1  | i  | -i | -i | i  | -1 | 1  | -1 |
| R7:  | 1 | 1  | -1 | -1 | 1  | -1 | -1 | 1  | 1  | 1  | -1 | -1 |
| R8:  | 1 | -1 | -1 | 1  | 1  | -i | i  | i  | -i | -1 | 1  | -1 |
| R9:  | 2 | -2 | 2  | -2 | -1 | 0  | 0  | 0  | 0  | 1  | 1  | -1 |
| R10: | 2 | 2  | 2  | 2  | -1 | 0  | 0  | 0  | 0  | -1 | -1 | -1 |
| R11: | 2 | -2 | -2 | 2  | -1 | 0  | 0  | 0  | 0  | 1  | -1 | 1  |
| R12: | 2 | 2  | -2 | -2 | -1 | 0  | 0  | 0  | 0  | -1 | 1  | 1  |

R9: $2 \rightarrow \begin{pmatrix} e1 & 0 \\ 0 & e5 \end{pmatrix}$, $7 \rightarrow \begin{pmatrix} 0 & 1 \\ -1 & 0 \end{pmatrix}$, $13 \rightarrow \begin{pmatrix} 1 & 0 \\ 0 & 1 \end{pmatrix}$

R10: $2 \rightarrow \begin{pmatrix} e2 & 0 \\ 0 & e4 \end{pmatrix}$, $7 \rightarrow \begin{pmatrix} 0 & 1 \\ -1 & 0 \end{pmatrix}$, $13 \rightarrow \begin{pmatrix} 1 & 0 \\ 0 & 1 \end{pmatrix}$

R11 = R9.R5, R12 = R10.R5

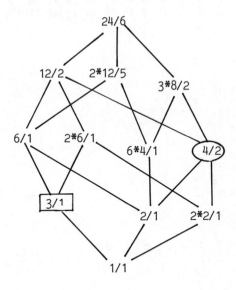

TYPE 24/ 7                    $D_4 \times C_3$

```
 1  2  3  4  5  6  7  8  9 10 11 12 13 14 15 16 17 18 19 20 21 22 23 24
 2  3  4  1  6  7  8  5 10 11 12  9 14 15 16 13 18 19 20 17 22 23 24 21
 3  4  1  2  7  8  5  6 11 12  9 10 15 16 13 14 19 20 17 18 23 24 21 22
 4  1  2  3  8  5  6  7 12  9 10 11 16 13 14 15 20 17 18 19 24 21 22 23
 5  8  7  6  1  4  3  2 13 16 15 14  9 12 11 10 21 24 23 22 17 20 19 18
 6  5  8  7  2  1  4  3 14 13 16 15 10  9 12 11 22 21 24 23 18 17 20 19
 7  6  5  8  3  2  1  4 15 14 13 16 11 10  9 12 23 22 21 24 19 18 17 20
 8  7  6  5  4  3  2  1 16 15 14 13 12 11 10  9 24 23 22 21 20 19 18 17
 9 10 11 12 13 14 15 16 17 18 19 20 21 22 23 24  1  2  3  4  5  6  7  8
10 11 12  9 14 15 16 13 18 19 20 17 22 23 24 21  2  3  4  1  6  7  8  5
11 12  9 10 15 16 13 14 19 20 17 18 23 24 21 22  3  4  1  2  7  8  5  6
12  9 10 11 16 13 14 15 20 17 18 19 24 21 22 23  4  1  2  3  8  5  6  7
13 16 15 14  9 12 11 10 21 24 23 22 17 20 19 18  5  8  7  6  1  4  3  2
14 13 16 15 10  9 12 11 22 21 24 23 18 17 20 19  6  5  8  7  2  1  4  3
15 14 13 16 11 10  9 12 23 22 21 24 19 18 17 20  7  6  5  8  3  2  1  4
16 15 14 13 12 11 10  9 24 23 22 21 20 19 18 17  8  7  6  5  4  3  2  1
17 18 19 20 21 22 23 24  1  2  3  4  5  6  7  8  9 10 11 12 13 14 15 16
18 19 20 17 22 23 24 21  2  3  4  1  6  7  8  5 10 11 12  9 14 15 16 13
19 20 17 18 23 24 21 22  3  4  1  2  7  8  5  6 11 12  9 10 15 16 13 14
20 17 18 19 24 21 22 23  4  1  2  3  8  5  6  7 12  9 10 11 16 13 14 15
21 24 23 22 17 20 19 18  5  8  7  6  1  4  3  2 13 16 15 14  9 12 11 10
22 21 24 23 18 17 20 19  6  5  8  7  2  1  4  3 14 13 16 15 10  9 12 11
23 22 21 24 19 18 17 20  7  6  5  8  3  2  1  4 15 14 13 16 11 10  9 12
24 23 22 21 20 19 18 17  8  7  6  5  4  3  2  1 16 15 14 13 12 11 10  9
```

```
 5 elements of order  2:class  2 =  3
                       class  3 =  5  7
                       class  4 =  6  8
 2 elements of order  3:class  5 =  9
                       class  6 = 17
 2 elements of order  4:class  7 =  2  4
10 elements of order  6:class  8 = 11
                       class  9 = 13 15
                       class 10 = 14 16
                       class 11 = 19
                       class 12 = 21 23
                       class 13 = 22 24
 4 elements of order 12:class 14 = 10 12
                       class 15 = 18 20
```
Centre type 6/1 =    1  3  9 11 17 19
Commutator subgroup type 2/1 =  1  3
1 Sylow 2-subgroup type 8/4 =  1  2  3  4  5  6  7  8
1 Sylow 3-subgroup type 3/1 =  1  9 17
$\langle 2,5:2^4=1,5^2=1,2.5=5.2^{-1}\rangle \times \langle 9:9^3=1\rangle = D_4 \times C_3$
$\langle 10,5:10^{12}=1,5^2=1,5^{-1}.10.5=12=10^7\rangle = C_{12} \rtimes C_2$
$\langle 2,13:2^4=1,13^6=1,13^{-1}.2.13=4=2^{-1}\rangle = C_4 \rtimes C_6$
Abelianisation type 12/2
Inner automorphisms type 4/2
Aut group type 16/6 = $\langle a,b:a^4=1,b^2=1,ab=ba^{-1}\rangle \times \langle c:c^2=1\rangle$
where a(2)=2,a(5)=6,a(9)=9;b(2)=4,b(5)=5,b(9)=9;c(2)=2,c(5)=5,c(9)=17
Degree 7: 2<-> (tuvw), 5<-> (tw)(uv), 9<-> (xyz)
Unique group of order 24 with 10 elements of order 6

Character table (ek=exp($2\pi ik/6$))

|      | 1 | 2  | 3  | 4  | 5   | 6   | 7  | 8   | 9  | 10 | 11  | 12 | 13 | 14 | 15 |
|------|---|----|----|----|-----|-----|----|-----|----|----|-----|----|----|----|----|
| R1:  | 1 | 1  | 1  | 1  | 1   | 1   | 1  | 1   | 1  | 1  | 1   | 1  | 1  | 1  | 1  |
| R2:  | 1 | 1  | 1  | -1 | e4  | e2  | -1 | e4  | e4 | e1 | e2  | e2 | e5 | e1 | e5 |
| R3:  | 1 | 1  | 1  | 1  | e2  | e4  | 1  | e2  | e2 | e2 | e4  | e4 | e4 | e2 | e4 |
| R4:  | 1 | 1  | 1  | -1 | 1   | 1   | -1 | 1   | 1  | -1 | 1   | 1  | -1 | -1 | -1 |
| R5:  | 1 | 1  | 1  | 1  | e4  | e2  | 1  | e4  | e4 | e4 | e2  | e2 | e2 | e4 | e2 |
| R6:  | 1 | 1  | 1  | -1 | e2  | e4  | -1 | e2  | e2 | e5 | e4  | e4 | e1 | e5 | e1 |
| R7:  | 1 | 1  | -1 | -1 | 1   | 1   | 1  | 1   | -1 | -1 | 1   | -1 | -1 | 1  | 1  |
| R8:  | 1 | 1  | -1 | 1  | e4  | e2  | -1 | e4  | e1 | e4 | e2  | e5 | e2 | e1 | e5 |
| R9:  | 1 | 1  | -1 | -1 | e2  | e4  | 1  | e2  | e5 | e5 | e4  | e1 | e1 | e2 | e4 |
| R10: | 1 | 1  | -1 | 1  | 1   | 1   | -1 | 1   | -1 | 1  | 1   | -1 | 1  | -1 | -1 |
| R11: | 1 | 1  | -1 | -1 | e4  | e2  | 1  | e4  | e1 | e1 | e2  | e5 | e5 | e4 | e2 |
| R12: | 1 | 1  | -1 | 1  | e2  | e4  | -1 | e2  | e5 | e2 | e4  | e1 | e4 | e5 | e1 |
| R13: | 2 | -2 | 0  | 0  | 2   | 2   | 0  | -2  | 0  | 0  | -2  | 0  | 0  | 0  | 0  |
| R14: | 2 | -2 | 0  | 0  | 2e2 | 2e4 | 0  | 2e5 | 0  | 0  | 2e1 | 0  | 0  | 0  | 0  |
| R15: | 2 | -2 | 0  | 0  | 2e4 | 2e2 | 0  | 2e1 | 0  | 0  | 2e5 | 0  | 0  | 0  | 0  |

R13: 2-> $\begin{pmatrix} i & 0 \\ 0 & -i \end{pmatrix}$, 5-> $\begin{pmatrix} 0 & 1 \\ 1 & 0 \end{pmatrix}$, 9-> $\begin{pmatrix} 1 & 0 \\ 0 & 1 \end{pmatrix}$

R14 = R13.R3, R15 = R13.R5

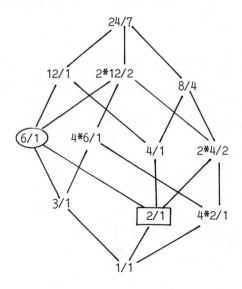

```
 1  2  3  4  5  6  7  8  9 10 11 12 13 14 15 16 17 18 19 20 21 22 23 24
 2  3  4  1  6  7  8  5 10 11 12  9 14 15 16 13 18 19 20 17 22 23 24 21
 3  4  1  2  7  8  5  6 11 12  9 10 15 16 13 14 19 20 17 18 23 24 21 22
 4  1  2  3  8  5  6  7 12  9 10 11 16 13 14 15 20 17 18 19 24 21 22 23
 5  8  7  6  3  2  1  4 13 16 15 14 11 10  9 12 21 24 23 22 19 18 17 20
 6  5  8  7  4  3  2  1 14 13 16 15 12 11 10  9 22 21 24 23 20 19 18 17
 7  6  5  8  1  4  3  2 15 14 13 16  9 12 11 10 23 22 21 24 17 20 19 18
 8  7  6  5  2  1  4  3 16 15 14 13 10  9 12 11 24 23 22 21 18 17 20 19
 9 10 11 12 13 14 15 16 17 18 19 20 21 22 23 24  1  2  3  4  5  6  7  8
10 11 12  9 14 15 16 13 18 19 20 17 22 23 24 21  2  3  4  1  6  7  8  5
11 12  9 10 15 16 13 14 19 20 17 18 23 24 21 22  3  4  1  2  7  8  5  6
12  9 10 11 16 13 14 15 20 17 18 19 24 21 22 23  4  1  2  3  8  5  6  7
13 16 15 14 11 10  9 12 21 24 23 22 19 18 17 20  5  8  7  6  3  2  1  4
14 13 16 15 12 11 10  9 22 21 24 23 20 19 18 17  6  5  8  7  4  3  2  1
15 14 13 16  9 12 11 10 23 22 21 24 17 20 19 18  7  6  5  8  1  4  3  2
16 15 14 13 10  9 12 11 24 23 22 21 18 17 20 19  8  7  6  5  2  1  4  3
17 18 19 20 21 22 23 24  1  2  3  4  5  6  7  8  9 10 11 12 13 14 15 16
18 19 20 17 22 23 24 21  2  3  4  1  6  7  8  5 10 11 12  9 14 15 16 13
19 20 17 18 23 24 21 22  3  4  1  2  7  8  5  6 11 12  9 10 15 16 13 14
20 17 18 19 24 21 22 23  4  1  2  3  8  5  6  7 12  9 10 11 16 13 14 15
21 24 23 22 19 18 17 20  5  8  7  6  3  2  1  4 13 16 15 14 11 10  9 12
22 21 24 23 20 19 18 17  6  5  8  7  4  3  2  1 14 13 16 15 12 11 10  9
23 22 21 24 17 20 19 18  7  6  5  8  1  4  3  2 15 14 13 16  9 12 11 10
24 23 22 21 18 17 20 19  8  7  6  5  2  1  4  3 16 15 14 13 10  9 12 11
```

```
 1  element of order  2:class  2 =  3
 2 elements of order  3:class  3 =  9
                        class  4 = 17
 6 elements of order  4:class  5 =  2  4
                        class  6 =  5  7
                        class  7 =  6  8
 2 elements of order  6:class  8 = 11
                        class  9 = 19
12 elements of order 12:class 10 = 10 12
                        class 11 = 13 15
                        class 12 = 14 16
                        class 13 = 18 20
                        class 14 = 21 23
                        class 15 = 22 24
```

Centre type 6/1 =   1   3   9  11  17  19
Commutator subgroup type 2/1 =  1   3
1 Sylow 2-subgroup type 8/5 =  1  2  3  4  5  6  7  8
1 Sylow 3-subgroup type 3/1 =  1  9  17
$\langle 2,5:2^4=1,5^2=2^2,2.5=5.2^{-1}\rangle \times \langle 9:9^3=1\rangle$ = Q x C$_3$
Abelianisation type 12/2
Inner automorphisms type 4/2
Automorphism group order 48 = type 24/12 x type 2/1
Unique group of order 24 with 12 elements of order 12

Character table (ek=exp(2πik/6))

|      | 1 | 2  | 3   | 4   | 5  | 6  | 7  | 8   | 9   | 10 | 11 | 12 | 13 | 14 | 15 |
|------|---|----|-----|-----|----|----|----|-----|-----|----|----|----|----|----|----|
| R1:  | 1 | 1  | 1   | 1   | 1  | 1  | 1  | 1   | 1   | 1  | 1  | 1  | 1  | 1  | 1  |
| R2:  | 1 | 1  | e4  | e2  | -1 | 1  | -1 | e4  | e2  | e1 | e4 | e1 | e5 | e2 | e5 |
| R3:  | 1 | 1  | e2  | e4  | 1  | 1  | 1  | e2  | e4  | e2 | e2 | e2 | e4 | e4 | e4 |
| R4:  | 1 | 1  | 1   | 1   | -1 | 1  | -1 | 1   | 1   | -1 | 1  | -1 | -1 | 1  | -1 |
| R5:  | 1 | 1  | e4  | e2  | 1  | 1  | 1  | e4  | e2  | e4 | e4 | e4 | e2 | e2 | e2 |
| R6:  | 1 | 1  | e2  | e4  | -1 | 1  | -1 | e2  | e4  | e5 | e2 | e5 | e1 | e4 | e1 |
| R7:  | 1 | 1  | 1   | 1   | 1  | -1 | -1 | 1   | 1   | 1  | -1 | -1 | 1  | -1 | -1 |
| R8:  | 1 | 1  | e4  | e2  | -1 | -1 | 1  | e4  | e2  | e1 | e1 | e4 | e5 | e5 | e2 |
| R9:  | 1 | 1  | e2  | e4  | 1  | -1 | -1 | e2  | e4  | e2 | e5 | e5 | e4 | e1 | e1 |
| R10: | 1 | 1  | 1   | 1   | -1 | -1 | 1  | 1   | 1   | -1 | -1 | 1  | -1 | -1 | 1  |
| R11: | 1 | 1  | e4  | e2  | 1  | -1 | -1 | e4  | e2  | e4 | e1 | e1 | e2 | e5 | e5 |
| R12: | 1 | 1  | e2  | e4  | -1 | -1 | 1  | e2  | e4  | e5 | e5 | e2 | e1 | e1 | e4 |
| R13: | 2 | -2 | 2   | 2   | 0  | 0  | 0  | -2  | -2  | 0  | 0  | 0  | 0  | 0  | 0  |
| R14: | 2 | -2 | 2e2 | 2e4 | 0  | 0  | 0  | 2e5 | 2e1 | 0  | 0  | 0  | 0  | 0  | 0  |
| R15: | 2 | -2 | 2e4 | 2e2 | 0  | 0  | 0  | 2e1 | 2e5 | 0  | 0  | 0  | 0  | 0  | 0  |

R13: $2\rightarrow \begin{pmatrix} i & 0 \\ 0 & -i \end{pmatrix}$, $5\rightarrow \begin{pmatrix} 0 & 1 \\ -1 & 0 \end{pmatrix}$, $9\rightarrow \begin{pmatrix} 1 & 0 \\ 0 & 1 \end{pmatrix}$

R14 = R13.R3, R15 = R13.R5

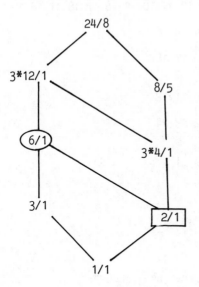

TYPE 24/ 9                    $S_3 \times C_4$

```
 1  2  3  4  5  6  7  8  9 10 11 12 13 14 15 16 17 18 19 20 21 22 23 24
 2  3  1  5  6  4  8  9  7 11 12 10 14 15 13 17 18 16 20 21 19 23 24 22
 3  1  2  6  4  5  9  7  8 12 10 11 15 13 14 18 16 17 21 19 20 24 22 23
 4  6  5  1  3  2 10 12 11  7  9  8 16 18 17 13 15 14 22 24 23 19 21 20
 5  4  6  2  1  3 11 10 12  8  7  9 17 16 18 14 13 15 23 22 24 20 19 21
 6  5  4  3  2  1 12 11 10  9  8  7 18 17 16 15 14 13 24 23 22 21 20 19
 7  8  9 10 11 12 13 14 15 16 17 18 19 20 21 22 23 24  1  2  3  4  5  6
 8  9  7 11 12 10 14 15 13 17 18 16 20 21 19 23 24 22  2  3  1  5  6  4
 9  7  8 12 10 11 15 13 14 18 16 17 21 19 20 24 22 23  3  1  2  6  4  5
10 12 11  7  9  8 16 18 17 13 15 14 22 24 23 19 21 20  4  6  5  1  3  2
11 10 12  8  7  9 17 16 18 14 13 15 23 22 24 20 19 21  5  4  6  2  1  3
12 11 10  9  8  7 18 17 16 15 14 13 24 23 22 21 20 19  6  5  4  3  2  1
13 14 15 16 17 18 19 20 21 22 23 24  1  2  3  4  5  6  7  8  9 10 11 12
14 15 13 17 18 16 20 21 19 23 24 22  2  3  1  5  6  4  8  9  7 11 12 10
15 13 14 18 16 17 21 19 20 24 22 23  3  1  2  6  4  5  9  7  8 12 10 11
16 18 17 13 15 14 22 24 23 19 21 20  4  6  5  1  3  2 10 12 11  7  9  8
17 16 18 14 13 15 23 22 24 20 19 21  5  4  6  2  1  3 11 10 12  8  7  9
18 17 16 15 14 13 24 23 22 21 20 19  6  5  4  3  2  1 12 11 10  9  8  7
19 20 21 22 23 24  1  2  3  4  5  6  7  8  9 10 11 12 13 14 15 16 17 18
20 21 19 23 24 22  2  3  1  5  6  4  8  9  7 11 12 10 14 15 13 17 18 16
21 19 20 24 22 23  3  1  2  6  4  5  9  7  8 12 10 11 15 13 14 18 16 17
22 24 23 19 21 20  4  6  5  1  3  2 10 12 11  7  9  8 16 18 17 13 15 14
23 22 24 20 19 21  5  4  6  2  1  3 11 10 12  8  7  9 17 16 18 14 13 15
24 23 22 21 20 19  6  5  4  3  2  1 12 11 10  9  8  7 18 17 16 15 14 13
```

```
 7 elements of order  2:class  2 =  4  5  6
                       class  3 = 13
                       class  4 = 16 17 18
 2 elements of order  3:class  5 =  2  3
 8 elements of order  4:class  6 =  7
                       class  7 = 10 11 12
                       class  8 = 19
                       class  9 = 22 23 24
 2 elements of order  6:class 10 = 14 15
 4 elements of order 12:class 11 =  8  9
                       class 12 = 20 21
```

Centre type 4/1 =   1  7 13 19
Commutator subgroup type 3/1 =  1  2  3
3 Sylow 2-subgroups type 8/2
1 Sylow 3-subgroup type 3/1 =  1  2  3
$\langle 2,4:2^3=1,4^2=1,2.4=4.2^{-1}\rangle \times \langle 7:7^4=1\rangle = S_3 \times C_4$
$\langle 8,4:8^{12}=1,4^2=1,4^{-1}.8.4 = 9 = 8^5\rangle = C_{12} \rtimes C_2$
Abelianisation type 8/2
Inner automorphisms type 6/2
Automorphism group type 12/3 = $\langle a,b:a^6=1,b^2=1,ab=ba^{-1}\rangle$
where a(2)=2,a(4)=5,a(7)=19;b(2)=3,b(4)=4,b(7)=7

Character table (ek=exp(2πik/3))

| | 1 | 2 | 3 | 4 | 5 | 6 | 7 | 8 | 9 | 10 | 11 | 12 |
|------|---|----|----|----|----|-----|---|-----|----|----|----|----|
| R1: | 1 | 1 | 1 | 1 | 1 | 1 | 1 | 1 | 1 | 1 | 1 | 1 |
| R2: | 1 | 1 | -1 | -1 | 1 | i | i | -i | -i | -1 | i | -i |
| R3: | 1 | 1 | 1 | 1 | 1 | -1 | -1 | -1 | -1 | 1 | -1 | -1 |
| R4: | 1 | 1 | -1 | -1 | 1 | -i | -i | i | i | -1 | -i | i |
| R5: | 1 | -1 | 1 | -1 | 1 | 1 | -1 | 1 | -1 | 1 | 1 | 1 |
| R6: | 1 | -1 | -1 | 1 | 1 | i | -i | -i | i | -1 | i | -i |
| R7: | 1 | -1 | 1 | -1 | 1 | -1 | 1 | -1 | 1 | 1 | -1 | -1 |
| R8: | 1 | -1 | -1 | 1 | 1 | -i | i | i | -i | -1 | -i | i |
| R9: | 2 | 0 | 2 | 0 | -1 | 2 | 0 | 2 | 0 | -1 | -1 | -1 |
| R10: | 2 | 0 | -2 | 0 | -1 | 2i | 0 | -2i | 0 | 1 | -i | -i |
| R11: | 2 | 0 | 2 | 0 | -1 | -2 | 0 | -2 | 0 | -1 | 1 | 1 |
| R12: | 2 | 0 | -2 | 0 | -1 | -2i | 0 | 2i | 0 | 1 | i | i |

R9: 2->$\begin{pmatrix} e1 & 0 \\ 0 & e2 \end{pmatrix}$, 4->$\begin{pmatrix} 0 & 1 \\ 1 & 0 \end{pmatrix}$, 7->$\begin{pmatrix} 1 & 0 \\ 0 & 1 \end{pmatrix}$

R10 = R9.R2, R11 = R9.R3, R12 = R9.R4

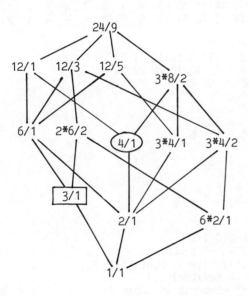

TYPE 24/10 $D_{12}$ dihedral

```
 1  2  3  4  5  6  7  8  9 10 11 12 13 14 15 16 17 18 19 20 21 22 23 24
 2  3  4  5  6  7  8  9 10 11 12  1 14 15 16 17 18 19 20 21 22 23 24 13
 3  4  5  6  7  8  9 10 11 12  1  2 15 16 17 18 19 20 21 22 23 24 13 14
 4  5  6  7  8  9 10 11 12  1  2  3 16 17 18 19 20 21 22 23 24 13 14 15
 5  6  7  8  9 10 11 12  1  2  3  4 17 18 19 20 21 22 23 24 13 14 15 16
 6  7  8  9 10 11 12  1  2  3  4  5 18 19 20 21 22 23 24 13 14 15 16 17
 7  8  9 10 11 12  1  2  3  4  5  6 19 20 21 22 23 24 13 14 15 16 17 18
 8  9 10 11 12  1  2  3  4  5  6  7 20 21 22 23 24 13 14 15 16 17 18 19
 9 10 11 12  1  2  3  4  5  6  7  8 21 22 23 24 13 14 15 16 17 18 19 20
10 11 12  1  2  3  4  5  6  7  8  9 22 23 24 13 14 15 16 17 18 19 20 21
11 12  1  2  3  4  5  6  7  8  9 10 23 24 13 14 15 16 17 18 19 20 21 22
12  1  2  3  4  5  6  7  8  9 10 11 24 13 14 15 16 17 18 19 20 21 22 23
13 24 23 22 21 20 19 18 17 16 15 14  1 12 11 10  9  8  7  6  5  4  3  2
14 13 24 23 22 21 20 19 18 17 16 15  2  1 12 11 10  9  8  7  6  5  4  3
15 14 13 24 23 22 21 20 19 18 17 16  3  2  1 12 11 10  9  8  7  6  5  4
16 15 14 13 24 23 22 21 20 19 18 17  4  3  2  1 12 11 10  9  8  7  6  5
17 16 15 14 13 24 23 22 21 20 19 18  5  4  3  2  1 12 11 10  9  8  7  6
18 17 16 15 14 13 24 23 22 21 20 19  6  5  4  3  2  1 12 11 10  9  8  7
19 18 17 16 15 14 13 24 23 22 21 20  7  6  5  4  3  2  1 12 11 10  9  8
20 19 18 17 16 15 14 13 24 23 22 21  8  7  6  5  4  3  2  1 12 11 10  9
21 20 19 18 17 16 15 14 13 24 23 22  9  8  7  6  5  4  3  2  1 12 11 10
22 21 20 19 18 17 16 15 14 13 24 23 10  9  8  7  6  5  4  3  2  1 12 11
23 22 21 20 19 18 17 16 15 14 13 24 11 10  9  8  7  6  5  4  3  2  1 12
24 23 22 21 20 19 18 17 16 15 14 13 12 11 10  9  8  7  6  5  4  3  2  1
```

13 elements of order 2:class 2 = 7
                      class 3 = 13 15 17 19 21 23
                      class 4 = 14 16 18 20 22 24
2 elements of order 3:class 5 = 5 9
2 elements of order 4:class 6 = 4 10
2 elements of order 6:class 7 = 3 11
4 elements of order 12:class 8 = 2 12
                       class 9 = 6 8
Centre type 2/1 = 1 7
Commutator subgroup type 6/1 = 1 3 5 7 9 11
3 Sylow 2-subgroups type 8/4
1 Sylow 3-subgroup type 3/1 = 1 5 9
$\langle 2,13:2^{12}=1,13^2=1,2.13=13.2^{-1}\rangle = D_{12} = C_{12} \rtimes C_2$
Abelianisation type 4/2
Inner automorphisms type 12/3
Automorphism group order 48 = $\mathrm{Hol}(C_{12})$ =
$\langle a,b,c:a^{12}=1,b^2=1,c^2=1,b^{-1}ab=a^5,c^{-1}ac=a^7,bc=cb\rangle$
where a(2)=2,a(14)=15;b(2)=6,b(14)=14;c(2)=8,c(14)=14
Degree 7: 2<-> (tuv)(wxyz), 13<-> (uv)(wz)(xy)
Unique group of order 24 with 13 elements of order 2

Character table (ck=2cos(2kπ/12))

```
        1  2  3  4  5  6  7  8  9
       ---------------------------
R1:     1  1  1  1  1  1  1  1  1
R2:     1  1 -1 -1  1  1  1  1  1
R3:     1  1 -1  1  1 -1  1 -1 -1
R4:     1  1  1 -1  1 -1  1 -1 -1
R5:     2 -2  0  0 -1  0  1 c1 c5
R6:     2  2  0  0 -1 -2 -1  1  1
R7:     2 -2  0  0  2  0 -2  0  0
R8:     2  2  0  0 -1 -2 -1 -1 -1
R9:     2 -2  0  0 -1  0  1 c5 c1
```

$$R(4+k): \quad 2 \to \begin{pmatrix} ek & 0 \\ 0 & fk \end{pmatrix}, \quad 14 \to \begin{pmatrix} 0 & 1 \\ 1 & 0 \end{pmatrix}$$

where ek=exp(2πik/12), fk=exp(-2πik/12)

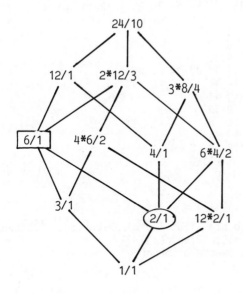

$Q_{12}$ dicyclic

| 1 | 2 | 3 | 4 | 5 | 6 | 7 | 8 | 9 | 10 | 11 | 12 | 13 | 14 | 15 | 16 | 17 | 18 | 19 | 20 | 21 | 22 | 23 | 24 |
|---|---|---|---|---|---|---|---|---|----|----|----|----|----|----|----|----|----|----|----|----|----|----|----|
| 2 | 3 | 4 | 5 | 6 | 7 | 8 | 9 | 10 | 11 | 12 | 1 | 14 | 15 | 16 | 17 | 18 | 19 | 20 | 21 | 22 | 23 | 24 | 13 |
| 3 | 4 | 5 | 6 | 7 | 8 | 9 | 10 | 11 | 12 | 1 | 2 | 15 | 16 | 17 | 18 | 19 | 20 | 21 | 22 | 23 | 24 | 13 | 14 |
| 4 | 5 | 6 | 7 | 8 | 9 | 10 | 11 | 12 | 1 | 2 | 3 | 16 | 17 | 18 | 19 | 20 | 21 | 22 | 23 | 24 | 13 | 14 | 15 |
| 5 | 6 | 7 | 8 | 9 | 10 | 11 | 12 | 1 | 2 | 3 | 4 | 17 | 18 | 19 | 20 | 21 | 22 | 23 | 24 | 13 | 14 | 15 | 16 |
| 6 | 7 | 8 | 9 | 10 | 11 | 12 | 1 | 2 | 3 | 4 | 5 | 18 | 19 | 20 | 21 | 22 | 23 | 24 | 13 | 14 | 15 | 16 | 17 |
| 7 | 8 | 9 | 10 | 11 | 12 | 1 | 2 | 3 | 4 | 5 | 6 | 19 | 20 | 21 | 22 | 23 | 24 | 13 | 14 | 15 | 16 | 17 | 18 |
| 8 | 9 | 10 | 11 | 12 | 1 | 2 | 3 | 4 | 5 | 6 | 7 | 20 | 21 | 22 | 23 | 24 | 13 | 14 | 15 | 16 | 17 | 18 | 19 |
| 9 | 10 | 11 | 12 | 1 | 2 | 3 | 4 | 5 | 6 | 7 | 8 | 21 | 22 | 23 | 24 | 13 | 14 | 15 | 16 | 17 | 18 | 19 | 20 |
| 10 | 11 | 12 | 1 | 2 | 3 | 4 | 5 | 6 | 7 | 8 | 9 | 22 | 23 | 24 | 13 | 14 | 15 | 16 | 17 | 18 | 19 | 20 | 21 |
| 11 | 12 | 1 | 2 | 3 | 4 | 5 | 6 | 7 | 8 | 9 | 10 | 23 | 24 | 13 | 14 | 15 | 16 | 17 | 18 | 19 | 20 | 21 | 22 |
| 12 | 1 | 2 | 3 | 4 | 5 | 6 | 7 | 8 | 9 | 10 | 11 | 24 | 13 | 14 | 15 | 16 | 17 | 18 | 19 | 20 | 21 | 22 | 23 |
| 13 | 24 | 23 | 22 | 21 | 20 | 19 | 18 | 17 | 16 | 15 | 14 | 7 | 6 | 5 | 4 | 3 | 2 | 1 | 12 | 11 | 10 | 9 | 8 |
| 14 | 13 | 24 | 23 | 22 | 21 | 20 | 19 | 18 | 17 | 16 | 15 | 8 | 7 | 6 | 5 | 4 | 3 | 2 | 1 | 12 | 11 | 10 | 9 |
| 15 | 14 | 13 | 24 | 23 | 22 | 21 | 20 | 19 | 18 | 17 | 16 | 9 | 8 | 7 | 6 | 5 | 4 | 3 | 2 | 1 | 12 | 11 | 10 |
| 16 | 15 | 14 | 13 | 24 | 23 | 22 | 21 | 20 | 19 | 18 | 17 | 10 | 9 | 8 | 7 | 6 | 5 | 4 | 3 | 2 | 1 | 12 | 11 |
| 17 | 16 | 15 | 14 | 13 | 24 | 23 | 22 | 21 | 20 | 19 | 18 | 11 | 10 | 9 | 8 | 7 | 6 | 5 | 4 | 3 | 2 | 1 | 12 |
| 18 | 17 | 16 | 15 | 14 | 13 | 24 | 23 | 22 | 21 | 20 | 19 | 12 | 11 | 10 | 9 | 8 | 7 | 6 | 5 | 4 | 3 | 2 | 1 |
| 19 | 18 | 17 | 16 | 15 | 14 | 13 | 24 | 23 | 22 | 21 | 20 | 1 | 12 | 11 | 10 | 9 | 8 | 7 | 6 | 5 | 4 | 3 | 2 |
| 20 | 19 | 18 | 17 | 16 | 15 | 14 | 13 | 24 | 23 | 22 | 21 | 2 | 1 | 12 | 11 | 10 | 9 | 8 | 7 | 6 | 5 | 4 | 3 |
| 21 | 20 | 19 | 18 | 17 | 16 | 15 | 14 | 13 | 24 | 23 | 22 | 3 | 2 | 1 | 12 | 11 | 10 | 9 | 8 | 7 | 6 | 5 | 4 |
| 22 | 21 | 20 | 19 | 18 | 17 | 16 | 15 | 14 | 13 | 24 | 23 | 4 | 3 | 2 | 1 | 12 | 11 | 10 | 9 | 8 | 7 | 6 | 5 |
| 23 | 22 | 21 | 20 | 19 | 18 | 17 | 16 | 15 | 14 | 13 | 24 | 5 | 4 | 3 | 2 | 1 | 12 | 11 | 10 | 9 | 8 | 7 | 6 |
| 24 | 23 | 22 | 21 | 20 | 19 | 18 | 17 | 16 | 15 | 14 | 13 | 6 | 5 | 4 | 3 | 2 | 1 | 12 | 11 | 10 | 9 | 8 | 7 |

```
 1  element of order  2:class  2 =  7
 2 elements of order  3:class  3 =  5  9
14 elements of order  4:class  4 =  4 10
                        class  5 = 13 15 17 19 21 23
                        class  6 = 14 16 18 20 22 24
 2 elements of order  6:class  7 =  3 11
 4 elements of order 12:class  8 =  2 12
                        class  9 =  6  8
```

Centre type 2/1 =   1  7
Commutator subgroup type 6/1 =  1  3  5  7  9 11
3 Sylow 2-subgroups type 8/5
1 Sylow 3-subgroup type 3/1 =  1  5  9
$\langle 2,13:2^{12}=1,13^2=2^6,2.13=13.2^{-1}\rangle = Q_{12}$
Abelianisation type 4/2
Inner automorphisms type 12/3
Aut group order 48 = Hol($C_{12}$) = $\langle a,b,c:a^{12}=1,b^2=1,c^2=1,ab=ba^5,ac=ca^7,bc=cb\rangle$
where a(2)=2,a(13)=14;b(2)=6,b(13)=13;c(2)=8,c(13)=13
Unique group of order 24 with 14 elements of order 4

Character table (ck=2cos(2πk/12))

```
        1  2  3  4  5  6  7  8  9
        ---------------------------
R1:     1  1  1  1  1  1  1  1  1
R2:     1  1  1  1 -1 -1  1  1  1
R3:     1  1  1 -1  1 -1  1 -1 -1
R4:     1  1  1 -1 -1  1  1 -1 -1
R5:     2 -2 -1  0  0  0  1 c1 c5
R6:     2  2 -1 -2  0  0 -1  1  1
R7:     2 -2  2  0  0  0 -2  0  0
R8:     2  2 -1  2  0  0 -1 -1 -1
R9:     2 -2 -1  0  0  0  1 c5 c1
```

$$R(4+k): 2 \rightarrow \begin{pmatrix} e_k & 0 \\ 0 & f_k \end{pmatrix}, \quad 13 \rightarrow \begin{pmatrix} 0 & 1 \\ -1 & 0 \end{pmatrix}$$

where $e_k = \exp(2\pi i k/12)$, $f_k = \exp(-2\pi i k/12)$, $k = 1\text{-}5$

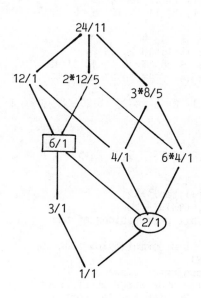

TYPE 24/12          $S_4$ symmetric

| 1 | 2 | 3 | 4 | 5 | 6 | 7 | 8 | 9 | 10 | 11 | 12 | 13 | 14 | 15 | 16 | 17 | 18 | 19 | 20 | 21 | 22 | 23 | 24 |
|---|---|---|---|---|---|---|---|---|----|----|----|----|----|----|----|----|----|----|----|----|----|----|----|
| 2 | 1 | 4 | 3 | 6 | 5 | 8 | 7 | 10 | 9 | 12 | 11 | 14 | 13 | 16 | 15 | 18 | 17 | 20 | 19 | 22 | 21 | 24 | 23 |
| 3 | 4 | 1 | 2 | 7 | 8 | 5 | 6 | 11 | 12 | 9 | 10 | 15 | 16 | 13 | 14 | 19 | 20 | 17 | 18 | 23 | 24 | 21 | 22 |
| 4 | 3 | 2 | 1 | 8 | 7 | 6 | 5 | 12 | 11 | 10 | 9 | 16 | 15 | 14 | 13 | 20 | 19 | 18 | 17 | 24 | 23 | 22 | 21 |
| 5 | 7 | 8 | 6 | 9 | 11 | 12 | 10 | 1 | 3 | 4 | 2 | 17 | 19 | 20 | 18 | 21 | 23 | 24 | 22 | 13 | 15 | 16 | 14 |
| 6 | 8 | 7 | 5 | 10 | 12 | 11 | 9 | 2 | 4 | 3 | 1 | 18 | 20 | 19 | 17 | 22 | 24 | 23 | 21 | 14 | 16 | 15 | 13 |
| 7 | 5 | 6 | 8 | 11 | 9 | 10 | 12 | 3 | 1 | 2 | 4 | 19 | 17 | 18 | 20 | 23 | 21 | 22 | 24 | 15 | 13 | 14 | 16 |
| 8 | 6 | 5 | 7 | 12 | 10 | 9 | 11 | 4 | 2 | 1 | 3 | 20 | 18 | 17 | 19 | 24 | 22 | 21 | 23 | 16 | 14 | 13 | 15 |
| 9 | 12 | 10 | 11 | 1 | 4 | 2 | 3 | 5 | 8 | 6 | 7 | 21 | 24 | 22 | 23 | 13 | 16 | 14 | 15 | 17 | 20 | 18 | 19 |
| 10 | 11 | 9 | 12 | 2 | 3 | 1 | 4 | 6 | 7 | 5 | 8 | 22 | 23 | 21 | 24 | 14 | 15 | 13 | 16 | 18 | 19 | 17 | 20 |
| 11 | 10 | 12 | 9 | 3 | 2 | 4 | 1 | 7 | 6 | 8 | 5 | 23 | 22 | 24 | 21 | 15 | 14 | 16 | 13 | 19 | 18 | 20 | 17 |
| 12 | 9 | 11 | 10 | 4 | 1 | 3 | 2 | 8 | 5 | 7 | 6 | 24 | 21 | 23 | 22 | 16 | 13 | 15 | 14 | 20 | 17 | 19 | 18 |
| 13 | 15 | 14 | 16 | 22 | 24 | 21 | 23 | 19 | 17 | 20 | 18 | 1 | 3 | 2 | 4 | 10 | 12 | 9 | 11 | 7 | 5 | 8 | 6 |
| 14 | 16 | 13 | 15 | 21 | 23 | 22 | 24 | 20 | 18 | 19 | 17 | 2 | 4 | 1 | 3 | 9 | 11 | 10 | 12 | 8 | 6 | 7 | 5 |
| 15 | 13 | 16 | 14 | 24 | 22 | 23 | 21 | 17 | 19 | 18 | 20 | 3 | 1 | 4 | 2 | 12 | 10 | 11 | 9 | 5 | 7 | 6 | 8 |
| 16 | 14 | 15 | 13 | 23 | 21 | 24 | 22 | 18 | 20 | 17 | 19 | 4 | 2 | 3 | 1 | 11 | 9 | 12 | 10 | 6 | 8 | 5 | 7 |
| 17 | 20 | 19 | 18 | 15 | 14 | 13 | 16 | 24 | 21 | 22 | 23 | 5 | 8 | 7 | 6 | 3 | 2 | 1 | 4 | 12 | 9 | 10 | 11 |
| 18 | 19 | 20 | 17 | 16 | 13 | 14 | 15 | 23 | 22 | 21 | 24 | 6 | 7 | 8 | 5 | 4 | 1 | 2 | 3 | 11 | 10 | 9 | 12 |
| 19 | 18 | 17 | 20 | 13 | 16 | 15 | 14 | 22 | 23 | 24 | 21 | 7 | 6 | 5 | 8 | 1 | 4 | 3 | 2 | 10 | 11 | 12 | 9 |
| 20 | 17 | 18 | 19 | 14 | 15 | 16 | 13 | 21 | 24 | 23 | 22 | 8 | 5 | 6 | 7 | 2 | 3 | 4 | 1 | 9 | 12 | 11 | 10 |
| 21 | 22 | 24 | 23 | 20 | 19 | 17 | 18 | 14 | 13 | 15 | 16 | 9 | 10 | 12 | 11 | 8 | 7 | 5 | 6 | 2 | 1 | 3 | 4 |
| 22 | 21 | 23 | 24 | 19 | 20 | 18 | 17 | 13 | 14 | 16 | 15 | 10 | 9 | 11 | 12 | 7 | 8 | 6 | 5 | 1 | 2 | 4 | 3 |
| 23 | 24 | 22 | 21 | 18 | 17 | 19 | 20 | 16 | 15 | 13 | 14 | 11 | 12 | 10 | 9 | 6 | 5 | 7 | 8 | 4 | 3 | 1 | 2 |
| 24 | 23 | 21 | 22 | 17 | 18 | 20 | 19 | 15 | 16 | 14 | 13 | 12 | 11 | 9 | 10 | 5 | 6 | 8 | 7 | 3 | 4 | 2 | 1 |

```
9 elements of order  2:class  2 =  2  3  4
                      class  3 = 13 16 18 20 23 24
8 elements of order  3:class  4 =  5  6  7  8  9 10 11 12
6 elements of order  4:class  5 = 14 15 17 19 21 22
```

Centre = 1

Commutator subgroup type 12/4 = 1 2 3 4 5 6 7 8 9 10 11 12

3 Sylow 2-subgroups type 8/4

4 Sylow 3-subgroups type 3/1

$\langle 17,13:17^4=1,13^2=1,(17.13)^3=1\rangle = S_4$

$\langle 2,5,23:2^2=1,5^3=1,(2.5)^3=1,23^2=1,2.23=23.2,5.23=23.5^{-1}\rangle = A_4 \rtimes C_2$

Abelianisation type 2/1

All automorphisms are inner type 24/12

Automorphism group = $\langle a,b:a^4=1,b^2=1,(ab)^3=1\rangle$

where a(17)=17,a(13)=23;b(17)=22,b(13)=13

Automorphisms can be realised as all permutations of the four Sylow 3-subgroups.

Smallest example of a group without a normal Sylow subgroup

Degree 4: 17<-> (wxyz), 13<-> (wx)

Unique group of order 24 with 5 conjugacy classes

Unique group of order 24 with commutator subgroup of order 2

Unique non-abelian group of order 24 with trivial centre

Group of direct symmetries of a cube

Character table (ek=exp(2πik/3))

```
       1  2  3  4  5
      ---------------
R1:    1  1  1  1  1
R2:    1  1 -1  1 -1
R3:    2  2  0 -1  0
R4:    3 -1  1  0 -1
R5:    3 -1 -1  0  1
```

$$R3: \; 13 \to \begin{pmatrix} 0 & 1 \\ 1 & 0 \end{pmatrix}, \; 17 \to \begin{pmatrix} 0 & e1 \\ e2 & 0 \end{pmatrix}$$

$$R4: \; 13 \to \begin{pmatrix} 1 & 0 & 0 \\ 0 & 0 & 1 \\ 0 & 1 & 0 \end{pmatrix}, \; 17 \to \begin{pmatrix} 0 & 0 & -1 \\ 0 & -1 & 0 \\ -1 & 0 & 0 \end{pmatrix}$$

$$R5: \; 13 \to \begin{pmatrix} -1 & 0 & 0 \\ 0 & 0 & 1 \\ 0 & 1 & 0 \end{pmatrix}, \; 17 \to \begin{pmatrix} 0 & 0 & 1 \\ 0 & 1 & 0 \\ 1 & 0 & 0 \end{pmatrix}$$

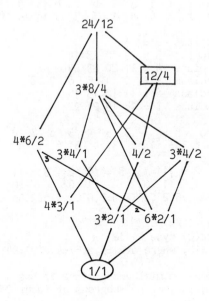

TYPE 24/13                    SL$_2$(F$_3$ )

| 1 | 2 | 3 | 4 | 5 | 6 | 7 | 8 | 9 | 10 | 11 | 12 | 13 | 14 | 15 | 16 | 17 | 18 | 19 | 20 | 21 | 22 | 23 | 24 |
|---|---|---|---|---|---|---|---|---|----|----|----|----|----|----|----|----|----|----|----|----|----|----|----|
| 2 | 3 | 4 | 1 | 6 | 7 | 8 | 5 | 10 | 11 | 12 | 9 | 14 | 15 | 16 | 13 | 18 | 19 | 20 | 17 | 22 | 23 | 24 | 21 |
| 3 | 4 | 1 | 2 | 7 | 8 | 5 | 6 | 11 | 12 | 9 | 10 | 15 | 16 | 13 | 14 | 19 | 20 | 17 | 18 | 23 | 24 | 21 | 22 |
| 4 | 1 | 2 | 3 | 8 | 5 | 6 | 7 | 12 | 9 | 10 | 11 | 16 | 13 | 14 | 15 | 20 | 17 | 18 | 19 | 24 | 21 | 22 | 23 |
| 5 | 8 | 7 | 6 | 3 | 2 | 1 | 4 | 13 | 16 | 15 | 14 | 11 | 10 | 9 | 12 | 21 | 24 | 23 | 22 | 19 | 18 | 17 | 20 |
| 6 | 5 | 8 | 7 | 4 | 3 | 2 | 1 | 14 | 13 | 16 | 15 | 12 | 11 | 10 | 9 | 22 | 21 | 24 | 23 | 20 | 19 | 18 | 17 |
| 7 | 6 | 5 | 8 | 1 | 4 | 3 | 2 | 15 | 14 | 13 | 16 | 9 | 12 | 11 | 10 | 23 | 22 | 21 | 24 | 17 | 20 | 19 | 18 |
| 8 | 7 | 6 | 5 | 2 | 1 | 4 | 3 | 16 | 15 | 14 | 13 | 10 | 9 | 12 | 11 | 24 | 23 | 22 | 21 | 18 | 17 | 20 | 19 |
| 9 | 14 | 11 | 16 | 10 | 13 | 12 | 15 | 17 | 22 | 19 | 24 | 18 | 21 | 20 | 23 | 1 | 6 | 3 | 8 | 2 | 5 | 4 | 7 |
| 10 | 15 | 12 | 13 | 11 | 14 | 9 | 16 | 18 | 23 | 20 | 21 | 19 | 22 | 17 | 24 | 2 | 7 | 4 | 5 | 3 | 6 | 1 | 8 |
| 11 | 16 | 9 | 14 | 12 | 15 | 10 | 13 | 19 | 24 | 17 | 22 | 20 | 23 | 18 | 21 | 3 | 8 | 1 | 6 | 4 | 7 | 2 | 5 |
| 12 | 13 | 10 | 15 | 9 | 16 | 11 | 14 | 20 | 21 | 18 | 23 | 17 | 24 | 19 | 22 | 4 | 5 | 2 | 7 | 1 | 8 | 3 | 6 |
| 13 | 10 | 15 | 12 | 16 | 11 | 14 | 9 | 21 | 18 | 23 | 20 | 24 | 19 | 22 | 17 | 5 | 2 | 7 | 4 | 8 | 3 | 6 | 1 |
| 14 | 11 | 16 | 9 | 13 | 12 | 15 | 10 | 22 | 19 | 24 | 17 | 21 | 20 | 23 | 18 | 6 | 3 | 8 | 1 | 5 | 4 | 7 | 2 |
| 15 | 12 | 13 | 10 | 14 | 9 | 16 | 11 | 23 | 20 | 21 | 18 | 22 | 17 | 24 | 19 | 7 | 4 | 5 | 2 | 6 | 1 | 8 | 3 |
| 16 | 9 | 14 | 11 | 15 | 10 | 13 | 12 | 24 | 17 | 22 | 19 | 23 | 18 | 21 | 20 | 8 | 1 | 6 | 3 | 7 | 2 | 5 | 4 |
| 17 | 21 | 19 | 23 | 22 | 18 | 24 | 20 | 1 | 5 | 3 | 7 | 6 | 2 | 8 | 4 | 9 | 13 | 11 | 15 | 14 | 10 | 16 | 12 |
| 18 | 22 | 20 | 24 | 23 | 19 | 21 | 17 | 2 | 6 | 4 | 8 | 7 | 3 | 5 | 1 | 10 | 14 | 12 | 16 | 15 | 11 | 13 | 9 |
| 19 | 23 | 17 | 21 | 24 | 20 | 22 | 18 | 3 | 7 | 1 | 5 | 8 | 4 | 6 | 2 | 11 | 15 | 9 | 13 | 16 | 12 | 14 | 10 |
| 20 | 24 | 18 | 22 | 21 | 17 | 23 | 19 | 4 | 8 | 2 | 6 | 5 | 1 | 7 | 3 | 12 | 16 | 10 | 14 | 13 | 9 | 15 | 11 |
| 21 | 19 | 23 | 17 | 18 | 24 | 20 | 22 | 5 | 3 | 7 | 1 | 2 | 8 | 4 | 6 | 13 | 11 | 15 | 9 | 10 | 16 | 12 | 14 |
| 22 | 20 | 24 | 18 | 19 | 21 | 17 | 23 | 6 | 4 | 8 | 2 | 3 | 5 | 1 | 7 | 14 | 12 | 16 | 10 | 11 | 13 | 9 | 15 |
| 23 | 17 | 21 | 19 | 20 | 22 | 18 | 24 | 7 | 1 | 5 | 3 | 4 | 6 | 2 | 8 | 15 | 9 | 13 | 11 | 12 | 14 | 10 | 16 |
| 24 | 18 | 22 | 20 | 17 | 23 | 19 | 21 | 8 | 2 | 6 | 4 | 1 | 7 | 3 | 5 | 16 | 10 | 14 | 12 | 9 | 15 | 11 | 13 |

1  element of order  2:class  2 =  3
8  elements of order  3:class  3 =  9 10 13 14
                      class  4 = 17 20 23 24
6  elements of order  4:class  5 =  2  4  5  6  7  8
8  elements of order  6:class  6 = 11 12 15 16
                      class  7 = 18 19 21 22
Centre type 2/1 =    1  3
Commutator subgroup type 8/5 =  1  2  3  4  5  6  7  8
1 Sylow 2-subgroup type 8/5 =  1  2  3  4  5  6  7  8
4 Sylow 3-subgroups type 3/1
As elements of SL$_2$(F$_3$), 2 = $\begin{pmatrix} 1 & 1 \\ 1 & 2 \end{pmatrix}$, 5 = $\begin{pmatrix} 0 & 2 \\ 1 & 0 \end{pmatrix}$, 9 = $\begin{pmatrix} 1 & 1 \\ 0 & 1 \end{pmatrix}$

$\langle 2,5,9 : 2^4 = 1, 5^2 = 2^2, 9^3 = 1, 2.5 = 5.2^{-1}, 9^{-1}.2.9 = 5, 9^{-1}.5.9 = 6 = 2.5 \rangle = Q \rtimes C_3$

Abelianisation type 3/1
Inner automorphisms type 12/4
Automorphism group = Aut(Q) type 24/12
= $\langle a,b : a^4 = 1, b^2 = 1, (a.b)^3 = 1 \rangle$, where a(2)=5,a(5)=4,a(9)=24;
b(2)=5,b(5)=2,b(9)=23.
Smallest example of a non-monomial group, since it has a
2-dimensional representation, but no subgroup of index 2

Character table ($ek=\exp(2\pi ik/6)$)

|    | 1 | 2 | 3  | 4  | 5  | 6  | 7  |
|----|---|---|----|----|----|----|----|
| R1: | 1 | 1 | 1  | 1  | 1  | 1  | 1  |
| R2: | 1 | 1 | e2 | e4 | 1  | e2 | e4 |
| R3: | 1 | 1 | e4 | e2 | 1  | e4 | e2 |
| R4: | 2 | -2 | -1 | -1 | 0 | 1 | 1 |
| R5: | 2 | -2 | e5 | e1 | 0 | e2 | e4 |
| R6: | 2 | -2 | e1 | e5 | 0 | e4 | e2 |
| R7: | 3 | 3 | 0  | 0  | -1 | 0 | 0 |

$$R4:\ 2\to\begin{pmatrix} i & 0 \\ 0 & -i \end{pmatrix},\ 5\to\begin{pmatrix} 0 & 1 \\ -1 & 0 \end{pmatrix},\ 9\to\begin{pmatrix} f3 & f1 \\ f3 & f5 \end{pmatrix}$$

R

$$R7:\ 2\to\begin{pmatrix} 1 & 0 & 0 \\ 0 & -1 & 0 \\ 0 & 0 & -1 \end{pmatrix},\ 5\to\begin{pmatrix} -1 & 0 & 0 \\ 0 & 1 & 0 \\ 0 & 0 & -1 \end{pmatrix},\ 9\to\begin{pmatrix} 0 & 1 & 0 \\ 0 & 0 & 1 \\ 1 & 0 & 0 \end{pmatrix}$$

R5 = R4.R2, R6 = R4.R3
where $fk=\exp(2\pi ik/8)$

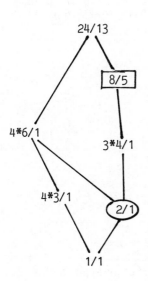

$C_3 \rtimes C_8$

```
 1  2  3  4  5  6  7  8  9 10 11 12 13 14 15 16 17 18 19 20 21 22 23 24
 2  3  1  5  6  4  8  9  7 11 12 10 14 15 13 17 18 16 20 21 19 23 24 22
 3  1  2  6  4  5  9  7  8 12 10 11 15 13 14 18 16 17 21 19 20 24 22 23
 4  6  5  7  9  8 10 12 11 13 15 14 16 18 17 19 21 20 22 24 23  1  3  2
 5  4  6  8  7  9 11 10 12 14 13 15 17 16 18 20 19 21 23 22 24  2  1  3
 6  5  4  9  8  7 12 11 10 15 14 13 18 17 16 21 20 19 24 23 22  3  2  1
 7  8  9 10 11 12 13 14 15 16 17 18 19 20 21 22 23 24  1  2  3  4  5  6
 8  9  7 11 12 10 14 15 13 17 18 16 20 21 19 23 24 22  2  3  1  5  6  4
 9  7  8 12 10 11 15 13 14 18 16 17 21 19 20 24 22 23  3  1  2  6  4  5
10 12 11 13 15 14 16 18 17 19 21 20 22 24 23  1  3  2  4  6  5  7  9  8
11 10 12 14 13 15 17 16 18 20 19 21 23 22 24  2  1  3  5  4  6  8  7  9
12 11 10 15 14 13 18 17 16 21 20 19 24 23 22  3  2  1  6  5  4  9  8  7
13 14 15 16 17 18 19 20 21 22 23 24  1  2  3  4  5  6  7  8  9 10 11 12
14 15 13 17 18 16 20 21 19 23 24 22  2  3  1  5  6  4  8  9  7 11 12 10
15 13 14 18 16 17 21 19 20 24 22 23  3  1  2  6  4  5  9  7  8 12 10 11
16 18 17 19 21 20 22 24 23  1  3  2  4  6  5  7  9  8 10 12 11 13 15 14
17 16 18 20 19 21 23 22 24  2  1  3  5  4  6  8  7  9 11 10 12 14 13 15
18 17 16 21 20 19 24 23 22  3  2  1  6  5  4  9  8  7 12 11 10 15 14 13
19 20 21 22 23 24  1  2  3  4  5  6  7  8  9 10 11 12 13 14 15 16 17 18
20 21 19 23 24 22  2  3  1  5  6  4  8  9  7 11 12 10 14 15 13 17 18 16
21 19 20 24 22 23  3  1  2  6  4  5  9  7  8 12 10 11 15 13 14 18 16 17
22 24 23  1  3  2  4  6  5  7  9  8 10 12 11 13 15 14 16 18 17 19 21 20
23 22 24  2  1  3  5  4  6  8  7  9 11 10 12 14 13 15 17 16 18 20 19 21
24 23 22  3  2  1  6  5  4  9  8  7 12 11 10 15 14 13 18 17 16 21 20 19
```

 1  element  of order   2:class  2 = 13
 2  elements of order   3:class  3 =  2  3
 2  elements of order   4:class  4 =  7
                          class  5 = 19
 2  elements of order   6:class  6 = 14 15
12  elements of order   8:class  7 =  4  5  6
                          class  8 = 10 11 12
                          class  9 = 16 17 18
                          class 10 = 22 23 24
 4  elements of order  12:class 11 =  8  9
                          class 12 = 20 21

Centre type 4/1 =    1  7 13 19
Commutator subgroup type 3/1 =  1  2  3
3 Sylow 2-subgroups type 8/1
1 Sylow 3-subgroup type 3/1 =  1  2  3
$\langle 2,4 : 2^3 = 1, 4^8 = 1, 2.4 = 4.2^{-1} \rangle = C_3 \rtimes C_8$
Abelianisation type 8/1
Inner automophisms type 6/2
Automorphism group type 24/4 = $\langle a,b,c : a^6 = 1, b^2 = 1, c^2 = 1, ab = ba^{-1}, ac = ca, bc = cb \rangle$
where a(2)=2,a(4)=11;b(2)=3,b(4)=4;c(2)=2,c(4)=17
All proper subgroups are cyclic
Unique non-abelian group of order 24 with elements of order 8

Character table (ek=exp(2πik/8))

|      | 1 | 2  | 3  | 4   | 5   | 6  | 7  | 8  | 9  | 10 | 11 | 12 |
|------|---|----|----|-----|-----|----|----|----|----|----|----|----|
| R1:  | 1 | 1  | 1  | 1   | 1   | 1  | 1  | 1  | 1  | 1  | 1  | 1  |
| R2:  | 1 | -1 | 1  | i   | -i  | -1 | e1 | e3 | e5 | e7 | i  | -i |
| R3:  | 1 | 1  | 1  | -1  | -1  | 1  | i  | -i | i  | -i | -1 | -1 |
| R4:  | 1 | -1 | 1  | -i  | i   | -1 | e3 | e1 | e7 | e5 | -i | i  |
| R5:  | 1 | 1  | 1  | 1   | 1   | 1  | -1 | -1 | -1 | -1 | 1  | 1  |
| R6:  | 1 | -1 | 1  | i   | -i  | -1 | e5 | e7 | e1 | e3 | i  | -i |
| R7:  | 1 | 1  | 1  | -1  | -1  | 1  | -i | i  | -i | i  | -1 | -1 |
| R8:  | 1 | -1 | 1  | -i  | i   | -1 | e7 | e5 | e3 | e1 | -i | i  |
| R9:  | 2 | 2  | -1 | 2   | 2   | -1 | 0  | 0  | 0  | 0  | -1 | -1 |
| R10: | 2 | -2 | -1 | 2i  | -2i | 1  | 0  | 0  | 0  | 0  | -i | i  |
| R11: | 2 | 2  | -1 | -2  | -2  | -1 | 0  | 0  | 0  | 0  | 1  | 1  |
| R12: | 2 | -2 | -1 | -2i | 2i  | 1  | 0  | 0  | 0  | 0  | i  | -i |

R9: $2->\begin{pmatrix} f1 & 0 \\ 0 & f2 \end{pmatrix}$, $4->\begin{pmatrix} 0 & 1 \\ 1 & 0 \end{pmatrix}$

R10 = R9.R2, R11 = R9.R5, R12 = R9.R4
where fk=exp(2πik/3)

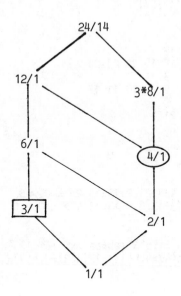

TYPE 24/15                    $C_3 \rtimes D_4$

| 1 | 2 | 3 | 4 | 5 | 6 | 7 | 8 | 9 | 10 | 11 | 12 | 13 | 14 | 15 | 16 | 17 | 18 | 19 | 20 | 21 | 22 | 23 | 24 |
|---|---|---|---|---|---|---|---|---|----|----|----|----|----|----|----|----|----|----|----|----|----|----|----|
| 2 | 3 | 1 | 5 | 6 | 4 | 8 | 9 | 7 | 11 | 12 | 10 | 14 | 15 | 13 | 17 | 18 | 16 | 20 | 21 | 19 | 23 | 24 | 22 |
| 3 | 1 | 2 | 6 | 4 | 5 | 9 | 7 | 8 | 12 | 10 | 11 | 15 | 13 | 14 | 18 | 16 | 17 | 21 | 19 | 20 | 24 | 22 | 23 |
| 4 | 6 | 5 | 7 | 9 | 8 | 10 | 12 | 11 | 1 | 3 | 2 | 16 | 18 | 17 | 19 | 21 | 20 | 22 | 24 | 23 | 13 | 15 | 14 |
| 5 | 4 | 6 | 8 | 7 | 9 | 11 | 10 | 12 | 2 | 1 | 3 | 17 | 16 | 18 | 20 | 19 | 21 | 23 | 22 | 24 | 14 | 13 | 15 |
| 6 | 5 | 4 | 9 | 8 | 7 | 12 | 11 | 10 | 3 | 2 | 1 | 18 | 17 | 16 | 21 | 20 | 19 | 24 | 23 | 22 | 15 | 14 | 13 |
| 7 | 8 | 9 | 10 | 11 | 12 | 1 | 2 | 3 | 4 | 5 | 6 | 19 | 20 | 21 | 22 | 23 | 24 | 13 | 14 | 15 | 16 | 17 | 18 |
| 8 | 9 | 7 | 11 | 12 | 10 | 2 | 3 | 1 | 5 | 6 | 4 | 20 | 21 | 19 | 23 | 24 | 22 | 14 | 15 | 13 | 17 | 18 | 16 |
| 9 | 7 | 8 | 12 | 10 | 11 | 3 | 1 | 2 | 6 | 4 | 5 | 21 | 19 | 20 | 24 | 22 | 23 | 15 | 13 | 14 | 18 | 16 | 17 |
| 10 | 12 | 11 | 1 | 3 | 2 | 4 | 6 | 5 | 7 | 9 | 8 | 22 | 24 | 23 | 13 | 15 | 14 | 16 | 18 | 17 | 19 | 21 | 20 |
| 11 | 10 | 12 | 2 | 1 | 3 | 5 | 4 | 6 | 8 | 7 | 9 | 23 | 22 | 24 | 14 | 13 | 15 | 17 | 16 | 18 | 20 | 19 | 21 |
| 12 | 11 | 10 | 3 | 2 | 1 | 6 | 5 | 4 | 9 | 8 | 7 | 24 | 23 | 22 | 15 | 14 | 13 | 18 | 17 | 16 | 21 | 20 | 19 |
| 13 | 14 | 15 | 22 | 23 | 24 | 19 | 20 | 21 | 16 | 17 | 18 | 1 | 2 | 3 | 10 | 11 | 12 | 7 | 8 | 9 | 4 | 5 | 6 |
| 14 | 15 | 13 | 23 | 24 | 22 | 20 | 21 | 19 | 17 | 18 | 16 | 2 | 3 | 1 | 11 | 12 | 10 | 8 | 9 | 7 | 5 | 6 | 4 |
| 15 | 13 | 14 | 24 | 22 | 23 | 21 | 19 | 20 | 18 | 16 | 17 | 3 | 1 | 2 | 12 | 10 | 11 | 9 | 7 | 8 | 6 | 4 | 5 |
| 16 | 18 | 17 | 13 | 15 | 14 | 22 | 24 | 23 | 19 | 21 | 20 | 4 | 6 | 5 | 1 | 3 | 2 | 10 | 12 | 11 | 7 | 9 | 8 |
| 17 | 16 | 18 | 14 | 13 | 15 | 23 | 22 | 24 | 20 | 19 | 21 | 5 | 4 | 6 | 2 | 1 | 3 | 11 | 10 | 12 | 8 | 7 | 9 |
| 18 | 17 | 16 | 15 | 14 | 13 | 24 | 23 | 22 | 21 | 20 | 19 | 6 | 5 | 4 | 3 | 2 | 1 | 12 | 11 | 10 | 9 | 8 | 7 |
| 19 | 20 | 21 | 16 | 17 | 18 | 13 | 14 | 15 | 22 | 23 | 24 | 7 | 8 | 9 | 4 | 5 | 6 | 1 | 2 | 3 | 10 | 11 | 12 |
| 20 | 21 | 19 | 17 | 18 | 16 | 14 | 15 | 13 | 23 | 24 | 22 | 8 | 9 | 7 | 5 | 6 | 4 | 2 | 3 | 1 | 11 | 12 | 10 |
| 21 | 19 | 20 | 18 | 16 | 17 | 15 | 13 | 14 | 24 | 22 | 23 | 9 | 7 | 8 | 6 | 4 | 5 | 3 | 1 | 2 | 12 | 10 | 11 |
| 22 | 24 | 23 | 19 | 21 | 20 | 16 | 18 | 17 | 13 | 15 | 14 | 10 | 12 | 11 | 7 | 9 | 8 | 4 | 6 | 5 | 1 | 3 | 2 |
| 23 | 22 | 24 | 20 | 19 | 21 | 17 | 16 | 18 | 14 | 13 | 15 | 11 | 10 | 12 | 8 | 7 | 9 | 5 | 4 | 6 | 2 | 1 | 3 |
| 24 | 23 | 22 | 21 | 20 | 19 | 18 | 17 | 16 | 15 | 14 | 13 | 12 | 11 | 10 | 9 | 8 | 7 | 6 | 5 | 4 | 3 | 2 | 1 |

```
9 elements of order  2:class  2 =  7
                      class  3 = 13 19
                      class  4 = 16 17 18 22 23 24
2 elements of order  3:class  5 =  2  3
6 elements of order  4:class  6 =  4  5  6 10 11 12
6 elements of order  6:class  7 =  8  9
                      class  8 = 14 21
                      class  9 = 15 20
```
Centre type 2/1 =   1  7
Commutator subgroup type 6/1 =  1  2  3  7  8  9
3 Sylow 2-subgroups type 8/4
1 Sylow 3-subgroup type 3/1 =  1  2  3
$\langle 2,4,13:2^3=1,4^4=1,13^2=1:4.13=13.4^{-1},2.4=4.2^{-1},2.13=13.2 \rangle = C_3 \rtimes D_4$
$\langle 8,4,13:8^6=1,4^2=8^3,13^2=1,8.4=4.8^{-1},8.13=13.8,4.13=13.4^{-1} \rangle = Q_6 \rtimes C_2$
Abelianisation type 4/2
Inner automorphisms type 12/3
Automorphism group type 24/4 = $\langle a,b:a^6=1,b^2=1,ab=ba^{-1} \rangle \times \langle c:c^2=1 \rangle$
where a(2)=2,a(4)=5,a(13)=13;b(2)=3,b(4)=4,b(13)=13;c(2)=2,c(4)=4
and c(13)=19.

Character table (ek=exp(2πik/3),z1=i√3,z2=-i√3)

```
        1  2  3  4  5  6  7  8  9
      ----------------------------
R1:   1  1  1  1  1  1  1  1  1
R2:   1  1 -1 -1  1  1  1 -1 -1
R3:   1  1  1 -1  1 -1  1  1  1
R4:   1  1 -1  1  1 -1  1 -1 -1
R5:   2  2  2  0 -1  0 -1 -1 -1
R6:   2  2 -2  0 -1  0 -1  1  1
R7:   2 -2  0  0 -1  0  1 z1 z2
R8:   2 -2  0  0 -1  0  1 z2 z1
R9:   2 -2  0  0  2  0  2  0  0
```

R5: 2-> $\begin{pmatrix} e1 & 0 \\ 0 & e2 \end{pmatrix}$, 4-> $\begin{pmatrix} 0 & 1 \\ 1 & 0 \end{pmatrix}$, 13-> $\begin{pmatrix} 1 & 0 \\ 0 & 1 \end{pmatrix}$

R7: 2-> $\begin{pmatrix} e1 & 0 \\ 0 & e2 \end{pmatrix}$, 4-> $\begin{pmatrix} 0 & -i \\ -i & 0 \end{pmatrix}$, 13-> $\begin{pmatrix} 1 & 0 \\ 0 & -1 \end{pmatrix}$

R9: 2-> $\begin{pmatrix} 1 & 0 \\ 0 & 1 \end{pmatrix}$, 4-> $\begin{pmatrix} i & 0 \\ 0 & -i \end{pmatrix}$, 13-> $\begin{pmatrix} 0 & 1 \\ 1 & 0 \end{pmatrix}$

R6 = R5.R2, R8 = R7.R4

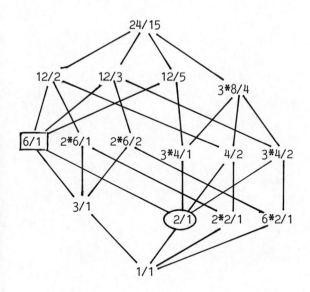

| 25 | 21 | 22 | 23 | 24 | 5  | 1  | 2  | 3  | 4  | 10 | 6  | 7  | 8  | 9  | 15 | 11 | 12 | 13 | 14 | 20 | 16 | 17 | 18 | 19 |
| 24 | 25 | 21 | 22 | 23 | 4  | 5  | 1  | 2  | 3  | 9  | 10 | 6  | 7  | 8  | 14 | 15 | 11 | 12 | 13 | 19 | 20 | 16 | 17 | 18 |
| 23 | 24 | 25 | 21 | 22 | 3  | 4  | 5  | 1  | 2  | 8  | 9  | 10 | 6  | 7  | 13 | 14 | 15 | 11 | 12 | 18 | 19 | 20 | 16 | 17 |
| 22 | 23 | 24 | 25 | 21 | 2  | 3  | 4  | 5  | 1  | 7  | 8  | 9  | 10 | 6  | 12 | 13 | 14 | 15 | 11 | 17 | 18 | 19 | 20 | 16 |
| 21 | 22 | 23 | 24 | 25 | 1  | 2  | 3  | 4  | 5  | 6  | 7  | 8  | 9  | 10 | 11 | 12 | 13 | 14 | 15 | 16 | 17 | 18 | 19 | 20 |
| 20 | 16 | 17 | 18 | 19 | 25 | 21 | 22 | 23 | 24 | 5  | 1  | 2  | 3  | 4  | 10 | 6  | 7  | 8  | 9  | 15 | 11 | 12 | 13 | 14 |
| 19 | 20 | 16 | 17 | 18 | 24 | 25 | 21 | 22 | 23 | 4  | 5  | 1  | 2  | 3  | 9  | 10 | 6  | 7  | 8  | 14 | 15 | 11 | 12 | 13 |
| 18 | 19 | 20 | 16 | 17 | 23 | 24 | 25 | 21 | 22 | 3  | 4  | 5  | 1  | 2  | 8  | 9  | 10 | 6  | 7  | 13 | 14 | 15 | 11 | 12 |
| 17 | 18 | 19 | 20 | 16 | 22 | 23 | 24 | 25 | 21 | 2  | 3  | 4  | 5  | 1  | 7  | 8  | 9  | 10 | 6  | 12 | 13 | 14 | 15 | 11 |
| 16 | 17 | 18 | 19 | 20 | 21 | 22 | 23 | 24 | 25 | 1  | 2  | 3  | 4  | 5  | 6  | 7  | 8  | 9  | 10 | 11 | 12 | 13 | 14 | 15 |
| 15 | 11 | 12 | 13 | 14 | 20 | 16 | 17 | 18 | 19 | 25 | 21 | 22 | 23 | 24 | 5  | 1  | 2  | 3  | 4  | 10 | 6  | 7  | 8  | 9  |
| 14 | 15 | 11 | 12 | 13 | 19 | 20 | 16 | 17 | 18 | 24 | 25 | 21 | 22 | 23 | 4  | 5  | 1  | 2  | 3  | 9  | 10 | 6  | 7  | 8  |
| 13 | 14 | 15 | 11 | 12 | 18 | 19 | 20 | 16 | 17 | 23 | 24 | 25 | 21 | 22 | 3  | 4  | 5  | 1  | 2  | 8  | 9  | 10 | 6  | 7  |
| 12 | 13 | 14 | 15 | 11 | 17 | 18 | 19 | 20 | 16 | 22 | 23 | 24 | 25 | 21 | 2  | 3  | 4  | 5  | 1  | 7  | 8  | 9  | 10 | 6  |
| 11 | 12 | 13 | 14 | 15 | 16 | 17 | 18 | 19 | 20 | 21 | 22 | 23 | 24 | 25 | 1  | 2  | 3  | 4  | 5  | 6  | 7  | 8  | 9  | 10 |
| 10 | 6  | 7  | 8  | 9  | 15 | 11 | 12 | 13 | 14 | 20 | 16 | 17 | 18 | 19 | 25 | 21 | 22 | 23 | 24 | 5  | 1  | 2  | 3  | 4  |
| 9  | 10 | 6  | 7  | 8  | 14 | 15 | 11 | 12 | 13 | 19 | 20 | 16 | 17 | 18 | 24 | 25 | 21 | 22 | 23 | 4  | 5  | 1  | 2  | 3  |
| 8  | 9  | 10 | 6  | 7  | 13 | 14 | 15 | 11 | 12 | 18 | 19 | 20 | 16 | 17 | 23 | 24 | 25 | 21 | 22 | 3  | 4  | 5  | 1  | 2  |
| 7  | 8  | 9  | 10 | 6  | 12 | 13 | 14 | 15 | 11 | 17 | 18 | 19 | 20 | 16 | 22 | 23 | 24 | 25 | 21 | 2  | 3  | 4  | 5  | 1  |
| 6  | 7  | 8  | 9  | 10 | 11 | 12 | 13 | 14 | 15 | 16 | 17 | 18 | 19 | 20 | 21 | 22 | 23 | 24 | 25 | 1  | 2  | 3  | 4  | 5  |
| 5  | 1  | 2  | 3  | 4  | 10 | 6  | 7  | 8  | 9  | 15 | 11 | 12 | 13 | 14 | 20 | 16 | 17 | 18 | 19 | 25 | 21 | 22 | 23 | 24 |
| 4  | 5  | 1  | 2  | 3  | 9  | 10 | 6  | 7  | 8  | 14 | 15 | 11 | 12 | 13 | 19 | 20 | 16 | 17 | 18 | 24 | 25 | 21 | 22 | 23 |
| 3  | 4  | 5  | 1  | 2  | 8  | 9  | 10 | 6  | 7  | 13 | 14 | 15 | 11 | 12 | 18 | 19 | 20 | 16 | 17 | 23 | 24 | 25 | 21 | 22 |
| 2  | 3  | 4  | 5  | 1  | 7  | 8  | 9  | 10 | 6  | 12 | 13 | 14 | 15 | 11 | 17 | 18 | 19 | 20 | 16 | 22 | 23 | 24 | 25 | 21 |
| 1  | 2  | 3  | 4  | 5  | 6  | 7  | 8  | 9  | 10 | 11 | 12 | 13 | 14 | 15 | 16 | 17 | 18 | 19 | 20 | 21 | 22 | 23 | 24 | 25 |

ABELIAN
All non-trivial elements have order 5
Automorphism group order 480 = GL$_2$(F$_5$)

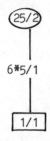

(25/2)

6*5/1

1/1

## TYPE 26/ 2 $\qquad$ D$_{13}$ dihedral

```
26 14 15 16 17 18 19 20 21 22 23 24 25   2  3  4  5  6  7  8  9 10 11 12 13  1
25 26 14 15 16 17 18 19 20 21 22 23 24   3  4  5  6  7  8  9 10 11 12 13  1  2
24 25 26 14 15 16 17 18 19 20 21 22 23   4  5  6  7  8  9 10 11 12 13  1  2  3
23 24 25 26 14 15 16 17 18 19 20 21 22   5  6  7  8  9 10 11 12 13  1  2  3  4
22 23 24 25 26 14 15 16 17 18 19 20 21   6  7  8  9 10 11 12 13  1  2  3  4  5
21 22 23 24 25 26 14 15 16 17 18 19 20   7  8  9 10 11 12 13  1  2  3  4  5  6
20 21 22 23 24 25 26 14 15 16 17 18 19   8  9 10 11 12 13  1  2  3  4  5  6  7
19 20 21 22 23 24 25 26 14 15 16 17 18   9 10 11 12 13  1  2  3  4  5  6  7  8
18 19 20 21 22 23 24 25 26 14 15 16 17  10 11 12 13  1  2  3  4  5  6  7  8  9
17 18 19 20 21 22 23 24 25 26 14 15 16  11 12 13  1  2  3  4  5  6  7  8  9 10
16 17 18 19 20 21 22 23 24 25 26 14 15  12 13  1  2  3  4  5  6  7  8  9 10 11
15 16 17 18 19 20 21 22 23 24 25 26 14  13  1  2  3  4  5  6  7  8  9 10 11 12
14 15 16 17 18 19 20 21 22 23 24 25 26   1  2  3  4  5  6  7  8  9 10 11 12 13
13  1  2  3  4  5  6  7  8  9 10 11 12  15 16 17 18 19 20 21 22 23 24 25 26 14
12 13  1  2  3  4  5  6  7  8  9 10 11  16 17 18 19 20 21 22 23 24 25 26 14 15
11 12 13  1  2  3  4  5  6  7  8  9 10  17 18 19 20 21 22 23 24 25 26 14 15 16
10 11 12 13  1  2  3  4  5  6  7  8  9  18 19 20 21 22 23 24 25 26 14 15 16 17
 9 10 11 12 13  1  2  3  4  5  6  7  8  19 20 21 22 23 24 25 26 14 15 16 17 18
 8  9 10 11 12 13  1  2  3  4  5  6  7  20 21 22 23 24 25 26 14 15 16 17 18 19
 7  8  9 10 11 12 13  1  2  3  4  5  6  21 22 23 24 25 26 14 15 16 17 18 19 20
 6  7  8  9 10 11 12 13  1  2  3  4  5  22 23 24 25 26 14 15 16 17 18 19 20 21
 5  6  7  8  9 10 11 12 13  1  2  3  4  23 24 25 26 14 15 16 17 18 19 20 21 22
 4  5  6  7  8  9 10 11 12 13  1  2  3  24 25 26 14 15 16 17 18 19 20 21 22 23
 3  4  5  6  7  8  9 10 11 12 13  1  2  25 26 14 15 16 17 18 19 20 21 22 23 24
 2  3  4  5  6  7  8  9 10 11 12 13  1  26 14 15 16 17 18 19 20 21 22 23 24 25
 1  2  3  4  5  6  7  8  9 10 11 12 13  14 15 16 17 18 19 20 21 22 23 24 25 26
```

13 elements of order 2:class  2 = 14 15 16 17 18 19 20
$\qquad$ 21 22 23 24 25 26

12 elements of order 13:class  3 =  2 13
$\qquad$ class  4 =  3 12
$\qquad$ class  5 =  4 11
$\qquad$ class  6 =  5 10
$\qquad$ class  7 =  6  9
$\qquad$ class  8 =  7  8

Centre =   1

Commutator subgroup type 13/1 =  1  2  3  4  5  6  7
$\qquad$ 8  9 10 11 12 13

13 Sylow 2-subgroups type 2/1

 1 Sylow 13-subgroup type 13/1 =  1  2  3  4  5  6  7
$\qquad$ 8  9 10 11 12 13

$\langle 2,14:2^{13}=1,14^2=1,2.14=14.2^{-1}\rangle = C_{13} \rtimes C_2 = D_{13}$
Abelianisation type 2/1
Inner automorphisms type 26/2
Automorphism group order 156 = $\text{Hol}(C_{13}) = \langle a,b:a^{13}=1,b^{12}=1,ab=ba^2\rangle$
where a(2)=2,a(14)=15; b(2)=3,b(14)=14

Character table (ck=2cos(2πk/13))

|     | 1 | 2 | 3 | 4 | 5 | 6 | 7 | 8 |
|-----|---|---|---|---|---|---|---|---|
| R1: | 1 | 1 | 1 | 1 | 1 | 1 | 1 | 1 |
| R2: | 1 | -1 | 1 | 1 | 1 | 1 | 1 | 1 |
| R3: | 2 | 0 | c1 | c2 | c3 | c4 | c5 | c6 |
| R4: | 2 | 0 | c2 | c4 | c6 | c5 | c3 | c1 |
| R5: | 2 | 0 | c3 | c6 | c4 | c1 | c2 | c5 |
| R6: | 2 | 0 | c4 | c5 | c1 | c3 | c6 | c2 |
| R7: | 2 | 0 | c5 | c3 | c2 | c6 | c1 | c4 |
| R8: | 2 | 0 | c6 | c1 | c5 | c2 | c4 | c3 |

$R(2+k): 2 \to \begin{pmatrix} ek & 0 \\ 0 & fk \end{pmatrix}, 14 \to \begin{pmatrix} 0 & 1 \\ 1 & 0 \end{pmatrix}$

where ek=exp(2πik/13), fk=exp(-2πik/13), k=1-6

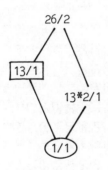

$C_3 \times C_q$

```
27 25 26  3  1  2  6  4  5  9  7  8 12 10 11 15 13 14 18 16 17 21 19 20 24 22 23
26 27 25  2  3  1  5  6  4  8  9  7 11 12 10 14 15 13 17 18 16 20 21 19 23 24 22
25 26 27  1  2  3  4  5  6  7  8  9 10 11 12 13 14 15 16 17 18 19 20 21 22 23 24
24 22 23 27 25 26  3  1  2  6  4  5  9  7  8 12 10 11 15 13 14 18 16 17 21 19 20
23 24 22 26 27 25  2  3  1  5  6  4  8  9  7 11 12 10 14 15 13 17 18 16 20 21 19
22 23 24 25 26 27  1  2  3  4  5  6  7  8  9 10 11 12 13 14 15 16 17 18 19 20 21
21 19 20 24 22 23 27 25 26  3  1  2  6  4  5  9  7  8 12 10 11 15 13 14 18 16 17
20 21 19 23 24 22 26 27 25  2  3  1  5  6  4  8  9  7 11 12 10 14 15 13 17 18 16
19 20 21 22 23 24 25 26 27  1  2  3  4  5  6  7  8  9 10 11 12 13 14 15 16 17 18
18 16 17 21 19 20 24 22 23 27 25 26  3  1  2  6  4  5  9  7  8 12 10 11 15 13 14
17 18 16 20 21 19 23 24 22 26 27 25  2  3  1  5  6  4  8  9  7 11 12 10 14 15 13
16 17 18 19 20 21 22 23 24 25 26 27  1  2  3  4  5  6  7  8  9 10 11 12 13 14 15
15 13 14 18 16 17 21 19 20 24 22 23 27 25 26  3  1  2  6  4  5  9  7  8 12 10 11
14 15 13 17 18 16 20 21 19 23 24 22 26 27 25  2  3  1  5  6  4  8  9  7 11 12 10
13 14 15 16 17 18 19 20 21 22 23 24 25 26 27  1  2  3  4  5  6  7  8  9 10 11 12
12 10 11 15 13 14 18 16 17 21 19 20 24 22 23 27 25 26  3  1  2  6  4  5  9  7  8
11 12 10 14 15 13 17 18 16 20 21 19 23 24 22 26 27 25  2  3  1  5  6  4  8  9  7
10 11 12 13 14 15 16 17 18 19 20 21 22 23 24 25 26 27  1  2  3  4  5  6  7  8  9
 9  7  8 12 10 11 15 13 14 18 16 17 21 19 20 24 22 23 27 25 26  3  1  2  6  4  5
 8  9  7 11 12 10 14 15 13 17 18 16 20 21 19 23 24 22 26 27 25  2  3  1  5  6  4
 7  8  9 10 11 12 13 14 15 16 17 18 19 20 21 22 23 24 25 26 27  1  2  3  4  5  6
 6  4  5  9  7  8 12 10 11 15 13 14 18 16 17 21 19 20 24 22 23 27 25 26  3  1  2
 5  6  4  8  9  7 11 12 10 14 15 13 17 18 16 20 21 19 23 24 22 26 27 25  2  3  1
 4  5  6  7  8  9 10 11 12 13 14 15 16 17 18 19 20 21 22 23 24 25 26 27  1  2  3
 3  1  2  6  4  5  9  7  8 12 10 11 15 13 14 18 16 17 21 19 20 24 22 23 27 25 26
 2  3  1  5  6  4  8  9  7 11 12 10 14 15 13 17 18 16 20 21 19 23 24 22 26 27 25
 1  2  3  4  5  6  7  8  9 10 11 12 13 14 15 16 17 18 19 20 21 22 23 24 25 26 27
```

ABELIAN

8 elements of order 3 = 2 3 10 11 12 19 20 21

18 elements of order 9 = 4 5 6 7 8 9
13 14 15 16 17 18
22 23 24 25 26 27

$\langle 2:2^3=1\rangle \times \langle 4:4^q=1\rangle = C_3 \times C_q$

Automorphism group order 108

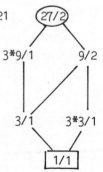

## TYPE 27/ 3 $C_3 \times C_3 \times C_3$ elementary

```
27 25 26 21 19 20 24 22 23  9  7  8  3  1  2  6  4  5 18 16 17 12 10 11 15 13 14
26 27 25 20 21 19 23 24 22  8  9  7  2  3  1  5  6  4 17 18 16 11 12 10 14 15 13
25 26 27 19 20 21 22 23 24  7  8  9  1  2  3  4  5  6 16 17 18 10 11 12 13 14 15
24 22 23 27 25 26 21 19 20  6  4  5  9  7  8  3  1  2 15 13 14 18 16 17 12 10 11
23 24 22 26 27 25 20 21 19  5  6  4  8  9  7  2  3  1 14 15 13 17 18 16 11 12 10
22 23 24 25 26 27 19 20 21  4  5  6  7  8  9  1  2  3 13 14 15 16 17 18 10 11 12
21 19 20 24 22 23 27 25 26  3  1  2  6  4  5  9  7  8 12 10 11 15 13 14 18 16 17
20 21 19 23 24 22 26 27 25  2  3  1  5  6  4  8  9  7 11 12 10 14 15 13 17 18 16
19 20 21 22 23 24 25 26 27  1  2  3  4  5  6  7  8  9 10 11 12 13 14 15 16 17 18
18 16 17 12 10 11 15 13 14 27 25 26 21 19 20 24 22 23  9  7  8  3  1  2  6  4  5
17 18 16 11 12 10 14 15 13 26 27 25 20 21 19 23 24 22  8  9  7  2  3  1  5  6  4
16 17 18 10 11 12 13 14 15 25 26 27 19 20 21 22 23 24  7  8  9  1  2  3  4  5  6
15 13 14 18 16 17 12 10 11 24 22 23 27 25 26 21 19 20  6  4  5  9  7  8  3  1  2
14 15 13 17 18 16 11 12 10 23 24 22 26 27 25 20 21 19  5  6  4  8  9  7  2  3  1
13 14 15 16 17 18 10 11 12 22 23 24 25 26 27 19 20 21  4  5  6  7  8  9  1  2  3
12 10 11 15 13 14 18 16 17 21 19 20 24 22 23 27 25 26  3  1  2  6  4  5  9  7  8
11 12 10 14 15 13 17 18 16 20 21 19 23 24 22 26 27 25  2  3  1  5  6  4  8  9  7
10 11 12 13 14 15 16 17 18 19 20 21 22 23 24 25 26 27  1  2  3  4  5  6  7  8  9
 9  7  8  3  1  2  6  4  5 18 16 17 12 10 11 15 13 14 27 25 26 21 19 20 24 22 23
 8  9  7  2  3  1  5  6  4 17 18 16 11 12 10 14 15 13 26 27 25 20 21 19 23 24 22
 7  8  9  1  2  3  4  5  6 16 17 18 10 11 12 13 14 15 25 26 27 19 20 21 22 23 24
 6  4  5  9  7  8  3  1  2 15 13 14 18 16 17 12 10 11 24 22 23 27 25 26 21 19 20
 5  6  4  8  9  7  2  3  1 14 15 13 17 18 16 11 12 10 23 24 22 26 27 25 20 21 19
 4  5  6  7  8  9  1  2  3 13 14 15 16 17 18 10 11 12 22 23 24 25 26 27 19 20 21
 3  1  2  6  4  5  9  7  8 12 10 11 15 13 14 18 16 17 21 19 20 24 22 23 27 25 26
 2  3  1  5  6  4  8  9  7 11 12 10 14 15 13 17 18 16 20 21 19 23 24 22 26 27 25
 1  2  3  4  5  6  7  8  9 10 11 12 13 14 15 16 17 18 19 20 21 22 23 24 25 26 27
```

ABELIAN
All non-trivial elements have order 3

$\langle 2:2^3=1 \rangle \times \langle 4:4^3=1 \rangle \times \langle 10:10^3=1 \rangle = C_3 \times C_3 \times C_3$

Automorphism group order 11232 = $GL_3(F_3)$

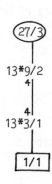

TYPE 27/ 4

```
27 26 25 21 19 20 24 22 23  6  4  5  9  7  8  3  1  2 12 10 11 15 13 14 18 16 17
26 27 25 20 21 19 23 24 22  2  3  1  5  6  4  8  9  7 14 15 13 17 18 16 11 12 10
25 26 27 19 20 21 22 23 24  7  8  9  1  2  3  4  5  6 16 17 18 10 11 12 13 14 15
24 22 23 27 25 26 21 19 20  3  1  2  6  4  5  9  7  8 18 16 17 12 10 11 15 13 14
23 24 22 26 27 25 20 21 19  8  9  7  2  3  1  5  6  4 11 12 10 14 15 13 17 18 16
22 23 24 25 26 27 19 20 21  4  5  6  7  8  9  1  2  3 13 14 15 16 17 18 10 11 12
21 19 20 24 22 23 27 25 26  9  7  8  3  1  2  6  4  5 15 13 14 18 16 17 12 10 11
20 21 19 23 24 22 26 27 25  5  6  4  8  9  7  2  3  1 17 18 16 11 12 10 14 15 13
19 20 21 22 23 24 25 26 27  1  2  3  4  5  6  7  8  9 10 11 12 13 14 15 16 17 18
18 16 17 12 10 11 15 13 14 24 22 23 27 25 26 21 19 20  3  1  2  6  4  5  9  7  8
17 18 16 11 12 10 14 15 13 23 24 22 26 27 25 20 21 19  2  3  1  5  6  4  8  9  7
16 17 18 10 11 12 13 14 15 22 23 24 25 26 27 19 20 21  7  8  9  1  2  3  4  5  6
15 13 14 18 16 17 12 10 11 27 25 26 21 19 20 24 22 23  9  7  8  3  1  2  6  4  5
14 15 13 17 18 16 11 12 10 26 27 25 20 21 19 23 24 22  8  9  7  2  3  1  5  6  4
13 14 15 16 17 18 10 11 12 25 26 27 19 20 21 22 23 24  4  5  6  7  8  9  1  2  3
12 10 11 15 13 14 18 16 17 21 19 20 24 22 23 27 25 26  6  4  5  9  7  8  3  1  2
11 12 10 14 15 13 17 18 16 20 21 19 23 24 22 26 27 25  5  6  4  8  9  7  2  3  1
10 11 12 13 14 15 16 17 18 19 20 21 22 23 24 25 26 27  1  2  3  4  5  6  7  8  9
 9  7  8  3  1  2  6  4  5 15 13 14 18 16 17 12 10 11 24 22 23 27 25 26 21 19 20
 8  9  7  2  3  1  5  6  4 17 18 16 11 12 10 14 15 13 23 24 22 26 27 25 20 21 19
 7  8  9  1  2  3  4  5  6 16 17 18 10 11 12 13 14 15 22 23 24 25 26 27 19 20 21
 6  4  5  9  7  8  3  1  2 12 10 11 15 13 14 18 16 17 27 25 26 21 19 20 24 22 23
 5  6  4  8  9  7  2  3  1 14 15 13 17 18 16 11 12 10 26 27 25 20 21 19 23 24 22
 4  5  6  7  8  9  1  2  3 13 14 15 16 17 18 10 11 12 25 26 27 19 20 21 22 23 24
 3  1  2  6  4  5  9  7  8 18 16 17 12 10 11 15 13 14 21 19 20 24 22 23 27 25 26
 2  3  1  5  6  4  8  9  7 11 12 10 14 15 13 17 18 16 20 21 19 23 24 22 26 27 25
 1  2  3  4  5  6  7  8  9 10 11 12 13 14 15 16 17 18 19 20 21 22 23 24 25 26 27
```

```
26 elements of order  3:class  2 =  2  5  8
                        class  3 =  3  6  9
                        class  4 =  4
                        class  5 =  7
                        class  6 = 10 13 16
                        class  7 = 11 14 17
                        class  8 = 12 15 18
                        class  9 = 19 22 25
                        class 10 = 20 23 26
                        class 11 = 21 24 27
     Centre type 3/1 =  1  4  7
Commutator subgroup type 3/1 =  1  4  7
```

$\langle 2,10:2^3=1,10^3=1,(2.10)^3=1,(2^{-1}.10)^3=1\rangle$

$\langle 2,4,10:2^3=1,4^3=1,10^3=1,2.4=4.2,2.10=10.2.4^{-1},4.10=10.4\rangle = (C_3 \times C_3) \rtimes C_3$

Can be realised as matrices of the form $\begin{pmatrix} 1 & a & b \\ 0 & 1 & c \\ 0 & 0 & 1 \end{pmatrix}$ with a,b,c in F

where $2 \longleftrightarrow \begin{pmatrix} 1 & 1 & 0 \\ 0 & 1 & 0 \\ 0 & 0 & 1 \end{pmatrix}$, and $10 \longleftrightarrow \begin{pmatrix} 1 & 0 & 0 \\ 0 & 1 & 1 \\ 0 & 0 & 1 \end{pmatrix}$

Abelianisation type 9/2
Inner automorphisms type 9/2
Automorphism group order 432


Character table (ek=exp($2\pi$ik/3))

|      | 1 | 2  | 3  | 4   | 5   | 6   | 7   | 8   | 9  | 10  | 11  |
|------|---|----|----|-----|-----|-----|-----|-----|----|-----|-----|
| R1:  | 1 | 1  | 1  | 1   | 1   | 1   | 1   | 1   | 1  | 1   | 1   |
| R2:  | 1 | 1  | 1  | 1   | 1   | e1  | e1  | e1  | e2 | e2  | e2  |
| R3:  | 1 | 1  | 1  | 1   | 1   | e2  | e2  | e2  | e1 | e1  | e1  |
| R4:  | 1 | e1 | e2 | 1   | 1   | 1   | e1  | e2  | 1  | e1  | e2  |
| R5:  | 1 | e1 | e2 | 1   | 1   | e1  | e2  | 1   | e2 | 1   | e1  |
| R6:  | 1 | e1 | e2 | 1   | 1   | e2  | 1   | e1  | e1 | e2  | 1   |
| R7:  | 1 | e2 | e1 | 1   | 1   | 1   | e2  | e1  | 1  | e2  | e1  |
| R8:  | 1 | e2 | e1 | 1   | 1   | e1  | 1   | e2  | e2 | e1  | 1   |
| R9:  | 1 | e2 | e1 | 1   | 1   | e2  | e1  | 1   | e1 | 1   | e2  |
| R10: | 3 | 0  | 0  | 3e1 | 3e2 | 0   | 0   | 0   | 0  | 0   | 0   |
| R11: | 3 | 0  | 0  | 3e2 | 3e1 | 0   | 0   | 0   | 0  | 0   | 0   |

R10: $2 \longrightarrow \begin{pmatrix} 1 & 0 & 0 \\ 0 & e1 & 0 \\ 0 & 0 & e2 \end{pmatrix}$, $10 \longrightarrow \begin{pmatrix} 0 & 1 & 0 \\ 0 & 0 & 1 \\ 1 & 0 & 0 \end{pmatrix}$

R11: $2 \longrightarrow \begin{pmatrix} 1 & 0 & 0 \\ 0 & e1 & 0 \\ 0 & 0 & e2 \end{pmatrix}$, $10 \longrightarrow \begin{pmatrix} 0 & 0 & 1 \\ 1 & 0 & 0 \\ 0 & 1 & 0 \end{pmatrix}$

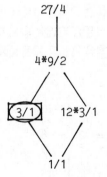

# TYPE 27/ 5

```
27 19 20 21 22 23 24 25 26  3  4  5  6  7  8  9  1  2 15 16 17 18 10 11 12 13 14
26 27 19 20 21 22 23 24 25  5  6  7  8  9  1  2  3  4 11 12 13 14 15 16 17 18 10
25 26 27 19 20 21 22 23 24  7  8  9  1  2  3  4  5  6 16 17 18 10 11 12 13 14 15
24 25 26 27 19 20 21 22 23  9  1  2  3  4  5  6  7  8 12 13 14 15 16 17 18 10 11
23 24 25 26 27 19 20 21 22  2  3  4  5  6  7  8  9  1 17 18 10 11 12 13 14 15 16
22 23 24 25 26 27 19 20 21  4  5  6  7  8  9  1  2  3 13 14 15 16 17 18 10 11 12
21 22 23 24 25 26 27 19 20  6  7  8  9  1  2  3  4  5 18 10 11 12 13 14 15 16 17
20 21 22 23 24 25 26 27 19  8  9  1  2  3  4  5  6  7 14 15 16 17 18 10 11 12 13
19 20 21 22 23 24 25 26 27  1  2  3  4  5  6  7  8  9 10 11 12 13 14 15 16 17 18
18 10 11 12 13 14 15 16 17 21 22 23 24 25 26 27 19 20  6  7  8  9  1  2  3  4  5
17 18 10 11 12 13 14 15 16 23 24 25 26 27 19 20 21 22  2  3  4  5  6  7  8  9  1
16 17 18 10 11 12 13 14 15 25 26 27 19 20 21 22 23 24  7  8  9  1  2  3  4  5  6
15 16 17 18 10 11 12 13 14 27 19 20 21 22 23 24 25 26  3  4  5  6  7  8  9  1  2
14 15 16 17 18 10 11 12 13 20 21 22 23 24 25 26 27 19  8  9  1  2  3  4  5  6  7
13 14 15 16 17 18 10 11 12 22 23 24 25 26 27 19 20 21  4  5  6  7  8  9  1  2  3
12 13 14 15 16 17 18 10 11 24 25 26 27 19 20 21 22 23  9  1  2  3  4  5  6  7  8
11 12 13 14 15 16 17 18 10 26 27 19 20 21 22 23 24 25  5  6  7  8  9  1  2  3  4
10 11 12 13 14 15 16 17 18 19 20 21 22 23 24 25 26 27  1  2  3  4  5  6  7  8  9
 9  1  2  3  4  5  6  7  8 12 13 14 15 16 17 18 10 11 24 25 26 27 19 20 21 22 23
 8  9  1  2  3  4  5  6  7 14 15 16 17 18 10 11 12 13 20 21 22 23 24 25 26 27 19
 7  8  9  1  2  3  4  5  6 16 17 18 10 11 12 13 14 15 25 26 27 19 20 21 22 23 24
 6  7  8  9  1  2  3  4  5 18 10 11 12 13 14 15 16 17 21 22 23 24 25 26 27 19 20
 5  6  7  8  9  1  2  3  4 11 12 13 14 15 16 17 18 10 26 27 19 20 21 22 23 24 25
 4  5  6  7  8  9  1  2  3 13 14 15 16 17 18 10 11 12 22 23 24 25 26 27 19 20 21
 3  4  5  6  7  8  9  1  2 15 16 17 18 10 11 12 13 14 27 19 20 21 22 23 24 25 26
 2  3  4  5  6  7  8  9  1 17 18 10 11 12 13 14 15 16 23 24 25 26 27 19 20 21 22
 1  2  3  4  5  6  7  8  9 10 11 12 13 14 15 16 17 18 19 20 21 22 23 24 25 26 27
```

```
 8 elements of order  3:class  2 =  4
                        class  3 =  7
                        class  4 = 10 13 16
                        class  5 = 19 22 25
18 elements of order  9:class  6 =  2  5  8
                        class  7 =  3  6  9
                        class  8 = 11 14 17
                        class  9 = 12 15 18
                        class 10 = 20 23 26
                        class 11 = 21 24 27
     Centre type 3/1 =    1  4  7
Commutator subgroup type 3/1 =  1  4  7
```

$\langle 2,10:2^9=1,10^3=1,2.10=10.2^4\rangle = C_q \rtimes C_3$
Abelianisation type 9/2
Inner automorphisms type 9/2
Automorphism group order 54
Degree 9: 2<-> (rstuvwxyz),10<-> (svy)(tzw)


Character table (ek=exp(2πik/3),fk=exp(2πik/9))

|      | 1 | 2   | 3   | 4  | 5  | 6  | 7  | 8  | 9  | 10 | 11 |
|------|---|-----|-----|----|----|----|----|----|----|----|----|
| R1:  | 1 | 1   | 1   | 1  | 1  | 1  | 1  | 1  | 1  | 1  | 1  |
| R2:  | 1 | 1   | 1   | e1 | e2 | 1  | 1  | e1 | e1 | e2 | e2 |
| R3:  | 1 | 1   | 1   | e2 | e1 | 1  | 1  | e2 | e2 | e1 | e1 |
| R4:  | 1 | 1   | 1   | 1  | 1  | e1 | e2 | e1 | e2 | e1 | e2 |
| R5:  | 1 | 1   | 1   | e1 | e2 | e1 | e2 | e2 | 1  | 1  | e1 |
| R6:  | 1 | 1   | 1   | e2 | e1 | e1 | e2 | 1  | e1 | e2 | 1  |
| R7:  | 1 | 1   | 1   | 1  | 1  | e2 | e1 | e2 | e1 | e2 | e1 |
| R8:  | 1 | 1   | 1   | e1 | e2 | e2 | e1 | 1  | e2 | e1 | 1  |
| R9:  | 1 | 1   | 1   | e2 | e1 | e2 | e1 | e1 | 1  | 1  | e2 |
| R10: | 3 | 3e1 | 3e2 | 0  | 0  | 0  | 0  | 0  | 0  | 0  | 0  |
| R11: | 3 | 3e2 | 3e1 | 0  | 0  | 0  | 0  | 0  | 0  | 0  | 0  |

$$R10: \quad 2\text{->}\begin{pmatrix} f1 & 0 & 0 \\ 0 & f4 & 0 \\ 0 & 0 & f7 \end{pmatrix}, \quad 10\text{->}\begin{pmatrix} 0 & 1 & 0 \\ 0 & 0 & 1 \\ 1 & 0 & 0 \end{pmatrix}$$

$$R11: \quad 2\text{->}\begin{pmatrix} f2 & 0 & 0 \\ 0 & f5 & 0 \\ 0 & 0 & f8 \end{pmatrix}, \quad 10\text{->}\begin{pmatrix} 0 & 1 & 0 \\ 0 & 0 & 1 \\ 1 & 0 & 0 \end{pmatrix}$$

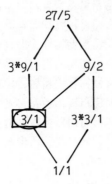

TYPE 28/ 2                     $C_{14} \times C_2$

| | | | | | | | | | | | | | | | | | | | | | | | | | | | |
|---|---|---|---|---|---|---|---|---|---|---|---|---|---|---|---|---|---|---|---|---|---|---|---|---|---|---|---|
| 28 | 15 | 16 | 17 | 18 | 19 | 20 | 21 | 22 | 23 | 24 | 25 | 26 | 27 | 14 | 1 | 2 | 3 | 4 | 5 | 6 | 7 | 8 | 9 | 10 | 11 | 12 | 13 |
| 27 | 28 | 15 | 16 | 17 | 18 | 19 | 20 | 21 | 22 | 23 | 24 | 25 | 26 | 13 | 14 | 1 | 2 | 3 | 4 | 5 | 6 | 7 | 8 | 9 | 10 | 11 | 12 |
| 26 | 27 | 28 | 15 | 16 | 17 | 18 | 19 | 20 | 21 | 22 | 23 | 24 | 25 | 12 | 13 | 14 | 1 | 2 | 3 | 4 | 5 | 6 | 7 | 8 | 9 | 10 | 11 |
| 25 | 26 | 27 | 28 | 15 | 16 | 17 | 18 | 19 | 20 | 21 | 22 | 23 | 24 | 11 | 12 | 13 | 14 | 1 | 2 | 3 | 4 | 5 | 6 | 7 | 8 | 9 | 10 |
| 24 | 25 | 26 | 27 | 28 | 15 | 16 | 17 | 18 | 19 | 20 | 21 | 22 | 23 | 10 | 11 | 12 | 13 | 14 | 1 | 2 | 3 | 4 | 5 | 6 | 7 | 8 | 9 |
| 23 | 24 | 25 | 26 | 27 | 28 | 15 | 16 | 17 | 18 | 19 | 20 | 21 | 22 | 9 | 10 | 11 | 12 | 13 | 14 | 1 | 2 | 3 | 4 | 5 | 6 | 7 | 8 |
| 22 | 23 | 24 | 25 | 26 | 27 | 28 | 15 | 16 | 17 | 18 | 19 | 20 | 21 | 8 | 9 | 10 | 11 | 12 | 13 | 14 | 1 | 2 | 3 | 4 | 5 | 6 | 7 |
| 21 | 22 | 23 | 24 | 25 | 26 | 27 | 28 | 15 | 16 | 17 | 18 | 19 | 20 | 7 | 8 | 9 | 10 | 11 | 12 | 13 | 14 | 1 | 2 | 3 | 4 | 5 | 6 |
| 20 | 21 | 22 | 23 | 24 | 25 | 26 | 27 | 28 | 15 | 16 | 17 | 18 | 19 | 6 | 7 | 8 | 9 | 10 | 11 | 12 | 13 | 14 | 1 | 2 | 3 | 4 | 5 |
| 19 | 20 | 21 | 22 | 23 | 24 | 25 | 26 | 27 | 28 | 15 | 16 | 17 | 18 | 5 | 6 | 7 | 8 | 9 | 10 | 11 | 12 | 13 | 14 | 1 | 2 | 3 | 4 |
| 18 | 19 | 20 | 21 | 22 | 23 | 24 | 25 | 26 | 27 | 28 | 15 | 16 | 17 | 4 | 5 | 6 | 7 | 8 | 9 | 10 | 11 | 12 | 13 | 14 | 1 | 2 | 3 |
| 17 | 18 | 19 | 20 | 21 | 22 | 23 | 24 | 25 | 26 | 27 | 28 | 15 | 16 | 3 | 4 | 5 | 6 | 7 | 8 | 9 | 10 | 11 | 12 | 13 | 14 | 1 | 2 |
| 16 | 17 | 18 | 19 | 20 | 21 | 22 | 23 | 24 | 25 | 26 | 27 | 28 | 15 | 2 | 3 | 4 | 5 | 6 | 7 | 8 | 9 | 10 | 11 | 12 | 13 | 14 | 1 |
| 15 | 16 | 17 | 18 | 19 | 20 | 21 | 22 | 23 | 24 | 25 | 26 | 27 | 28 | 1 | 2 | 3 | 4 | 5 | 6 | 7 | 8 | 9 | 10 | 11 | 12 | 13 | 14 |
| 14 | 1 | 2 | 3 | 4 | 5 | 6 | 7 | 8 | 9 | 10 | 11 | 12 | 13 | 28 | 15 | 16 | 17 | 18 | 19 | 20 | 21 | 22 | 23 | 24 | 25 | 26 | 27 |
| 13 | 14 | 1 | 2 | 3 | 4 | 5 | 6 | 7 | 8 | 9 | 10 | 11 | 12 | 27 | 28 | 15 | 16 | 17 | 18 | 19 | 20 | 21 | 22 | 23 | 24 | 25 | 26 |
| 12 | 13 | 14 | 1 | 2 | 3 | 4 | 5 | 6 | 7 | 8 | 9 | 10 | 11 | 26 | 27 | 28 | 15 | 16 | 17 | 18 | 19 | 20 | 21 | 22 | 23 | 24 | 25 |
| 11 | 12 | 13 | 14 | 1 | 2 | 3 | 4 | 5 | 6 | 7 | 8 | 9 | 10 | 25 | 26 | 27 | 28 | 15 | 16 | 17 | 18 | 19 | 20 | 21 | 22 | 23 | 24 |
| 10 | 11 | 12 | 13 | 14 | 1 | 2 | 3 | 4 | 5 | 6 | 7 | 8 | 9 | 24 | 25 | 26 | 27 | 28 | 15 | 16 | 17 | 18 | 19 | 20 | 21 | 22 | 23 |
| 9 | 10 | 11 | 12 | 13 | 14 | 1 | 2 | 3 | 4 | 5 | 6 | 7 | 8 | 23 | 24 | 25 | 26 | 27 | 28 | 15 | 16 | 17 | 18 | 19 | 20 | 21 | 22 |
| 8 | 9 | 10 | 11 | 12 | 13 | 14 | 1 | 2 | 3 | 4 | 5 | 6 | 7 | 22 | 23 | 24 | 25 | 26 | 27 | 28 | 15 | 16 | 17 | 18 | 19 | 20 | 21 |
| 7 | 8 | 9 | 10 | 11 | 12 | 13 | 14 | 1 | 2 | 3 | 4 | 5 | 6 | 21 | 22 | 23 | 24 | 25 | 26 | 27 | 28 | 15 | 16 | 17 | 18 | 19 | 20 |
| 6 | 7 | 8 | 9 | 10 | 11 | 12 | 13 | 14 | 1 | 2 | 3 | 4 | 5 | 20 | 21 | 22 | 23 | 24 | 25 | 26 | 27 | 28 | 15 | 16 | 17 | 18 | 19 |
| 5 | 6 | 7 | 8 | 9 | 10 | 11 | 12 | 13 | 14 | 1 | 2 | 3 | 4 | 19 | 20 | 21 | 22 | 23 | 24 | 25 | 26 | 27 | 28 | 15 | 16 | 17 | 18 |
| 4 | 5 | 6 | 7 | 8 | 9 | 10 | 11 | 12 | 13 | 14 | 1 | 2 | 3 | 18 | 19 | 20 | 21 | 22 | 23 | 24 | 25 | 26 | 27 | 28 | 15 | 16 | 17 |
| 3 | 4 | 5 | 6 | 7 | 8 | 9 | 10 | 11 | 12 | 13 | 14 | 1 | 2 | 17 | 18 | 19 | 20 | 21 | 22 | 23 | 24 | 25 | 26 | 27 | 28 | 15 | 16 |
| 2 | 3 | 4 | 5 | 6 | 7 | 8 | 9 | 10 | 11 | 12 | 13 | 14 | 1 | 16 | 17 | 18 | 19 | 20 | 21 | 22 | 23 | 24 | 25 | 26 | 27 | 28 | 15 |
| 1 | 2 | 3 | 4 | 5 | 6 | 7 | 8 | 9 | 10 | 11 | 12 | 13 | 14 | 15 | 16 | 17 | 18 | 19 | 20 | 21 | 22 | 23 | 24 | 25 | 26 | 27 | 28 |

ABELIAN

 3 elements of order  2 =  8 15 22
 6 elements of order  7 =  3  5  7  9 11 13
18 elements of order 14 =  2  4  6 10 12 14 16 17 18
                          19 20 21 23 24 25 26 27 28
 1 Sylow 2-subgroup type 4/2 =  1  8 15 22
 1 Sylow 7-subgroup type 7/1 =  1  3  5  7  9 11 13
$\langle 2, 2^{14}=1 \rangle \times \langle 15 : 15^2 = 1 \rangle = C_{14} \times C_2$
Automorphism group order 36 = $\langle a, a^6=1 \rangle \times \langle b, c : b^3 = 1, c^2 = 1, bc = cb^{-1} \rangle$
= $C_6 \times S_3$ where a(2)=4,a(15)=15;b(2)=16,b(15)=8;c(2)=2,c(15)=22
Degree 11: 2<-> (rs)(tuvwxyz), 15<-> (pq)

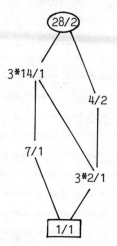

## TYPE 28/ 3 $D_{14}$ dihedral

| 28 | 15 | 16 | 17 | 18 | 19 | 20 | 21 | 22 | 23 | 24 | 25 | 26 | 27 | 2 | 3 | 4 | 5 | 6 | 7 | 8 | 9 | 10 | 11 | 12 | 13 | 14 | 1 |
|----|----|----|----|----|----|----|----|----|----|----|----|----|----|---|---|---|---|---|---|---|---|----|----|----|----|----|---|
| 27 | 28 | 15 | 16 | 17 | 18 | 19 | 20 | 21 | 22 | 23 | 24 | 25 | 26 | 3 | 4 | 5 | 6 | 7 | 8 | 9 | 10 | 11 | 12 | 13 | 14 | 1 | 2 |
| 26 | 27 | 28 | 15 | 16 | 17 | 18 | 19 | 20 | 21 | 22 | 23 | 24 | 25 | 4 | 5 | 6 | 7 | 8 | 9 | 10 | 11 | 12 | 13 | 14 | 1 | 2 | 3 |
| 25 | 26 | 27 | 28 | 15 | 16 | 17 | 18 | 19 | 20 | 21 | 22 | 23 | 24 | 5 | 6 | 7 | 8 | 9 | 10 | 11 | 12 | 13 | 14 | 1 | 2 | 3 | 4 |
| 24 | 25 | 26 | 27 | 28 | 15 | 16 | 17 | 18 | 19 | 20 | 21 | 22 | 23 | 6 | 7 | 8 | 9 | 10 | 11 | 12 | 13 | 14 | 1 | 2 | 3 | 4 | 5 |
| 23 | 24 | 25 | 26 | 27 | 28 | 15 | 16 | 17 | 18 | 19 | 20 | 21 | 22 | 7 | 8 | 9 | 10 | 11 | 12 | 13 | 14 | 1 | 2 | 3 | 4 | 5 | 6 |
| 22 | 23 | 24 | 25 | 26 | 27 | 28 | 15 | 16 | 17 | 18 | 19 | 20 | 21 | 8 | 9 | 10 | 11 | 12 | 13 | 14 | 1 | 2 | 3 | 4 | 5 | 6 | 7 |
| 21 | 22 | 23 | 24 | 25 | 26 | 27 | 28 | 15 | 16 | 17 | 18 | 19 | 20 | 9 | 10 | 11 | 12 | 13 | 14 | 1 | 2 | 3 | 4 | 5 | 6 | 7 | 8 |
| 20 | 21 | 22 | 23 | 24 | 25 | 26 | 27 | 28 | 15 | 16 | 17 | 18 | 19 | 10 | 11 | 12 | 13 | 14 | 1 | 2 | 3 | 4 | 5 | 6 | 7 | 8 | 9 |
| 19 | 20 | 21 | 22 | 23 | 24 | 25 | 26 | 27 | 28 | 15 | 16 | 17 | 18 | 11 | 12 | 13 | 14 | 1 | 2 | 3 | 4 | 5 | 6 | 7 | 8 | 9 | 10 |
| 18 | 19 | 20 | 21 | 22 | 23 | 24 | 25 | 26 | 27 | 28 | 15 | 16 | 17 | 12 | 13 | 14 | 1 | 2 | 3 | 4 | 5 | 6 | 7 | 8 | 9 | 10 | 11 |
| 17 | 18 | 19 | 20 | 21 | 22 | 23 | 24 | 25 | 26 | 27 | 28 | 15 | 16 | 13 | 14 | 1 | 2 | 3 | 4 | 5 | 6 | 7 | 8 | 9 | 10 | 11 | 12 |
| 16 | 17 | 18 | 19 | 20 | 21 | 22 | 23 | 24 | 25 | 26 | 27 | 28 | 15 | 14 | 1 | 2 | 3 | 4 | 5 | 6 | 7 | 8 | 9 | 10 | 11 | 12 | 13 |
| 15 | 16 | 17 | 18 | 19 | 20 | 21 | 22 | 23 | 24 | 25 | 26 | 27 | 28 | 1 | 2 | 3 | 4 | 5 | 6 | 7 | 8 | 9 | 10 | 11 | 12 | 13 | 14 |
| 14 | 1 | 2 | 3 | 4 | 5 | 6 | 7 | 8 | 9 | 10 | 11 | 12 | 13 | 16 | 17 | 18 | 19 | 20 | 21 | 22 | 23 | 24 | 25 | 26 | 27 | 28 | 15 |
| 13 | 14 | 1 | 2 | 3 | 4 | 5 | 6 | 7 | 8 | 9 | 10 | 11 | 12 | 17 | 18 | 19 | 20 | 21 | 22 | 23 | 24 | 25 | 26 | 27 | 28 | 15 | 16 |
| 12 | 13 | 14 | 1 | 2 | 3 | 4 | 5 | 6 | 7 | 8 | 9 | 10 | 11 | 18 | 19 | 20 | 21 | 22 | 23 | 24 | 25 | 26 | 27 | 28 | 15 | 16 | 17 |
| 11 | 12 | 13 | 14 | 1 | 2 | 3 | 4 | 5 | 6 | 7 | 8 | 9 | 10 | 19 | 20 | 21 | 22 | 23 | 24 | 25 | 26 | 27 | 28 | 15 | 16 | 17 | 18 |
| 10 | 11 | 12 | 13 | 14 | 1 | 2 | 3 | 4 | 5 | 6 | 7 | 8 | 9 | 20 | 21 | 22 | 23 | 24 | 25 | 26 | 27 | 28 | 15 | 16 | 17 | 18 | 19 |
| 9 | 10 | 11 | 12 | 13 | 14 | 1 | 2 | 3 | 4 | 5 | 6 | 7 | 8 | 21 | 22 | 23 | 24 | 25 | 26 | 27 | 28 | 15 | 16 | 17 | 18 | 19 | 20 |
| 8 | 9 | 10 | 11 | 12 | 13 | 14 | 1 | 2 | 3 | 4 | 5 | 6 | 7 | 22 | 23 | 24 | 25 | 26 | 27 | 28 | 15 | 16 | 17 | 18 | 19 | 20 | 21 |
| 7 | 8 | 9 | 10 | 11 | 12 | 13 | 14 | 1 | 2 | 3 | 4 | 5 | 6 | 23 | 24 | 25 | 26 | 27 | 28 | 15 | 16 | 17 | 18 | 19 | 20 | 21 | 22 |
| 6 | 7 | 8 | 9 | 10 | 11 | 12 | 13 | 14 | 1 | 2 | 3 | 4 | 5 | 24 | 25 | 26 | 27 | 28 | 15 | 16 | 17 | 18 | 19 | 20 | 21 | 22 | 23 |
| 5 | 6 | 7 | 8 | 9 | 10 | 11 | 12 | 13 | 14 | 1 | 2 | 3 | 4 | 25 | 26 | 27 | 28 | 15 | 16 | 17 | 18 | 19 | 20 | 21 | 22 | 23 | 24 |
| 4 | 5 | 6 | 7 | 8 | 9 | 10 | 11 | 12 | 13 | 14 | 1 | 2 | 3 | 26 | 27 | 28 | 15 | 16 | 17 | 18 | 19 | 20 | 21 | 22 | 23 | 24 | 25 |
| 3 | 4 | 5 | 6 | 7 | 8 | 9 | 10 | 11 | 12 | 13 | 14 | 1 | 2 | 27 | 28 | 15 | 16 | 17 | 18 | 19 | 20 | 21 | 22 | 23 | 24 | 25 | 26 |
| 2 | 3 | 4 | 5 | 6 | 7 | 8 | 9 | 10 | 11 | 12 | 13 | 14 | 1 | 28 | 15 | 16 | 17 | 18 | 19 | 20 | 21 | 22 | 23 | 24 | 25 | 26 | 27 |
| 1 | 2 | 3 | 4 | 5 | 6 | 7 | 8 | 9 | 10 | 11 | 12 | 13 | 14 | 15 | 16 | 17 | 18 | 19 | 20 | 21 | 22 | 23 | 24 | 25 | 26 | 27 | 28 |

```
15 elements of order  2:class  2 =  8
                         class  3 = 15 17 19 21 23 25 27
                         class  4 = 16 18 20 22 24 26 28
 6 elements of order  7:class  5 =  3 13
                         class  6 =  5 11
                         class  7 =  7  9
 6 elements of order 14:class  8 =  2 14
                         class  9 =  4 12
                         class 10 =  6 10
Centre type 2/1 =   1  8
Commutator subgroup type 7/1 =  1  3  5  7  9 11 13
```

```
7 Sylow 2-subgroups type 4/2
1 Sylow 7-subgroup type 7/1 =  1  3  5  7  9 11 13
<2,15:2^14=1,15^2=1,2.15=15.2^-1> = C_14 ⋊ C_2 = D_14
Abelianisation type 4/2
Inner automorphisms type 14/2
Automorphism group order 84 = Hol(C_14) = <a,b:a^14=1,b^6=1,ab=ba^3>
where a(2)=2,a(15)=16; b(2)=4,b(15)=15
Degree 9: 2<-> (rs)(tuvwxyz), 15<-> (tz)(uy)(vx)
```

Character table $(c_k = 2\cos(2\pi k/14))$

|      | 1 | 2 | 3 | 4 | 5 | 6 | 7 | 8 | 9 | 10 |
|------|---|---|---|---|---|---|---|---|---|----|
| R1:  | 1 | 1 | 1 | 1 | 1 | 1 | 1 | 1 | 1 | 1 |
| R2:  | 1 | 1 | -1 | -1 | 1 | 1 | 1 | 1 | 1 | 1 |
| R3:  | 1 | -1 | -1 | 1 | 1 | 1 | 1 | -1 | -1 | -1 |
| R4:  | 1 | -1 | 1 | -1 | 1 | 1 | 1 | -1 | -1 | -1 |
| R5:  | 2 | -2 | 0 | 0 | c2 | c4 | c6 | c1 | c3 | c5 |
| R6:  | 2 | 2 | 0 | 0 | c4 | c6 | c2 | c2 | c6 | c4 |
| R7:  | 2 | -2 | 0 | 0 | c6 | c2 | c4 | c3 | c5 | c1 |
| R8:  | 2 | 2 | 0 | 0 | c6 | c2 | c4 | c4 | c2 | c6 |
| R9:  | 2 | -2 | 0 | 0 | c4 | c6 | c2 | c5 | c1 | c3 |
| R10: | 2 | 2 | 0 | 0 | c2 | c4 | c6 | c6 | c4 | c2 |

$$R(4+k): \quad 2 \to \begin{pmatrix} e_k & 0 \\ 0 & f_k \end{pmatrix}, \quad 15 \to \begin{pmatrix} 0 & 1 \\ 1 & 0 \end{pmatrix}$$

where $e_k = \exp(2\pi i k/14)$, $f_k = \exp(-2\pi i k/14)$, $k = 1\text{-}6$

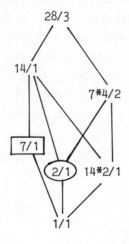

TYPE 28/ 4          $Q_{14}$  dicyclic

```
28 15 16 17 18 19 20 21 22 23 24 25 26 27  9 10 11 12 13 14  1  2  3  4  5  6  7  8
27 28 15 16 17 18 19 20 21 22 23 24 25 26 10 11 12 13 14  1  2  3  4  5  6  7  8  9
26 27 28 15 16 17 18 19 20 21 22 23 24 25 11 12 13 14  1  2  3  4  5  6  7  8  9 10
25 26 27 28 15 16 17 18 19 20 21 22 23 24 12 13 14  1  2  3  4  5  6  7  8  9 10 11
24 25 26 27 28 15 16 17 18 19 20 21 22 23 13 14  1  2  3  4  5  6  7  8  9 10 11 12
23 24 25 26 27 28 15 16 17 18 19 20 21 22 14  1  2  3  4  5  6  7  8  9 10 11 12 13
22 23 24 25 26 27 28 15 16 17 18 19 20 21  1  2  3  4  5  6  7  8  9 10 11 12 13 14
21 22 23 24 25 26 27 28 15 16 17 18 19 20  2  3  4  5  6  7  8  9 10 11 12 13 14  1
20 21 22 23 24 25 26 27 28 15 16 17 18 19  3  4  5  6  7  8  9 10 11 12 13 14  1  2
19 20 21 22 23 24 25 26 27 28 15 16 17 18  4  5  6  7  8  9 10 11 12 13 14  1  2  3
18 19 20 21 22 23 24 25 26 27 28 15 16 17  5  6  7  8  9 10 11 12 13 14  1  2  3  4
17 18 19 20 21 22 23 24 25 26 27 28 15 16  6  7  8  9 10 11 12 13 14  1  2  3  4  5
16 17 18 19 20 21 22 23 24 25 26 27 28 15  7  8  9 10 11 12 13 14  1  2  3  4  5  6
15 16 17 18 19 20 21 22 23 24 25 26 27 28  8  9 10 11 12 13 14  1  2  3  4  5  6  7
14  1  2  3  4  5  6  7  8  9 10 11 12 13 16 17 18 19 20 21 22 23 24 25 26 27 28 15
13 14  1  2  3  4  5  6  7  8  9 10 11 12 17 18 19 20 21 22 23 24 25 26 27 28 15 16
12 13 14  1  2  3  4  5  6  7  8  9 10 11 18 19 20 21 22 23 24 25 26 27 28 15 16 17
11 12 13 14  1  2  3  4  5  6  7  8  9 10 19 20 21 22 23 24 25 26 27 28 15 16 17 18
10 11 12 13 14  1  2  3  4  5  6  7  8  9 20 21 22 23 24 25 26 27 28 15 16 17 18 19
 9 10 11 12 13 14  1  2  3  4  5  6  7  8 21 22 23 24 25 26 27 28 15 16 17 18 19 20
 8  9 10 11 12 13 14  1  2  3  4  5  6  7 22 23 24 25 26 27 28 15 16 17 18 19 20 21
 7  8  9 10 11 12 13 14  1  2  3  4  5  6 23 24 25 26 27 28 15 16 17 18 19 20 21 22
 6  7  8  9 10 11 12 13 14  1  2  3  4  5 24 25 26 27 28 15 16 17 18 19 20 21 22 23
 5  6  7  8  9 10 11 12 13 14  1  2  3  4 25 26 27 28 15 16 17 18 19 20 21 22 23 24
 4  5  6  7  8  9 10 11 12 13 14  1  2  3 26 27 28 15 16 17 18 19 20 21 22 23 24 25
 3  4  5  6  7  8  9 10 11 12 13 14  1  2 27 28 15 16 17 18 19 20 21 22 23 24 25 26
 2  3  4  5  6  7  8  9 10 11 12 13 14  1 28 15 16 17 18 19 20 21 22 23 24 25 26 27
 1  2  3  4  5  6  7  8  9 10 11 12 13 14 15 16 17 18 19 20 21 22 23 24 25 26 27 28
```

 1  element of order  2:class  2 =  8
14 elements of order  4:class  3 = 15 17 19 21 23 25 27
                        class  4 = 16 18 20 22 24 26 28
 6 elements of order  7:class  5 =  3 13
                        class  6 =  5 11
                        class  7 =  7  9
 6 elements of order 14:class  8 =  2 14
                        class  9 =  4 12
                        class 10 =  6 10
Centre type 2/1 =   1  8
Commutator subgroup type 7/1 =  1  3  5  7  9 11 13

7 Sylow 2-subgroups type 4/1
1 Sylow 7-subgroup type 7/1 =  1  3  5  7  9 11 13
$\langle 2,15:2^{14}=1,15^2=2^7,2.15=15.2^{-1}\rangle = Q_{14}$
$\langle 3,15:3^7=1,15^4=1,3.15=15.3^{-1}\rangle = C_7 \rtimes C_4$
Abelianisation type 4/1
Inner automorphisms type 14/2
Automorphism group order $84 = \text{Hol}(C_{14}) = \langle a,b:a^{14}=1,b^6=1,ab=ba^3\rangle$
where $a(2)=2,a(15)=16; b(2)=4,b(15)=15$


Character table ($ck=2\cos(2\pi k/14)$)

|      | 1  | 2  | 3  | 4  | 5  | 6  | 7  | 8  | 9  | 10 |
|------|----|----|----|----|----|----|----|----|----|----|
| R1:  | 1  | 1  | 1  | 1  | 1  | 1  | 1  | 1  | 1  | 1  |
| R2:  | 1  | 1  | -1 | -1 | 1  | 1  | 1  | 1  | 1  | 1  |
| R3:  | 1  | -1 | i  | -i | 1  | 1  | 1  | -1 | -1 | -1 |
| R4:  | 1  | -1 | -i | i  | 1  | 1  | 1  | -1 | -1 | -1 |
| R5:  | 2  | -2 | 0  | 0  | c2 | c4 | c6 | c1 | c3 | c5 |
| R6:  | 2  | 2  | 0  | 0  | c4 | c6 | c2 | c2 | c6 | c4 |
| R7:  | 2  | -2 | 0  | 0  | c6 | c2 | c4 | c3 | c5 | c1 |
| R8:  | 2  | 2  | 0  | 0  | c6 | c2 | c4 | c4 | c2 | c6 |
| R9:  | 2  | -2 | 0  | 0  | c4 | c6 | c2 | c5 | c1 | c3 |
| R10: | 2  | 2  | 0  | 0  | c2 | c4 | c6 | c6 | c4 | c2 |

$$R(4+k): 2\to\begin{pmatrix} ek & 0 \\ 0 & fk \end{pmatrix}, \quad 15\to\begin{pmatrix} 0 & 1 \\ -1 & 0 \end{pmatrix}$$

where $ek=\exp(2\pi ik/14)$, $fk=\exp(-2\pi ik/14), k=1-6$

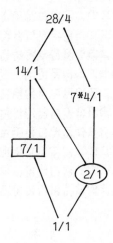

TYPE 30/ 2          $D_5 \times C_3$

```
30 26 27 28 29 22 23 24 25 21 10  6  7  8  9  2  3  4  5  1 20 16 17 18 19 12 13 14 15 11
29 30 26 27 28 23 24 25 21 22  9 10  6  7  8  3  4  5  1  2 19 20 16 17 18 13 14 15 11 12
28 29 30 26 27 24 25 21 22 23  8  9 10  6  7  4  5  1  2  3 18 19 20 16 17 14 15 11 12 13
27 28 29 30 26 25 21 22 23 24  7  8  9 10  6  5  1  2  3  4 17 18 19 20 16 15 11 12 13 14
26 27 28 29 30 21 22 23 24 25  6  7  8  9 10  1  2  3  4  5 16 17 18 19 20 11 12 13 14 15
25 21 22 23 24 27 28 29 30 26  5  1  2  3  4  7  8  9 10  6 15 11 12 13 14 17 18 19 20 16
24 25 21 22 23 28 29 30 26 27  4  5  1  2  3  8  9 10  6  7 14 15 11 12 13 18 19 20 16 17
23 24 25 21 22 29 30 26 27 28  3  4  5  1  2  9 10  6  7  8 13 14 15 11 12 19 20 16 17 18
22 23 24 25 21 30 26 27 28 29  2  3  4  5  1 10  6  7  8  9 12 13 14 15 11 20 16 17 18 19
21 22 23 24 25 26 27 28 29 30  1  2  3  4  5  6  7  8  9 10 11 12 13 14 15 16 17 18 19 20
20 16 17 18 19 12 13 14 15 11 30 26 27 28 29 22 23 24 25 21 10  6  7  8  9  2  3  4  5  1
19 20 16 17 18 13 14 15 11 12 29 30 26 27 28 23 24 25 21 22  9 10  6  7  8  3  4  5  1  2
18 19 20 16 17 14 15 11 12 13 28 29 30 26 27 24 25 21 22 23  8  9 10  6  7  4  5  1  2  3
17 18 19 20 16 15 11 12 13 14 27 28 29 30 26 25 21 22 23 24  7  8  9 10  6  5  1  2  3  4
16 17 18 19 20 11 12 13 14 15 26 27 28 29 30 21 22 23 24 25  6  7  8  9 10  1  2  3  4  5
15 11 12 13 14 17 18 19 20 16 25 21 22 23 24 27 28 29 30 26  5  1  2  3  4  7  8  9 10  6
14 15 11 12 13 18 19 20 16 17 24 25 21 22 23 28 29 30 26 27  4  5  1  2  3  8  9 10  6  7
13 14 15 11 12 19 20 16 17 18 23 24 25 21 22 29 30 26 27 28  3  4  5  1  2  9 10  6  7  8
12 13 14 15 11 20 16 17 18 19 22 23 24 25 21 30 26 27 28 29  2  3  4  5  1 10  6  7  8  9
11 12 13 14 15 16 17 18 19 20 21 22 23 24 25 26 27 28 29 30  1  2  3  4  5  6  7  8  9 10
10  6  7  8  9  2  3  4  5  1 20 16 17 18 19 12 13 14 15 11 30 26 27 28 29 22 23 24 25 21
 9 10  6  7  8  3  4  5  1  2 19 20 16 17 18 13 14 15 11 12 29 30 26 27 28 23 24 25 21 22
 8  9 10  6  7  4  5  1  2  3 18 19 20 16 17 14 15 11 12 13 28 29 30 26 27 24 25 21 22 23
 7  8  9 10  6  5  1  2  3  4 17 18 19 20 16 15 11 12 13 14 27 28 29 30 26 25 21 22 23 24
 6  7  8  9 10  1  2  3  4  5 16 17 18 19 20 11 12 13 14 15 26 27 28 29 30 21 22 23 24 25
 5  1  2  3  4  7  8  9 10  6 15 11 12 13 14 17 18 19 20 16 25 21 22 23 24 27 28 29 30 26
 4  5  1  2  3  8  9 10  6  7 14 15 11 12 13 18 19 20 16 17 24 25 21 22 23 28 29 30 26 27
 3  4  5  1  2  9 10  6  7  8 13 14 15 11 12 19 20 16 17 18 23 24 25 21 22 29 30 26 27 28
 2  3  4  5  1 10  6  7  8  9 12 13 14 15 11 20 16 17 18 19 22 23 24 25 21 30 26 27 28 29
 1  2  3  4  5  6  7  8  9 10 11 12 13 14 15 16 17 18 19 20 21 22 23 24 25 26 27 28 29 30
```

Centre type 3/1 =   1  11  21
Commutator subgroup type 5/1 =  1  2  3  4  5
5 Sylow 2-subgroups type 2/1
1 Sylow 3-subgroup type 3/1 =  1  11  21
1 Sylow 5-subgroup type 5/1 =  1  2  3  4  5
$\langle 2,6 : 2^5=1, 6^2=1, 2.6=6.2^{-1} \rangle \times \langle 11 : 11^3=1 \rangle = D_5 \times C_3$
$\langle 2,16 : 2^5=1, 16^6=1, 2.16=16.2^{-1} \rangle = C_5 \rtimes C_6$
$\langle 12,6 : 12^{15}=1, 6^2=1, 12.6=6.12^4 \rangle = C_{15} \rtimes C_2$

```
 5 elements of order  2:class  2 =  6  7  8  9 10
 2 elements of order  3:class  3 = 11
                       class  4 = 21
 4 elements of order  5:class  5 =  2  5
                       class  6 =  3  4
10 elements of order  6:class  7 = 16 17 18 19 20
                       class  8 = 26 27 28 29 30
 8 elements of order 15:class  9 = 12 15
                       class 10 = 13 14
                       class 11 = 22 25
                       class 12 = 23 24
```

Abelianisation type 6/1
Inner automorphisms type 10/2
Automorphism group order $40 = \mathrm{Hol}(C_5) \times C_2$
$= \langle a,b:a^5=1,b^4=1,ab=ba^2\rangle \times \langle c:c^2=1\rangle$
where $a(2)=2,a(6)=7,a(11)=11$; $b(2)=3,b(6)=6,b(11)=11$;
$c(2)=2,c(6)=6,c(11)=21$
Degree 8: 2<-> (vwxyz), 6<-> (vz)(wy), 11<-> (stu)

Character table ($ek=\exp(2\pi ik/6),ck=2\cos(2\pi k/5)$)

|      | 1 | 2  | 3   | 4   | 5  | 6  | 7  | 8  | 9    | 10   | 11   | 12   |
|------|---|----|-----|-----|----|----|----|----|------|------|------|------|
| R1:  | 1 | 1  | 1   | 1   | 1  | 1  | 1  | 1  | 1    | 1    | 1    | 1    |
| R2:  | 1 | -1 | e4  | e2  | 1  | 1  | e1 | e5 | e4   | e4   | e2   | e2   |
| R3:  | 1 | 1  | e2  | e4  | 1  | 1  | e2 | e4 | e2   | e2   | e4   | e4   |
| R4:  | 1 | -1 | 1   | 1   | 1  | 1  | -1 | -1 | 1    | 1    | 1    | 1    |
| R5:  | 1 | 1  | e4  | e2  | 1  | 1  | e4 | e2 | e4   | e4   | e2   | e2   |
| R6:  | 1 | -1 | e2  | e4  | 1  | 1  | e5 | e1 | e2   | e2   | e4   | e4   |
| R7:  | 2 | 0  | 2   | 2   | c1 | c2 | 0  | 0  | c1   | c2   | c1   | c2   |
| R8:  | 2 | 0  | 2   | 2   | c2 | c1 | 0  | 0  | c2   | c1   | c2   | c1   |
| R9:  | 2 | 0  | 2e2 | 2e4 | c1 | c2 | 0  | 0  | e2c1 | e2c2 | e4c1 | e4c2 |
| R10: | 2 | 0  | 2e2 | 2e4 | c2 | c1 | 0  | 0  | e2c2 | e2c1 | e4c2 | e4c1 |
| R11: | 2 | 0  | 2e4 | 2e2 | c1 | c2 | 0  | 0  | e4c1 | e4c2 | e2c1 | e2c2 |
| R12: | 2 | 0  | 2e4 | 2e2 | c2 | c1 | 0  | 0  | e4c2 | e4c1 | e2c2 | e2c1 |

R7: $2\rightarrow\begin{pmatrix}f1 & 0\\ 0 & f4\end{pmatrix}$, $6\rightarrow\begin{pmatrix}0 & 1\\ 1 & 0\end{pmatrix}$, $11\rightarrow\begin{pmatrix}1 & 0\\ 0 & 1\end{pmatrix}$

R8: $2\rightarrow\begin{pmatrix}f2 & 0\\ 0 & f3\end{pmatrix}$, $6\rightarrow\begin{pmatrix}0 & 1\\ 1 & 0\end{pmatrix}$, $11\rightarrow\begin{pmatrix}1 & 0\\ 0 & 1\end{pmatrix}$

R9 = R7.R3, R10 = R8.R3

R11 = R7.R5, R12 = R8.R5

where $fk=\exp(2\pi ik/5)$

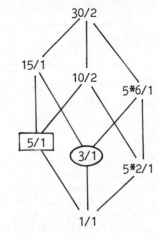

## TYPE 30/ 3 $\qquad$ $D_3 \times C_5$

| 1 | 2 | 3 | 4 | 5 | 6 | 7 | 8 | 9 | 10 | 11 | 12 | 13 | 14 | 15 | 16 | 17 | 18 | 19 | 20 | 21 | 22 | 23 | 24 | 25 | 26 | 27 | 28 | 29 | 30 |
|---|---|---|---|---|---|---|---|---|----|----|----|----|----|----|----|----|----|----|----|----|----|----|----|----|----|----|----|----|----|
| 30 | 28 | 29 | 26 | 27 | 25 | 6 | 4 | 5 | 2 | 3 | 1 | 12 | 10 | 11 | 8 | 9 | 7 | 18 | 16 | 17 | 14 | 15 | 13 | 24 | 22 | 23 | 20 | 21 | 19 |
| 29 | 30 | 28 | 27 | 25 | 26 | 5 | 6 | 4 | 3 | 1 | 2 | 11 | 12 | 10 | 9 | 7 | 8 | 17 | 18 | 16 | 15 | 13 | 14 | 23 | 24 | 22 | 21 | 19 | 20 |
| 28 | 29 | 30 | 25 | 26 | 27 | 4 | 5 | 6 | 1 | 2 | 3 | 10 | 11 | 12 | 7 | 8 | 9 | 16 | 17 | 18 | 13 | 14 | 15 | 22 | 23 | 24 | 19 | 20 | 21 |
| 27 | 25 | 26 | 29 | 30 | 28 | 3 | 1 | 2 | 5 | 6 | 4 | 9 | 7 | 8 | 11 | 12 | 10 | 15 | 13 | 14 | 17 | 18 | 16 | 21 | 19 | 20 | 23 | 24 | 22 |
| 26 | 27 | 25 | 30 | 28 | 29 | 2 | 3 | 1 | 6 | 4 | 5 | 8 | 9 | 7 | 12 | 10 | 11 | 14 | 15 | 13 | 18 | 16 | 17 | 20 | 21 | 19 | 24 | 22 | 23 |
| 25 | 26 | 27 | 28 | 29 | 30 | 1 | 2 | 3 | 4 | 5 | 6 | 7 | 8 | 9 | 10 | 11 | 12 | 13 | 14 | 15 | 16 | 17 | 18 | 19 | 20 | 21 | 22 | 23 | 24 |
| 24 | 22 | 23 | 20 | 21 | 19 | 30 | 28 | 29 | 26 | 27 | 25 | 6 | 4 | 5 | 2 | 3 | 1 | 12 | 10 | 11 | 8 | 9 | 7 | 18 | 16 | 17 | 14 | 15 | 13 |
| 23 | 24 | 22 | 21 | 19 | 20 | 29 | 30 | 28 | 27 | 25 | 26 | 5 | 6 | 4 | 3 | 1 | 2 | 11 | 12 | 10 | 9 | 7 | 8 | 17 | 18 | 16 | 15 | 13 | 14 |
| 22 | 23 | 24 | 19 | 20 | 21 | 28 | 29 | 30 | 25 | 26 | 27 | 4 | 5 | 6 | 1 | 2 | 3 | 10 | 11 | 12 | 7 | 8 | 9 | 16 | 17 | 18 | 13 | 14 | 15 |
| 21 | 19 | 20 | 23 | 24 | 22 | 27 | 25 | 26 | 29 | 30 | 28 | 3 | 1 | 2 | 5 | 6 | 4 | 9 | 7 | 8 | 11 | 12 | 10 | 15 | 13 | 14 | 17 | 18 | 16 |
| 20 | 21 | 19 | 24 | 22 | 23 | 26 | 27 | 25 | 30 | 28 | 29 | 2 | 3 | 1 | 6 | 4 | 5 | 8 | 9 | 7 | 12 | 10 | 11 | 14 | 15 | 13 | 18 | 16 | 17 |
| 19 | 20 | 21 | 22 | 23 | 24 | 25 | 26 | 27 | 28 | 29 | 30 | 1 | 2 | 3 | 4 | 5 | 6 | 7 | 8 | 9 | 10 | 11 | 12 | 13 | 14 | 15 | 16 | 17 | 18 |
| 18 | 16 | 17 | 14 | 15 | 13 | 24 | 22 | 23 | 20 | 21 | 19 | 30 | 28 | 29 | 26 | 27 | 25 | 6 | 4 | 5 | 2 | 3 | 1 | 12 | 10 | 11 | 8 | 9 | 7 |
| 17 | 18 | 16 | 15 | 13 | 14 | 23 | 24 | 22 | 21 | 19 | 20 | 29 | 30 | 28 | 27 | 25 | 26 | 5 | 6 | 4 | 3 | 1 | 2 | 11 | 12 | 10 | 9 | 7 | 8 |
| 16 | 17 | 18 | 13 | 14 | 15 | 22 | 23 | 24 | 19 | 20 | 21 | 28 | 29 | 30 | 25 | 26 | 27 | 4 | 5 | 6 | 1 | 2 | 3 | 10 | 11 | 12 | 7 | 8 | 9 |
| 15 | 13 | 14 | 17 | 18 | 16 | 21 | 19 | 20 | 23 | 24 | 22 | 27 | 25 | 26 | 29 | 30 | 28 | 3 | 1 | 2 | 5 | 6 | 4 | 9 | 7 | 8 | 11 | 12 | 10 |
| 14 | 15 | 13 | 18 | 16 | 17 | 20 | 21 | 19 | 24 | 22 | 23 | 26 | 27 | 25 | 30 | 28 | 29 | 2 | 3 | 1 | 6 | 4 | 5 | 8 | 9 | 7 | 12 | 10 | 11 |
| 13 | 14 | 15 | 16 | 17 | 18 | 19 | 20 | 21 | 22 | 23 | 24 | 25 | 26 | 27 | 28 | 29 | 30 | 1 | 2 | 3 | 4 | 5 | 6 | 7 | 8 | 9 | 10 | 11 | 12 |
| 12 | 10 | 11 | 8 | 9 | 7 | 18 | 16 | 17 | 14 | 15 | 13 | 24 | 22 | 23 | 20 | 21 | 19 | 30 | 28 | 29 | 26 | 27 | 25 | 6 | 4 | 5 | 2 | 3 | 1 |
| 11 | 12 | 10 | 9 | 7 | 8 | 17 | 18 | 16 | 15 | 13 | 14 | 23 | 24 | 22 | 21 | 19 | 20 | 29 | 30 | 28 | 27 | 25 | 26 | 5 | 6 | 4 | 3 | 1 | 2 |
| 10 | 11 | 12 | 7 | 8 | 9 | 16 | 17 | 18 | 13 | 14 | 15 | 22 | 23 | 24 | 19 | 20 | 21 | 28 | 29 | 30 | 25 | 26 | 27 | 4 | 5 | 6 | 1 | 2 | 3 |
| 9 | 7 | 8 | 11 | 12 | 10 | 15 | 13 | 14 | 17 | 18 | 16 | 21 | 19 | 20 | 23 | 24 | 22 | 27 | 25 | 26 | 29 | 30 | 28 | 3 | 1 | 2 | 5 | 6 | 4 |
| 8 | 9 | 7 | 12 | 10 | 11 | 14 | 15 | 13 | 18 | 16 | 17 | 20 | 21 | 19 | 24 | 22 | 23 | 26 | 27 | 25 | 30 | 28 | 29 | 2 | 3 | 1 | 6 | 4 | 5 |
| 7 | 8 | 9 | 10 | 11 | 12 | 13 | 14 | 15 | 16 | 17 | 18 | 19 | 20 | 21 | 22 | 23 | 24 | 25 | 26 | 27 | 28 | 29 | 30 | 1 | 2 | 3 | 4 | 5 | 6 |
| 6 | 4 | 5 | 2 | 3 | 1 | 12 | 10 | 11 | 8 | 9 | 7 | 18 | 16 | 17 | 14 | 15 | 13 | 24 | 22 | 23 | 20 | 21 | 19 | 30 | 28 | 29 | 26 | 27 | 25 |
| 5 | 6 | 4 | 3 | 1 | 2 | 11 | 12 | 10 | 9 | 7 | 8 | 17 | 18 | 16 | 15 | 13 | 14 | 23 | 24 | 22 | 21 | 19 | 20 | 29 | 30 | 28 | 27 | 25 | 26 |
| 4 | 5 | 6 | 1 | 2 | 3 | 10 | 11 | 12 | 7 | 8 | 9 | 16 | 17 | 18 | 13 | 14 | 15 | 22 | 23 | 24 | 19 | 20 | 21 | 28 | 29 | 30 | 25 | 26 | 27 |
| 3 | 1 | 2 | 5 | 6 | 4 | 9 | 7 | 8 | 11 | 12 | 10 | 15 | 13 | 14 | 17 | 18 | 16 | 21 | 19 | 20 | 23 | 24 | 22 | 27 | 25 | 26 | 29 | 30 | 28 |
| 2 | 3 | 1 | 6 | 4 | 5 | 8 | 9 | 7 | 12 | 10 | 11 | 14 | 15 | 13 | 18 | 16 | 17 | 20 | 21 | 19 | 24 | 22 | 23 | 26 | 27 | 25 | 30 | 28 | 29 |
| 1 | 2 | 3 | 4 | 5 | 6 | 7 | 8 | 9 | 10 | 11 | 12 | 13 | 14 | 15 | 16 | 17 | 18 | 19 | 20 | 21 | 22 | 23 | 24 | 25 | 26 | 27 | 28 | 29 | 30 |

Centre type 5/1 = $\quad$ 1 $\;$ 7 $\;$ 13 $\;$ 19 $\;$ 25
Commutator subgroup type 3/1 = 1 $\;$ 2 $\;$ 3
3 Sylow 2-subgroups type 2/1
1 Sylow 3-subgroup type 3/1 = 1 $\;$ 2 $\;$ 3
1 Sylow 5-subgroup type 5/1 = 1 $\;$ 7 $\;$ 13 $\;$ 19 $\;$ 25
$\langle 2,4 : 2^3=1, 4^2=1, 2.4=4.2^{-1}\rangle \times \langle 7:7^5=1\rangle = S_3 \times C_5$
$\langle 8,4 : 8^{15}=1, 4^2=1, 8.4=4.8^{11}\rangle = C_{15} \rtimes C_2$
Abelianisation type 10/1

```
 3 elements of order  2:class  2 =  4  5  6
 2 elements of order  3:class  3 =  2  3
 4 elements of order  5:class  4 =  7
                       class  5 = 13
                       class  6 = 19
                       class  7 = 25
12 elements of order 10:class  8 = 10 11 12
                       class  9 = 16 17 18
                       class 10 = 22 23 24
                       class 11 = 28 29 30
 8 elements of order 15:class 12 =  8  9
                       class 13 = 14 15
                       class 14 = 20 21
                       class 15 = 26 27
```

Inner automorphisms type 6/2

Automorphism group type 24/9 = $\langle a,b:a^3=1,b^2=1,ab=ba^{-1}\rangle \times \langle c:c^4=1\rangle$

where a(2)=2,a(4)=5,a(7)=7; b(2)=3,b(4)=4,b(7)=7;

c(2)=2,c(4)=4,c(7)=13.

Degree 8: 2<-> (stu), 4<-> (tu), 7<-> (vwxyz)

Character table (ek=exp($2\pi$ik/10))

|      | 1 | 2  | 3  | 4   | 5   | 6   | 7   | 8  | 9  | 10 | 11 | 12 | 13 | 14 | 15 |
|------|---|----|----|-----|-----|-----|-----|----|----|----|----|----|----|----|----|
| R1:  | 1 | 1  | 1  | 1   | 1   | 1   | 1   | 1  | 1  | 1  | 1  | 1  | 1  | 1  | 1  |
| R2:  | 1 | -1 | 1  | e6  | e2  | e8  | e4  | e1 | e7 | e3 | e9 | e6 | e2 | e8 | e4 |
| R3:  | 1 | 1  | 1  | e2  | e4  | e6  | e8  | e2 | e4 | e6 | e8 | e2 | e4 | e6 | e8 |
| R4:  | 1 | -1 | 1  | e8  | e6  | e4  | e2  | e3 | e1 | e9 | e7 | e8 | e6 | e4 | e2 |
| R5:  | 1 | 1  | 1  | e4  | e8  | e2  | e6  | e4 | e8 | e2 | e6 | e4 | e8 | e2 | e6 |
| R6:  | 1 | -1 | 1  | 1   | 1   | 1   | 1   | -1 | -1 | -1 | -1 | 1  | 1  | 1  | 1  |
| R7:  | 1 | 1  | 1  | e6  | e2  | e8  | e4  | e6 | e2 | e8 | e4 | e6 | e2 | e8 | e4 |
| R8:  | 1 | -1 | 1  | e2  | e4  | e6  | e8  | e7 | e9 | e1 | e3 | e2 | e4 | e6 | e8 |
| R9:  | 1 | 1  | 1  | e8  | e6  | e4  | e2  | e8 | e6 | e4 | e2 | e8 | e6 | e4 | e2 |
| R10: | 1 | -1 | 1  | e4  | e8  | e2  | e6  | e9 | e3 | e7 | e1 | e4 | e8 | e2 | e6 |
| R11: | 2 | 0  | -1 | 2   | 2   | 2   | 2   | 0  | 0  | 0  | 0  | -1 | -1 | -1 | -1 |
| R12: | 2 | 0  | -1 | 2e2 | 2e4 | 2e6 | 2e8 | 0  | 0  | 0  | 0  | e7 | e9 | e1 | e3 |
| R13: | 2 | 0  | -1 | 2e4 | 2e8 | 2e2 | 2e6 | 0  | 0  | 0  | 0  | e9 | e3 | e7 | e1 |
| R14: | 2 | 0  | -1 | 2e6 | 2e2 | 2e8 | 2e4 | 0  | 0  | 0  | 0  | e1 | e7 | e3 | e9 |
| R15: | 2 | 0  | -1 | 2e8 | 2e6 | 2e4 | 2e2 | 0  | 0  | 0  | 0  | e3 | e1 | e9 | e7 |

R11: 2-> $\begin{pmatrix} f1 & 0 \\ 0 & f2 \end{pmatrix}$, 4-> $\begin{pmatrix} 0 & 1 \\ 1 & 0 \end{pmatrix}$, 7-> $\begin{pmatrix} 1 & 0 \\ 0 & 1 \end{pmatrix}$

R12 = R11.R3, R13 = R11.R5

R14 = R11.R2, R15 = R11.R4

where fk=exp($2\pi$ik/3)

TYPE 30/ 4      $D_{15}$      dihedral

```
30 16 17 18 19 20 21 22 23 24 25 26 27 28 29  2  3  4  5  6  7  8  9 10 11 12 13 14 15  1
29 30 16 17 18 19 20 21 22 23 24 25 26 27 28  3  4  5  6  7  8  9 10 11 12 13 14 15  1  2
28 29 30 16 17 18 19 20 21 22 23 24 25 26 27  4  5  6  7  8  9 10 11 12 13 14 15  1  2  3
27 28 29 30 16 17 18 19 20 21 22 23 24 25 26  5  6  7  8  9 10 11 12 13 14 15  1  2  3  4
26 27 28 29 30 16 17 18 19 20 21 22 23 24 25  6  7  8  9 10 11 12 13 14 15  1  2  3  4  5
25 26 27 28 29 30 16 17 18 19 20 21 22 23 24  7  8  9 10 11 12 13 14 15  1  2  3  4  5  6
24 25 26 27 28 29 30 16 17 18 19 20 21 22 23  8  9 10 11 12 13 14 15  1  2  3  4  5  6  7
23 24 25 26 27 28 29 30 16 17 18 19 20 21 22  9 10 11 12 13 14 15  1  2  3  4  5  6  7  8
22 23 24 25 26 27 28 29 30 16 17 18 19 20 21 10 11 12 13 14 15  1  2  3  4  5  6  7  8  9
21 22 23 24 25 26 27 28 29 30 16 17 18 19 20 11 12 13 14 15  1  2  3  4  5  6  7  8  9 10
20 21 22 23 24 25 26 27 28 29 30 16 17 18 19 12 13 14 15  1  2  3  4  5  6  7  8  9 10 11
19 20 21 22 23 24 25 26 27 28 29 30 16 17 18 13 14 15  1  2  3  4  5  6  7  8  9 10 11 12
18 19 20 21 22 23 24 25 26 27 28 29 30 16 17 14 15  1  2  3  4  5  6  7  8  9 10 11 12 13
17 18 19 20 21 22 23 24 25 26 27 28 29 30 16 15  1  2  3  4  5  6  7  8  9 10 11 12 13 14
16 17 18 19 20 21 22 23 24 25 26 27 28 29 30  1  2  3  4  5  6  7  8  9 10 11 12 13 14 15
15  1  2  3  4  5  6  7  8  9 10 11 12 13 14 17 18 19 20 21 22 23 24 25 26 27 28 29 30 16
14 15  1  2  3  4  5  6  7  8  9 10 11 12 13 18 19 20 21 22 23 24 25 26 27 28 29 30 16 17
13 14 15  1  2  3  4  5  6  7  8  9 10 11 12 19 20 21 22 23 24 25 26 27 28 29 30 16 17 18
12 13 14 15  1  2  3  4  5  6  7  8  9 10 11 20 21 22 23 24 25 26 27 28 29 30 16 17 18 19
11 12 13 14 15  1  2  3  4  5  6  7  8  9 10 21 22 23 24 25 26 27 28 29 30 16 17 18 19 20
10 11 12 13 14 15  1  2  3  4  5  6  7  8  9 22 23 24 25 26 27 28 29 30 16 17 18 19 20 21
 9 10 11 12 13 14 15  1  2  3  4  5  6  7  8 23 24 25 26 27 28 29 30 16 17 18 19 20 21 22
 8  9 10 11 12 13 14 15  1  2  3  4  5  6  7 24 25 26 27 28 29 30 16 17 18 19 20 21 22 23
 7  8  9 10 11 12 13 14 15  1  2  3  4  5  6 25 26 27 28 29 30 16 17 18 19 20 21 22 23 24
 6  7  8  9 10 11 12 13 14 15  1  2  3  4  5 26 27 28 29 30 16 17 18 19 20 21 22 23 24 25
 5  6  7  8  9 10 11 12 13 14 15  1  2  3  4 27 28 29 30 16 17 18 19 20 21 22 23 24 25 26
 4  5  6  7  8  9 10 11 12 13 14 15  1  2  3 28 29 30 16 17 18 19 20 21 22 23 24 25 26 27
 3  4  5  6  7  8  9 10 11 12 13 14 15  1  2 29 30 16 17 18 19 20 21 22 23 24 25 26 27 28
 2  3  4  5  6  7  8  9 10 11 12 13 14 15  1 30 16 17 18 19 20 21 22 23 24 25 26 27 28 29
 1  2  3  4  5  6  7  8  9 10 11 12 13 14 15 16 17 18 19 20 21 22 23 24 25 26 27 28 29 30
```

Centre =   1
Commutator subgroup type 15/1 =   1  2  3  4  5  6  7  8
                                  9 10 11 12 13 14 15

15 Sylow 2-subgroups type 2/1
 1 Sylow 3-subgroup type 3/1 =   1  6 11
 1 Sylow 5-subgroup type 5/1 =   1  4  7 10 13
$\langle 2,16 : 2^{15}=1, 16^2=1, 2.16=16.2^{-1}\rangle = C_{15} \rtimes C_2 = D_{15}$
Abelianisation type 2/1

```
15 elements of order  2:class  2 = 16 17 18 19 20 21 22 23
                                  24 25 26 27 28 29 30
 2 elements of order  3:class  3 =  6 11
 4 elements of order  5:class  4 =  4 13
                       class   5 =  7 10
 8 elements of order 15:class  6 =  2 15
                       class   7 =  3 14
                       class   8 =  5 12
                       class   9 =  8  9
```

Inner automorphisms type 30/4
Automorphism group order 120 = Hol(C$_{15}$)
= ⟨a,b,c:a$^{15}$=1,b$^{4}$=1,c$^{2}$=1,ab=ba$^{2}$,ac=ca$^{11}$,bc=cb⟩
where a(2)=2,a(17)=18; b(2)=3,b(17)=17; c(2)=12,c(17)=17
Degree 8: 2⟷ (stu)(vwxyz), 16⟷ (tu)(vz)(wy)

Character table (ck=2cos(2πk/15))

|      | 1 | 2  | 3  | 4  | 5  | 6  | 7  | 8  | 9  |
|------|---|----|----|----|----|----|----|----|----|
| R1:  | 1 |  1 |  1 |  1 |  1 |  1 |  1 |  1 |  1 |
| R2:  | 1 | -1 |  1 |  1 |  1 |  1 |  1 |  1 |  1 |
| R3:  | 2 |  0 | -1 | c3 | c6 | c1 | c2 | c4 | c7 |
| R4:  | 2 |  0 | -1 | c6 | c3 | c2 | c4 | c7 | c1 |
| R5:  | 2 |  0 |  1 | c6 | c3 | c3 | c6 | c3 | c6 |
| R6:  | 2 |  0 | -1 | c3 | c6 | c4 | c7 | c1 | c2 |
| R7:  | 2 |  0 | -1 |  1 |  1 | -1 | -1 | -1 | -1 |
| R8:  | 2 |  0 |  1 | c3 | c6 | c6 | c3 | c6 | c3 |
| R9:  | 2 |  0 | -1 | c6 | c3 | c7 | c1 | c2 | c4 |

$$R(2+k); \quad 2\!\rightarrow\!\begin{pmatrix} ek & 0 \\ 0 & fk \end{pmatrix}, \quad 16\!\rightarrow\!\begin{pmatrix} 0 & 1 \\ 1 & 0 \end{pmatrix}$$

where ek=exp(2πki/15), fk=exp(-2πki/15),k=1-7

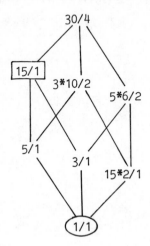

# Groups of order 32

A 32 × 32 Cayley multiplication table for the group $C_2 \times C_{16}$ (entries are element indices 1–32).

$$\langle 2:2^2=1\rangle \times \langle 3:3^{16}=1\rangle = C_2 \times C_{16}$$

3 elements of order 2, 4 of order 4, 8 of order 8, 16 of order 16

ABELIAN

```
32 29 30 31  4  1  2  3  8  5  6  7 12  9 10 11 16 13 14 15 20 17 18 19 24 21 22 23 28 25 26 27
31 32 29 30  3  4  1  2  7  8  5  6 11 12  9 10 15 16 13 14 19 20 17 18 23 24 21 22 27 28 25 26
30 31 32 29  2  3  4  1  6  7  8  5 10 11 12  9 14 15 16 13 18 19 20 17 22 23 24 21 26 27 28 25
29 30 31 32  1  2  3  4  5  6  7  8  9 10 11 12 13 14 15 16 17 18 19 20 21 22 23 24 25 26 27 28
28 25 26 27 32 29 30 31  4  1  2  3  8  5  6  7 12  9 10 11 16 13 14 15 20 17 18 19 24 21 22 23
27 28 25 26 31 32 29 30  3  4  1  2  7  8  5  6 11 12  9 10 15 16 13 14 19 20 17 18 23 24 21 22
26 27 28 25 30 31 32 29  2  3  4  1  6  7  8  5 10 11 12  9 14 15 16 13 18 19 20 17 22 23 24 21
25 26 27 28 29 30 31 32  1  2  3  4  5  6  7  8  9 10 11 12 13 14 15 16 17 18 19 20 21 22 23 24
24 21 22 23 28 25 26 27 32 29 30 31  4  1  2  3  8  5  6  7 12  9 10 11 16 13 14 15 20 17 18 19
23 24 21 22 27 28 25 26 31 32 29 30  3  4  1  2  7  8  5  6 11 12  9 10 15 16 13 14 19 20 17 18
22 23 24 21 26 27 28 25 30 31 32 29  2  3  4  1  6  7  8  5 10 11 12  9 14 15 16 13 18 19 20 17
21 22 23 24 25 26 27 28 29 30 31 32  1  2  3  4  5  6  7  8  9 10 11 12 13 14 15 16 17 18 19 20
20 17 18 19 24 21 22 23 28 25 26 27 32 29 30 31  4  1  2  3  8  5  6  7 12  9 10 11 16 13 14 15
19 20 17 18 23 24 21 22 27 28 25 26 31 32 29 30  3  4  1  2  7  8  5  6 11 12  9 10 15 16 13 14
18 19 20 17 22 23 24 21 26 27 28 25 30 31 32 29  2  3  4  1  6  7  8  5 10 11 12  9 14 15 16 13
17 18 19 20 21 22 23 24 25 26 27 28 29 30 31 32  1  2  3  4  5  6  7  8  9 10 11 12 13 14 15 16
16 13 14 15 20 17 18 19 24 21 22 23 28 25 26 27 32 29 30 31  4  1  2  3  8  5  6  7 12  9 10 11
15 16 13 14 19 20 17 18 23 24 21 22 27 28 25 26 31 32 29 30  3  4  1  2  7  8  5  6 11 12  9 10
14 15 16 13 18 19 20 17 22 23 24 21 26 27 28 25 30 31 32 29  2  3  4  1  6  7  8  5 10 11 12  9
13 14 15 16 17 18 19 20 21 22 23 24 25 26 27 28 29 30 31 32  1  2  3  4  5  6  7  8  9 10 11 12
12  9 10 11 16 13 14 15 20 17 18 19 24 21 22 23 28 25 26 27 32 29 30 31  4  1  2  3  8  5  6  7
11 12  9 10 15 16 13 14 19 20 17 18 23 24 21 22 27 28 25 26 31 32 29 30  3  4  1  2  7  8  5  6
10 11 12  9 14 15 16 13 18 19 20 17 22 23 24 21 26 27 28 25 30 31 32 29  2  3  4  1  6  7  8  5
 9 10 11 12 13 14 15 16 17 18 19 20 21 22 23 24 25 26 27 28 29 30 31 32  1  2  3  4  5  6  7  8
 8  5  6  7 12  9 10 11 16 13 14 15 20 17 18 19 24 21 22 23 28 25 26 27 32 29 30 31  4  1  2  3
 7  8  5  6 11 12  9 10 15 16 13 14 19 20 17 18 23 24 21 22 27 28 25 26 31 32 29 30  3  4  1  2
 6  7  8  5 10 11 12  9 14 15 16 13 18 19 20 17 22 23 24 21 26 27 28 25 30 31 32 29  2  3  4  1
 5  6  7  8  9 10 11 12 13 14 15 16 17 18 19 20 21 22 23 24 25 26 27 28 29 30 31 32  1  2  3  4
 4  1  2  3  8  5  6  7 12  9 10 11 16 13 14 15 20 17 18 19 24 21 22 23 28 25 26 27 32 29 30 31
 3  4  1  2  7  8  5  6 11 12  9 10 15 16 13 14 19 20 17 18 23 24 21 22 27 28 25 26 31 32 29 30
 2  3  4  1  6  7  8  5 10 11 12  9 14 15 16 13 18 19 20 17 22 23 24 21 26 27 28 25 30 31 32 29
 1  2  3  4  5  6  7  8  9 10 11 12 13 14 15 16 17 18 19 20 21 22 23 24 25 26 27 28 29 30 31 32
```

$\langle 2 : 2^4 = 1 \rangle \times \langle 5 : 5^8 = 1 \rangle = C_4 \times C_8$

3 elements of order 2, 12 of order 4, 16 of order 8

ABELIAN

TYPE 32/ 4                    $C_2 \times C_2 \times C_8$

```
32 31 30 29  4  3  2  1  8  7  6  5 12 11 10  9 16 15 14 13 20 19 18 17 24 23 22 21 28 27 26 25
31 32 29 30  3  4  1  2  7  8  5  6 11 12  9 10 15 16 13 14 19 20 17 18 23 24 21 22 27 28 25 26
30 29 32 31  2  1  4  3  6  5  8  7 10  9 12 11 14 13 16 15 18 17 20 19 22 21 24 23 26 25 28 27
29 30 31 32  1  2  3  4  5  6  7  8  9 10 11 12 13 14 15 16 17 18 19 20 21 22 23 24 25 26 27 28
28 27 26 25 32 31 30 29  4  3  2  1  8  7  6  5 12 11 10  9 16 15 14 13 20 19 18 17 24 23 22 21
27 28 25 26 31 32 29 30  3  4  1  2  7  8  5  6 11 12  9 10 15 16 13 14 19 20 17 18 23 24 21 22
26 25 28 27 30 29 32 31  2  1  4  3  6  5  8  7 10  9 12 11 14 13 16 15 18 17 20 19 22 21 24 23
25 26 27 28 29 30 31 32  1  2  3  4  5  6  7  8  9 10 11 12 13 14 15 16 17 18 19 20 21 22 23 24
24 23 22 21 28 27 26 25 32 31 30 29  4  3  2  1  8  7  6  5 12 11 10  9 16 15 14 13 20 19 18 17
23 24 21 22 27 28 25 26 31 32 29 30  3  4  1  2  7  8  5  6 11 12  9 10 15 16 13 14 19 20 17 18
22 21 24 23 26 25 28 27 30 29 32 31  2  1  4  3  6  5  8  7 10  9 12 11 14 13 16 15 18 17 20 19
21 22 23 24 25 26 27 28 29 30 31 32  1  2  3  4  5  6  7  8  9 10 11 12 13 14 15 16 17 18 19 20
20 19 18 17 24 23 22 21 28 27 26 25 32 31 30 29  4  3  2  1  8  7  6  5 12 11 10  9 16 15 14 13
19 20 17 18 23 24 21 22 27 28 25 26 31 32 29 30  3  4  1  2  7  8  5  6 11 12  9 10 15 16 13 14
18 17 20 19 22 21 24 23 26 25 28 27 30 29 32 31  2  1  4  3  6  5  8  7 10  9 12 11 14 13 16 15
17 18 19 20 21 22 23 24 25 26 27 28 29 30 31 32  1  2  3  4  5  6  7  8  9 10 11 12 13 14 15 16
16 15 14 13 20 19 18 17 24 23 22 21 28 27 26 25 32 31 30 29  4  3  2  1  8  7  6  5 12 11 10  9
15 16 13 14 19 20 17 18 23 24 21 22 27 28 25 26 31 32 29 30  3  4  1  2  7  8  5  6 11 12  9 10
14 13 16 15 18 17 20 19 22 21 24 23 26 25 28 27 30 29 32 31  2  1  4  3  6  5  8  7 10  9 12 11
13 14 15 16 17 18 19 20 21 22 23 24 25 26 27 28 29 30 31 32  1  2  3  4  5  6  7  8  9 10 11 12
12 11 10  9 16 15 14 13 20 19 18 17 24 23 22 21 28 27 26 25 32 31 30 29  4  3  2  1  8  7  6  5
11 12  9 10 15 16 13 14 19 20 17 18 23 24 21 22 27 28 25 26 31 32 29 30  3  4  1  2  7  8  5  6
10  9 12 11 14 13 16 15 18 17 20 19 22 21 24 23 26 25 28 27 30 29 32 31  2  1  4  3  6  5  8  7
 9 10 11 12 13 14 15 16 17 18 19 20 21 22 23 24 25 26 27 28 29 30 31 32  1  2  3  4  5  6  7  8
 8  7  6  5 12 11 10  9 16 15 14 13 20 19 18 17 24 23 22 21 28 27 26 25 32 31 30 29  4  3  2  1
 7  8  5  6 11 12  9 10 15 16 13 14 19 20 17 18 23 24 21 22 27 28 25 26 31 32 29 30  3  4  1  2
 6  5  8  7 10  9 12 11 14 13 16 15 18 17 20 19 22 21 24 23 26 25 28 27 30 29 32 31  2  1  4  3
 5  6  7  8  9 10 11 12 13 14 15 16 17 18 19 20 21 22 23 24 25 26 27 28 29 30 31 32  1  2  3  4
 4  3  2  1  8  7  6  5 12 11 10  9 16 15 14 13 20 19 18 17 24 23 22 21 28 27 26 25 32 31 30 29
 3  4  1  2  7  8  5  6 11 12  9 10 15 16 13 14 19 20 17 18 23 24 21 22 27 28 25 26 31 32 29 30
 2  1  4  3  6  5  8  7 10  9 12 11 14 13 16 15 18 17 20 19 22 21 24 23 26 25 28 27 30 29 32 31
 1  2  3  4  5  6  7  8  9 10 11 12 13 14 15 16 17 18 19 20 21 22 23 24 25 26 27 28 29 30 31 32
```

$\langle 2:2^2=1\rangle \times \langle 3:3^2=1\rangle \times \langle 5:5^8=1\rangle = C_2 \times C_2 \times C_8$

7 elements of order 2, 8 of order 4, 16 of order 8

ABELIAN

# TYPE 32/ 5  $C_2 \times C_4 \times C_4$

```
32 31 26 25 28 27 30 29  8  7  2  1  4  3  6  5 16 15 10  9 12 11 14 13 24 23 18 17 20 19 22 21
31 32 25 26 27 28 29 30  7  8  1  2  3  4  5  6 15 16  9 10 11 12 13 14 23 24 17 18 19 20 21 22
30 29 32 31 26 25 28 27  6  5  8  7  2  1  4  3 14 13 16 15 10  9 12 11 22 21 24 23 18 17 20 19
29 30 31 32 25 26 27 28  5  6  7  8  1  2  3  4 13 14 15 16  9 10 11 12 21 22 23 24 17 18 19 20
28 27 30 29 32 31 26 25  4  3  6  5  8  7  2  1 12 11 14 13 16 15 10  9 20 19 22 21 24 23 18 17
27 28 29 30 31 32 25 26  3  4  5  6  7  8  1  2 11 12 13 14 15 16  9 10 19 20 21 22 23 24 17 18
26 25 28 27 30 29 32 31  2  1  4  3  6  5  8  7 10  9 12 11 14 13 16 15 18 17 20 19 22 21 24 23
25 26 27 28 29 30 31 32  1  2  3  4  5  6  7  8  9 10 11 12 13 14 15 16 17 18 19 20 21 22 23 24
24 23 18 17 20 19 22 21 32 31 26 25 28 27 30 29  8  7  2  1  4  3  6  5 16 15 10  9 12 11 14 13
23 24 17 18 19 20 21 22 31 32 25 26 27 28 29 30  7  8  1  2  3  4  5  6 15 16  9 10 11 12 13 14
22 21 24 23 18 17 20 19 30 29 32 31 26 25 28 27  6  5  8  7  2  1  4  3 14 13 16 15 10  9 12 11
21 22 23 24 17 18 19 20 29 30 31 32 25 26 27 28  5  6  7  8  1  2  3  4 13 14 15 16  9 10 11 12
20 19 22 21 24 23 18 17 28 27 30 29 32 31 26 25  4  3  6  5  8  7  2  1 12 11 14 13 16 15 10  9
19 20 21 22 23 24 17 18 27 28 29 30 31 32 25 26  3  4  5  6  7  8  1  2 11 12 13 14 15 16  9 10
18 17 20 19 22 21 24 23 26 25 28 27 30 29 32 31  2  1  4  3  6  5  8  7 10  9 12 11 14 13 16 15
17 18 19 20 21 22 23 24 25 26 27 28 29 30 31 32  1  2  3  4  5  6  7  8  9 10 11 12 13 14 15 16
16 15 10  9 12 11 14 13 24 23 18 17 20 19 22 21 32 31 26 25 28 27 30 29  8  7  2  1  4  3  6  5
15 16  9 10 11 12 13 14 23 24 17 18 19 20 21 22 31 32 25 26 27 28 29 30  7  8  1  2  3  4  5  6
14 13 16 15 10  9 12 11 22 21 24 23 18 17 20 19 30 29 32 31 26 25 28 27  6  5  8  7  2  1  4  3
13 14 15 16  9 10 11 12 21 22 23 24 17 18 19 20 29 30 31 32 25 26 27 28  5  6  7  8  1  2  3  4
12 11 14 13 16 15 10  9 20 19 22 21 24 23 18 17 28 27 30 29 32 31 26 25  4  3  6  5  8  7  2  1
11 12 13 14 15 16  9 10 19 20 21 22 23 24 17 18 27 28 29 30 31 32 25 26  3  4  5  6  7  8  1  2
10  9 12 11 14 13 16 15 18 17 20 19 22 21 24 23 26 25 28 27 30 29 32 31  2  1  4  3  6  5  8  7
 9 10 11 12 13 14 15 16 17 18 19 20 21 22 23 24 25 26 27 28 29 30 31 32  1  2  3  4  5  6  7  8
 8  7  2  1  4  3  6  5 16 15 10  9 12 11 14 13 24 23 18 17 20 19 22 21 32 31 26 25 28 27 30 29
 7  8  1  2  3  4  5  6 15 16  9 10 11 12 13 14 23 24 17 18 19 20 21 22 31 32 25 26 27 28 29 30
 6  5  8  7  2  1  4  3 14 13 16 15 10  9 12 11 22 21 24 23 18 17 20 19 30 29 32 31 26 25 28 27
 5  6  7  8  1  2  3  4 13 14 15 16  9 10 11 12 21 22 23 24 17 18 19 20 29 30 31 32 25 26 27 28
 4  3  6  5  8  7  2  1 12 11 14 13 16 15 10  9 20 19 22 21 24 23 18 17 28 27 30 29 32 31 26 25
 3  4  5  6  7  8  1  2 11 12 13 14 15 16  9 10 19 20 21 22 23 24 17 18 27 28 29 30 31 32 25 26
 2  1  4  3  6  5  8  7 10  9 12 11 14 13 16 15 18 17 20 19 22 21 24 23 26 25 28 27 30 29 32 31
 1  2  3  4  5  6  7  8  9 10 11 12 13 14 15 16 17 18 19 20 21 22 23 24 25 26 27 28 29 30 31 32
```

$\langle 2:2^2=1\rangle \times \langle 3:3^4=1\rangle \times \langle 9:9^4=1\rangle = C_2 \times C_4 \times C_4$

7 elements of order 2, 24 of order 4

ABELIAN

$$C_2 \times C_2 \times C_2 \times C_4$$

```
32 31 30 29 28 27 26 25  8  7  6  5  4  3  2  1 16 15 14 13 12 11 10  9 24 23 22 21 20 19 18 17
31 32 29 30 27 28 25 26  7  8  5  6  3  4  1  2 15 16 13 14 11 12  9 10 23 24 21 22 19 20 17 18
30 29 32 31 26 25 28 27  6  5  8  7  2  1  4  3 14 13 16 15 10  9 12 11 22 21 24 23 18 17 20 19
29 30 31 32 25 26 27 28  5  6  7  8  1  2  3  4 13 14 15 16  9 10 11 12 21 22 23 24 17 18 19 20
28 27 26 25 32 31 30 29  4  3  2  1  8  7  6  5 12 11 10  9 16 15 14 13 20 19 18 17 24 23 22 21
27 28 25 26 31 32 29 30  3  4  1  2  7  8  5  6 11 12  9 10 15 16 13 14 19 20 17 18 23 24 21 22
26 25 28 27 30 29 32 31  2  1  4  3  6  5  8  7 10  9 12 11 14 13 16 15 18 17 20 19 22 21 24 23
25 26 27 28 29 30 31 32  1  2  3  4  5  6  7  8  9 10 11 12 13 14 15 16 17 18 19 20 21 22 23 24
24 23 22 21 20 19 18 17 32 31 30 29 28 27 26 25  8  7  6  5  4  3  2  1 16 15 14 13 12 11 10  9
23 24 21 22 19 20 17 18 31 32 29 30 27 28 25 26  7  8  5  6  3  4  1  2 15 16 13 14 11 12  9 10
22 21 24 23 18 17 20 19 30 29 32 31 26 25 28 27  6  5  8  7  2  1  4  3 14 13 16 15 10  9 12 11
21 22 23 24 17 18 19 20 29 30 31 32 25 26 27 28  5  6  7  8  1  2  3  4 13 14 15 16  9 10 11 12
20 19 18 17 24 23 22 21 28 27 26 25 32 31 30 29  4  3  2  1  8  7  6  5 12 11 10  9 16 15 14 13
19 20 17 18 23 24 21 22 27 28 25 26 31 32 29 30  3  4  1  2  7  8  5  6 11 12  9 10 15 16 13 14
18 17 20 19 22 21 24 23 26 25 28 27 30 29 32 31  2  1  4  3  6  5  8  7 10  9 12 11 14 13 16 15
17 18 19 20 21 22 23 24 25 26 27 28 29 30 31 32  1  2  3  4  5  6  7  8  9 10 11 12 13 14 15 16
16 15 14 13 12 11 10  9 24 23 22 21 20 19 18 17 32 31 30 29 28 27 26 25  8  7  6  5  4  3  2  1
15 16 13 14 11 12  9 10 23 24 21 22 19 20 17 18 31 32 29 30 27 28 25 26  7  8  5  6  3  4  1  2
14 13 16 15 10  9 12 11 22 21 24 23 18 17 20 19 30 29 32 31 26 25 28 27  6  5  8  7  2  1  4  3
13 14 15 16  9 10 11 12 21 22 23 24 17 18 19 20 29 30 31 32 25 26 27 28  5  6  7  8  1  2  3  4
12 11 10  9 16 15 14 13 20 19 18 17 24 23 22 21 28 27 26 25 32 31 30 29  4  3  2  1  8  7  6  5
11 12  9 10 15 16 13 14 19 20 17 18 23 24 21 22 27 28 25 26 31 32 29 30  3  4  1  2  7  8  5  6
10  9 12 11 14 13 16 15 18 17 20 19 22 21 24 23 26 25 28 27 30 29 32 31  2  1  4  3  6  5  8  7
 9 10 11 12 13 14 15 16 17 18 19 20 21 22 23 24 25 26 27 28 29 30 31 32  1  2  3  4  5  6  7  8
 8  7  6  5  4  3  2  1 16 15 14 13 12 11 10  9 24 23 22 21 20 19 18 17 32 31 30 29 28 27 26 25
 7  8  5  6  3  4  1  2 15 16 13 14 11 12  9 10 23 24 21 22 19 20 17 18 31 32 29 30 27 28 25 26
 6  5  8  7  2  1  4  3 14 13 16 15 10  9 12 11 22 21 24 23 18 17 20 19 30 29 32 31 26 25 28 27
 5  6  7  8  1  2  3  4 13 14 15 16  9 10 11 12 21 22 23 24 17 18 19 20 29 30 31 32 25 26 27 28
 4  3  2  1  8  7  6  5 12 11 10  9 16 15 14 13 20 19 18 17 24 23 22 21 28 27 26 25 32 31 30 29
 3  4  1  2  7  8  5  6 11 12  9 10 15 16 13 14 19 20 17 18 23 24 21 22 27 28 25 26 31 32 29 30
 2  1  4  3  6  5  8  7 10  9 12 11 14 13 16 15 18 17 20 19 22 21 24 23 26 25 28 27 30 29 32 31
 1  2  3  4  5  6  7  8  9 10 11 12 13 14 15 16 17 18 19 20 21 22 23 24 25 26 27 28 29 30 31 32
```

$\langle 2:2^2=1\rangle \times \langle 3:3^2=1\rangle \times \langle 5:5^2=1\rangle \times \langle 9:9^4=1\rangle = C_2 \times C_2 \times C_2 \times C_4$

15 elements of order 2, 16 of order 4

ABELIAN

$C_2$ x $C_2$ x $C_2$ x $C_2$ x $C_2$ elementary

| | | | | | | | | | | | | | | | | | | | | | | | | | | | | | | | |
|--|--|--|--|--|--|--|--|--|--|--|--|--|--|--|--|--|--|--|--|--|--|--|--|--|--|--|--|--|--|--|--|
| 32 | 31 | 30 | 29 | 28 | 27 | 26 | 25 | 24 | 23 | 22 | 21 | 20 | 19 | 18 | 17 | 16 | 15 | 14 | 13 | 12 | 11 | 10 | 9 | 8 | 7 | 6 | 5 | 4 | 3 | 2 | 1 |
| 31 | 32 | 29 | 30 | 27 | 28 | 25 | 26 | 23 | 24 | 21 | 22 | 19 | 20 | 17 | 18 | 15 | 16 | 13 | 14 | 11 | 12 | 9 | 10 | 7 | 8 | 5 | 6 | 3 | 4 | 1 | 2 |
| 30 | 29 | 32 | 31 | 26 | 25 | 28 | 27 | 22 | 21 | 24 | 23 | 18 | 17 | 20 | 19 | 14 | 13 | 16 | 15 | 10 | 9 | 12 | 11 | 6 | 5 | 8 | 7 | 2 | 1 | 4 | 3 |
| 29 | 30 | 31 | 32 | 25 | 26 | 27 | 28 | 21 | 22 | 23 | 24 | 17 | 18 | 19 | 20 | 13 | 14 | 15 | 16 | 9 | 10 | 11 | 12 | 5 | 6 | 7 | 8 | 1 | 2 | 3 | 4 |
| 28 | 27 | 26 | 25 | 32 | 31 | 30 | 29 | 20 | 19 | 18 | 17 | 24 | 23 | 22 | 21 | 12 | 11 | 10 | 9 | 16 | 15 | 14 | 13 | 4 | 3 | 2 | 1 | 8 | 7 | 6 | 5 |
| 27 | 28 | 25 | 26 | 31 | 32 | 29 | 30 | 19 | 20 | 17 | 18 | 23 | 24 | 21 | 22 | 11 | 12 | 9 | 10 | 15 | 16 | 13 | 14 | 3 | 4 | 1 | 2 | 7 | 8 | 5 | 6 |
| 26 | 25 | 28 | 27 | 30 | 29 | 32 | 31 | 18 | 17 | 20 | 19 | 22 | 21 | 24 | 23 | 10 | 9 | 12 | 11 | 14 | 13 | 16 | 15 | 2 | 1 | 4 | 3 | 6 | 5 | 8 | 7 |
| 25 | 26 | 27 | 28 | 29 | 30 | 31 | 32 | 17 | 18 | 19 | 20 | 21 | 22 | 23 | 24 | 9 | 10 | 11 | 12 | 13 | 14 | 15 | 16 | 1 | 2 | 3 | 4 | 5 | 6 | 7 | 8 |
| 24 | 23 | 22 | 21 | 20 | 19 | 18 | 17 | 32 | 31 | 30 | 29 | 28 | 27 | 26 | 25 | 8 | 7 | 6 | 5 | 4 | 3 | 2 | 1 | 16 | 15 | 14 | 13 | 12 | 11 | 10 | 9 |
| 23 | 24 | 21 | 22 | 19 | 20 | 17 | 18 | 31 | 32 | 29 | 30 | 27 | 28 | 25 | 26 | 7 | 8 | 5 | 6 | 3 | 4 | 1 | 2 | 15 | 16 | 13 | 14 | 11 | 12 | 9 | 10 |
| 22 | 21 | 24 | 23 | 18 | 17 | 20 | 19 | 30 | 29 | 32 | 31 | 26 | 25 | 28 | 27 | 6 | 5 | 8 | 7 | 2 | 1 | 4 | 3 | 14 | 13 | 16 | 15 | 10 | 9 | 12 | 11 |
| 21 | 22 | 23 | 24 | 17 | 18 | 19 | 20 | 29 | 30 | 31 | 32 | 25 | 26 | 27 | 28 | 5 | 6 | 7 | 8 | 1 | 2 | 3 | 4 | 13 | 14 | 15 | 16 | 9 | 10 | 11 | 12 |
| 20 | 19 | 18 | 17 | 24 | 23 | 22 | 21 | 28 | 27 | 26 | 25 | 32 | 31 | 30 | 29 | 4 | 3 | 2 | 1 | 8 | 7 | 6 | 5 | 12 | 11 | 10 | 9 | 16 | 15 | 14 | 13 |
| 19 | 20 | 17 | 18 | 23 | 24 | 21 | 22 | 27 | 28 | 25 | 26 | 31 | 32 | 29 | 30 | 3 | 4 | 1 | 2 | 7 | 8 | 5 | 6 | 11 | 12 | 9 | 10 | 15 | 16 | 13 | 14 |
| 18 | 17 | 20 | 19 | 22 | 21 | 24 | 23 | 26 | 25 | 28 | 27 | 30 | 29 | 32 | 31 | 2 | 1 | 4 | 3 | 6 | 5 | 8 | 7 | 10 | 9 | 12 | 11 | 14 | 13 | 16 | 15 |
| 17 | 18 | 19 | 20 | 21 | 22 | 23 | 24 | 25 | 26 | 27 | 28 | 29 | 30 | 31 | 32 | 1 | 2 | 3 | 4 | 5 | 6 | 7 | 8 | 9 | 10 | 11 | 12 | 13 | 14 | 15 | 16 |
| 16 | 15 | 14 | 13 | 12 | 11 | 10 | 9 | 8 | 7 | 6 | 5 | 4 | 3 | 2 | 1 | 32 | 31 | 30 | 29 | 28 | 27 | 26 | 25 | 24 | 23 | 22 | 21 | 20 | 19 | 18 | 17 |
| 15 | 16 | 13 | 14 | 11 | 12 | 9 | 10 | 7 | 8 | 5 | 6 | 3 | 4 | 1 | 2 | 31 | 32 | 29 | 30 | 27 | 28 | 25 | 26 | 23 | 24 | 21 | 22 | 19 | 20 | 17 | 18 |
| 14 | 13 | 16 | 15 | 10 | 9 | 12 | 11 | 6 | 5 | 8 | 7 | 2 | 1 | 4 | 3 | 30 | 29 | 32 | 31 | 26 | 25 | 28 | 27 | 22 | 21 | 24 | 23 | 18 | 17 | 20 | 19 |
| 13 | 14 | 15 | 16 | 9 | 10 | 11 | 12 | 5 | 6 | 7 | 8 | 1 | 2 | 3 | 4 | 29 | 30 | 31 | 32 | 25 | 26 | 27 | 28 | 21 | 22 | 23 | 24 | 17 | 18 | 19 | 20 |
| 12 | 11 | 10 | 9 | 16 | 15 | 14 | 13 | 4 | 3 | 2 | 1 | 8 | 7 | 6 | 5 | 28 | 27 | 26 | 25 | 32 | 31 | 30 | 29 | 20 | 19 | 18 | 17 | 24 | 23 | 22 | 21 |
| 11 | 12 | 9 | 10 | 15 | 16 | 13 | 14 | 3 | 4 | 1 | 2 | 7 | 8 | 5 | 6 | 27 | 28 | 25 | 26 | 31 | 32 | 29 | 30 | 19 | 20 | 17 | 18 | 23 | 24 | 21 | 22 |
| 10 | 9 | 12 | 11 | 14 | 13 | 16 | 15 | 2 | 1 | 4 | 3 | 6 | 5 | 8 | 7 | 26 | 25 | 28 | 27 | 30 | 29 | 32 | 31 | 18 | 17 | 20 | 19 | 22 | 21 | 24 | 23 |
| 9 | 10 | 11 | 12 | 13 | 14 | 15 | 16 | 1 | 2 | 3 | 4 | 5 | 6 | 7 | 8 | 25 | 26 | 27 | 28 | 29 | 30 | 31 | 32 | 17 | 18 | 19 | 20 | 21 | 22 | 23 | 24 |
| 8 | 7 | 6 | 5 | 4 | 3 | 2 | 1 | 16 | 15 | 14 | 13 | 12 | 11 | 10 | 9 | 24 | 23 | 22 | 21 | 20 | 19 | 18 | 17 | 32 | 31 | 30 | 29 | 28 | 27 | 26 | 25 |
| 7 | 8 | 5 | 6 | 3 | 4 | 1 | 2 | 15 | 16 | 13 | 14 | 11 | 12 | 9 | 10 | 23 | 24 | 21 | 22 | 19 | 20 | 17 | 18 | 31 | 32 | 29 | 30 | 27 | 28 | 25 | 26 |
| 6 | 5 | 8 | 7 | 2 | 1 | 4 | 3 | 14 | 13 | 16 | 15 | 10 | 9 | 12 | 11 | 22 | 21 | 24 | 23 | 18 | 17 | 20 | 19 | 30 | 29 | 32 | 31 | 26 | 25 | 28 | 27 |
| 5 | 6 | 7 | 8 | 1 | 2 | 3 | 4 | 13 | 14 | 15 | 16 | 9 | 10 | 11 | 12 | 21 | 22 | 23 | 24 | 17 | 18 | 19 | 20 | 29 | 30 | 31 | 32 | 25 | 26 | 27 | 28 |
| 4 | 3 | 2 | 1 | 8 | 7 | 6 | 5 | 12 | 11 | 10 | 9 | 16 | 15 | 14 | 13 | 20 | 19 | 18 | 17 | 24 | 23 | 22 | 21 | 28 | 27 | 26 | 25 | 32 | 31 | 30 | 29 |
| 3 | 4 | 1 | 2 | 7 | 8 | 5 | 6 | 11 | 12 | 9 | 10 | 15 | 16 | 13 | 14 | 19 | 20 | 17 | 18 | 23 | 24 | 21 | 22 | 27 | 28 | 25 | 26 | 31 | 32 | 29 | 30 |
| 2 | 1 | 4 | 3 | 6 | 5 | 8 | 7 | 10 | 9 | 12 | 11 | 14 | 13 | 16 | 15 | 18 | 17 | 20 | 19 | 22 | 21 | 24 | 23 | 26 | 25 | 28 | 27 | 30 | 29 | 32 | 31 |
| 1 | 2 | 3 | 4 | 5 | 6 | 7 | 8 | 9 | 10 | 11 | 12 | 13 | 14 | 15 | 16 | 17 | 18 | 19 | 20 | 21 | 22 | 23 | 24 | 25 | 26 | 27 | 28 | 29 | 30 | 31 | 32 |

$\langle 2:2^2=1\rangle \times \langle 3:3^2=1\rangle \times \langle 5:5^2=1\rangle \times \langle 9:9^2=1\rangle \times \langle 17:17^2=1\rangle = C_2$ x $C_2$ x $C_2$ x $C_2$ x $C_2$

31 elements of order 2

ABELIAN

```
32 29 30 31 26 27 28 25 24 21 22 23 18 19 20 17 16 13 14 15 10 11 12  9  8  5  6  7  2  3  4  1
31 32 29 30 27 28 25 26 23 24 21 22 19 20 17 18 15 16 13 14 11 12  9 10  7  8  5  6  3  4  1  2
30 31 32 29 28 25 26 27 22 23 24 21 20 17 18 19 14 15 16 13 12  9 10 11  6  7  8  5  4  1  2  3
29 30 31 32 25 26 27 28 21 22 23 24 17 18 19 20 13 14 15 16  9 10 11 12  5  6  7  8  1  2  3  4
28 25 26 27 30 31 32 29 20 17 18 19 22 23 24 21 12  9 10 11 14 15 16 13  4  1  2  3  6  7  8  5
27 28 25 26 31 32 29 30 17 18 19 20 23 24 21 22  9 10 11 12 15 16 13 14  1  2  3  4  7  8  5  6
26 27 28 25 32 29 30 31 18 19 20 17 24 21 22 23 10 11 12  9 16 13 14 15  2  3  4  1  8  5  6  7
25 26 27 28 29 30 31 32 19 20 17 18 21 22 23 24 11 12  9 10 13 14 15 16  3  4  1  2  5  6  7  8
24 21 22 23 18 19 20 17 32 29 30 31 26 27 28 25  8  5  6  7  2  3  4  1 16 13 14 15 10 11 12  9
23 24 21 22 19 20 17 18 31 32 29 30 27 28 25 26  7  8  5  6  3  4  1  2 15 16 13 14 11 12  9 10
22 23 24 21 20 17 18 19 30 31 32 29 28 25 26 27  6  7  8  5  4  1  2  3 14 15 16 13 12  9 10 11
21 22 23 24 17 18 19 20 29 30 31 32 25 26 27 28  5  6  7  8  1  2  3  4 13 14 15 16  9 10 11 12
20 17 18 19 24 21 22 23 28 25 26 27 32 29 30 31  4  1  2  3  8  5  6  7 12  9 10 11 16 13 14 15
19 20 17 18 23 24 21 22 27 28 25 26 31 32 29 30  3  4  1  2  7  8  5  6 11 12  9 10 15 16 13 14
18 19 20 17 22 23 24 21 26 27 28 25 30 31 32 29  2  3  4  1  6  7  8  5 10 11 12  9 14 15 16 13
17 18 19 20 21 22 23 24 25 26 27 28 29 30 31 32  1  2  3  4  5  6  7  8  9 10 11 12 13 14 15 16
16 13 14 15 10 11 12  9  8  5  6  7  2  3  4  1 32 29 30 31 26 27 28 25 24 21 22 23 18 19 20 17
15 16 13 14 11 12  9 10  7  8  5  6  3  4  1  2 31 32 29 30 27 28 25 26 23 24 21 22 19 20 17 18
14 15 16 13 12  9 10 11  6  7  8  5  4  1  2  3 30 31 32 29 28 25 26 27 22 23 24 21 20 17 18 19
13 14 15 16  9 10 11 12  5  6  7  8  1  2  3  4 29 30 31 32 25 26 27 28 21 22 23 24 17 18 19 20
12  9 10 11 14 15 16 13  4  1  2  3  6  7  8  5 28 25 26 27 30 31 32 29 20 17 18 19 22 23 24 21
11 12  9 10 15 16 13 14  1  2  3  4  7  8  5  6 27 28 25 26 31 32 29 30 17 18 19 20 23 24 21 22
10 11 12  9 16 13 14 15  2  3  4  1  8  5  6  7 26 27 28 25 32 29 30 31 18 19 20 17 24 21 22 23
 9 10 11 12 13 14 15 16  3  4  1  2  5  6  7  8 25 26 27 28 29 30 31 32 19 20 17 18 21 22 23 24
 8  5  6  7  2  3  4  1 16 13 14 15 10 11 12  9 24 21 22 23 18 19 20 17 32 29 30 31 26 27 28 25
 7  8  5  6  3  4  1  2 15 16 13 14 11 12  9 10 23 24 21 22 19 20 17 18 31 32 29 30 27 28 25 26
 6  7  8  5  4  1  2  3 14 15 16 13 12  9 10 11 22 23 24 21 20 17 18 19 30 31 32 29 28 25 26 27
 5  6  7  8  1  2  3  4 13 14 15 16  9 10 11 12 21 22 23 24 17 18 19 20 29 30 31 32 25 26 27 28
 4  1  2  3  6  7  8  5 12  9 10 11 14 15 16 13 20 17 18 19 22 23 24 21 28 25 26 27 30 31 32 29
 3  4  1  2  7  8  5  6 11 12  9 10 15 16 13 14 19 20 17 18 23 24 21 22 27 28 25 26 31 32 29 30
 2  3  4  1  8  5  6  7 10 11 12  9 16 13 14 15 18 19 20 17 24 21 22 23 26 27 28 25 32 29 30 31
 1  2  3  4  5  6  7  8  9 10 11 12 13 14 15 16 17 18 19 20 21 22 23 24 25 26 27 28 29 30 31 32
```

$\langle 2,5 : 2^4 = 1, 5^2 = 1, 2.5 = 5.2^{-1} \rangle \times \langle 9 : 9^2 = 1 \rangle \times \langle 17 : 17^2 = 1 \rangle = D_4 \times C_2 \times C_2$

23 elements of order 2, 8 of order 4

20 conjugacy classes, centre type 8/3, inner automorphisms type 4/2

Commutator subgroup type 2/1, abelianisation type 16/5

TYPE 32/ 9          $Q \times C_2 \times C_2$                     $\Gamma_2 a_2$

```
32 29 31 30 28 25 26 27 24 21 22 23 20 17 18 19 16 13 14 15 12  9 10 11  8  5  6  7  4  1  2  3
31 32 30 29 25 26 27 28 23 24 21 22 17 18 19 20 15 16 13 14  9 10 11 12  7  8  5  6  1  2  3  4
30 31 32 29 26 27 28 25 22 23 24 21 18 19 20 17 14 15 16 13 10 11 12  9  6  7  8  5  2  3  4  1
29 30 31 32 27 28 25 26 21 22 23 24 19 20 17 18 13 14 15 16 11 12  9 10  5  6  7  8  3  4  1  2
28 25 26 27 30 31 32 29 20 17 18 19 24 21 22 23 12  9 10 11 16 13 14 15  4  1  2  3  8  5  6  7
27 28 25 26 31 32 29 30 19 20 17 18 23 24 21 22 11 12  9 10 15 16 13 14  3  4  1  2  7  8  5  6
26 27 28 25 32 29 30 31 18 19 20 17 22 23 24 21 10 11 12  9 14 15 16 13  2  3  4  1  6  7  8  5
25 26 27 28 29 30 31 32 17 18 19 20 21 22 23 24  9 10 11 12 13 14 15 16  1  2  3  4  5  6  7  8
24 21 22 23 20 17 18 19 32 29 30 31 28 25 26 27  8  5  6  7  4  1  2  3 16 13 14 15 12  9 10 11
23 24 21 22 17 18 19 20 31 32 29 30 25 26 27 28  7  8  5  6  1  2  3  4 15 16 13 14  9 10 11 12
22 23 24 21 18 19 20 17 30 31 32 29 26 27 28 25  6  7  8  5  2  3  4  1 14 15 16 13 10 11 12  9
21 22 23 24 19 20 17 18 29 30 31 32 27 28 25 26  5  6  7  8  3  4  1  2 13 14 15 16 11 12  9 10
20 17 18 19 24 21 22 23 28 25 26 27 32 29 30 31  4  1  2  3  8  5  6  7 12  9 10 11 16 13 14 15
19 20 17 18 23 24 21 22 27 28 25 26 31 32 29 30  3  4  1  2  7  8  5  6 11 12  9 10 15 16 13 14
18 19 20 17 22 23 24 21 26 27 28 25 30 31 32 29  2  3  4  1  6  7  8  5 10 11 12  9 14 15 16 13
17 18 19 20 21 22 23 24 25 26 27 28 29 30 31 32  1  2  3  4  5  6  7  8  9 10 11 12 13 14 15 16
16 13 14 15 12  9 10 11  8  5  6  7  4  1  2  3 32 29 30 31 28 25 26 27 24 21 22 23 20 17 18 19
15 16 13 14  9 10 11 12  7  8  5  6  1  2  3  4 31 32 29 30 25 26 27 28 23 24 21 22 17 18 19 20
14 15 16 13 10 11 12  9  6  7  8  5  2  3  4  1 30 31 32 29 26 27 28 25 22 23 24 21 18 19 20 17
13 14 15 16 11 12  9 10  5  6  7  8  3  4  1  2 29 30 31 32 27 28 25 26 21 22 23 24 19 20 17 18
12  9 10 11 16 13 14 15  4  1  2  3  8  5  6  7 28 25 26 27 32 29 30 31 20 17 18 19 24 21 22 23
11 12  9 10 15 16 13 14  3  4  1  2  7  8  5  6 27 28 25 26 31 32 29 30 19 20 17 18 23 24 21 22
10 11 12  9 14 15 16 13  2  3  4  1  6  7  8  5 26 27 28 25 32 29 30 31 18 19 20 17 22 23 24 21
 9 10 11 12 13 14 15 16  1  2  3  4  5  6  7  8 25 26 27 28 29 30 31 32 17 18 19 20 21 22 23 24
 8  5  6  7  4  1  2  3 16 13 14 15 12  9 10 11 24 21 22 23 20 17 18 19 32 29 30 31 28 25 26 27
 7  8  5  6  1  2  3  4 15 16 13 14  9 10 11 12 23 24 21 22 17 18 19 20 31 32 29 30 25 26 27 28
 6  7  8  5  2  3  4  1 14 15 16 13 10 11 12  9 22 23 24 21 18 19 20 17 30 31 32 29 26 27 28 25
 5  6  7  8  3  4  1  2 13 14 15 16 11 12  9 10 21 22 23 24 19 20 17 18 29 30 31 32 27 28 25 26
 4  1  2  3  8  5  6  7 12  9 10 11 16 13 14 15 20 17 18 19 24 21 22 23 28 25 26 27 32 29 30 31
 3  4  1  2  7  8  5  6 11 12  9 10 15 16 13 14 19 20 17 18 23 24 21 22 27 28 25 26 31 32 29 30
 2  3  4  1  6  7  8  5 10 11 12  9 14 15 16 13 18 19 20 17 22 23 24 21 26 27 28 25 30 31 32 29
 1  2  3  4  5  6  7  8  9 10 11 12 13 14 15 16 17 18 19 20 21 22 23 24 25 26 27 28 29 30 31 32
```

$\langle 2,5 : 2^4 = 1, 5^2 = 2^2, 2.5 = 5.2^{-1} \rangle \times \langle 9 : 9^2 = 1 \rangle \times \langle 17 : 17^2 = 1 \rangle = Q \times C_2 \times C_2$
7 elements of order 2, 24 of order 4
20 conjugacy classes, centre type 8/3, inner automorphisms type  4/2
Commutator subgroup type  2/1 , abelianisation type 16/5

```
32 29 26 27 28 25 30 31 22 19 20 21 18 23 24 17 16 13 10 11 12  9 14 15  6  3  4  5  2  7  8  1
31 28 29 26 27 32 25 30 23 20 21 18 19 24 17 22 15 12 13 10 11 16  9 14  7  4  5  2  3  8  1  6
30 27 28 29 26 31 32 25 24 21 18 19 20 17 23 22 14 11 12 13 10 15 16  9  8  5  2  3  4  1  6  7
29 30 31 32 25 26 27 28 19 24 17 22 23 20 21 18 13 14 15 16  9 10 11 12  3  8  1  6  7  4  5  2
28 25 30 31 32 29 26 27 20 17 22 23 24 21 18 19 12  9 14 15 16 13 10 11  4  1  6  7  8  5  2  3
27 32 25 30 31 28 29 26 21 22 23 24 17 18 19 20 11 16  9 14 15 12 13 10  5  6  7  8  1  2  3  4
26 31 32 25 30 27 28 29 18 23 24 17 22 19 20 21 10 15 16  9 14 11 12 13  2  7  8  1  6  3  4  5
25 26 27 28 29 30 31 32 17 18 19 20 21 22 23 24  9 10 11 12 13 14 15 16  1  2  3  4  5  6  7  8
24 21 18 19 20 17 23 22 30 27 28 29 26 31 32 25  8  5  2  3  4  1  7  6 14 11 12 13 10 15 16  9
23 20 21 18 19 24 17 22 31 28 29 26 27 32 25 30  7  4  5  2  3  8  1  6 15 12 13 10 11 16  9 14
22 19 20 21 18 23 24 17 32 29 26 27 28 25 30 31  6  3  4  5  2  7  8  1 16 13 10 11 12  9 14 15
21 22 23 24 17 18 19 20 27 32 25 30 31 28 29 26  5  6  7  8  1  2  3  4 12  9 14 15 16 13 10 11
20 17 22 23 24 21 18 19 28 25 30 31 32 29 26 27  4  1  6  7  8  5  2  3 13 10 11 16  9 14 15 12
19 24 17 22 23 20 21 18 29 30 31 32 25 26 27 28  3  8  1  6  7  4  5  2 10 15 16  9 14 11 12 13
18 23 24 17 22 19 20 21 26 31 32 25 30 27 28 29  2  7  8  1  6  3  4  5 11 16  9 14 15 12 13 10
17 18 19 20 21 22 23 24 25 26 27 28 29 30 31 32  1  2  3  4  5  6  7  8  9 10 11 12 13 14 15 16
16 13 10 11 12  9 14 15  6  3  4  5  2  7  8  1 32 29 26 27 28 25 30 31 22 19 20 21 18 23 24 17
15 12 13 10 11 16  9 14  7  4  5  2  3  8  1  6 31 28 29 26 27 32 25 30 23 20 21 18 19 24 17 22
14 11 12 13 10 15 16  9  8  5  2  3  4  1  6  7 30 27 28 29 26 31 32 25 24 17 18 19 20 17 22 23
13 14 15 16  9 10 11 12  3  8  1  6  7  4  5  2 28 25 30 31 32 29 26 27 20 17 22 23 24 21 18 19
12  9 14 15 16 13 10 11  4  1  6  7  8  5  2  3 28 25 30 31 32 29 26 27 20 17 22 23 24 21 18 19
11 16  9 14 15 12 13 10  5  6  7  8  1  2  3  4 27 32 25 30 31 28 29 26 21 22 23 24 17 18 19 20
10 15 16  9 14 11 12 13  2  7  8  1  6  3  4  5 26 31 32 25 30 27 28 29 18 23 24 17 22 19 20 21
 9 10 11 12 13 14 15 16  1  2  3  4  5  6  7  8 25 26 27 28 29 30 31 32 17 18 19 20 21 22 23 24
 8  5  2  3  4  1  6  7 14 11 12 13 10 15 16  9 24 21 18 19 20 17 22 23 30 27 28 29 26 31 32 25
 7  4  5  2  3  8  1  6 15 12 13 10 11 16  9 14 23 20 21 18 19 24 17 22 31 28 29 26 27 32 25 30
 6  3  4  5  2  7  8  1 16 13 10 11 12  9 14 15 22 19 20 21 18 23 24 17 32 29 26 27 28 25 30 31
 5  6  7  8  1  2  3  4 12  9 14 15 16 13 10 11 21 22 23 24 17 18 19 20 27 32 25 30 31 28 29 26
 4  1  6  7  8  5  2  3 13 10 11 16  9 14 15 12 20 17 22 23 24 21 18 19 28 25 30 31 32 29 26 27
 3  8  1  6  7  4  5  2 10 15 16  9 14 11 12 13 19 24 17 22 23 20 21 18 29 30 31 32 25 26 27 28
 2  7  8  1  6  3  4  5 11 16  9 14 15 12 13 10 18 23 24 17 22 19 20 21 26 31 32 25 30 27 28 29
 1  2  3  4  5  6  7  8  9 10 11 12 13 14 15 16 17 18 19 20 21 22 23 24 25 26 27 28 29 30 31 32
```

$\langle 2,5,9:2^4=1,5^2=1,9^2=1,2.5=5.2,2.9=9.2,5.9=9.2^2.5\rangle \times \langle 17:17^2=1\rangle$
15 elements of order 2,16 of order 4
20 conjugacy classes,centre type 8/2,inner automorphisms type 4/2
Commutator subgroup type 2/1 ,abelianisation type 16/5

```
32 29 30 31 28 25 26 27 18 19 20 17 22 23 24 21 16 13 14 15 12  9 10 11  2  3  4  1  6  7  8  5
31 32 29 30 27 28 25 26 23 24 21 22 19 20 17 18 15 16 13 14 11 12  9 10  7  8  5  6  3  4  1  2
30 31 32 29 26 27 28 25 20 17 18 19 24 21 22 23 14 15 16 13 10 11 12  9  4  1  2  3  8  5  6  7
29 30 31 32 25 26 27 28 21 22 23 24 17 18 19 20 13 14 15 16  9 10 11 12  5  6  7  8  1  2  3  4
28 25 26 27 32 29 30 31 22 23 24 21 18 19 20 17 12  9 10 11 16 13 14 15  6  7  8  5  2  3  4  1
27 28 25 26 31 32 29 30 19 20 17 18 23 24 21 22 11 12  9 10 15 16 13 14  3  4  1  2  7  8  5  6
26 27 28 25 30 31 32 29 24 21 22 23 20 17 18 19 10 11 12  9 14 15 16 13  8  5  6  7  4  1  2  3
25 26 27 28 29 30 31 32 17 18 19 20 21 22 23 24  9 10 11 12 13 14 15 16  1  2  3  4  5  6  7  8
24 21 22 23 20 17 18 19 26 27 28 25 30 31 32 29  8  5  6  7  4  1  2  3 10 11 12  9 14 15 16 13
23 24 21 22 19 20 17 18 31 32 29 30 27 28 25 26  7  8  5  6  3  4  1  2 15 16 13 14 11 12  9 10
22 23 24 21 18 19 20 17 28 25 26 27 32 29 30 31  6  7  8  5  2  3  4  1 12  9 10 11 16 13 14 15
21 22 23 24 17 18 19 20 29 30 31 32 25 26 27 28  5  6  7  8  1  2  3  4 13 14 15 16  9 10 11 12
20 17 18 19 24 21 22 23 30 31 32 29 26 27 28 25  4  1  2  3  8  5  6  7 14 15 16 13 10 11 12  9
19 20 17 18 23 24 21 22 27 28 25 26 31 32 29 30  3  4  1  2  7  8  5  6 11 12  9 10 15 16 13 14
18 19 20 17 22 23 24 21 32 29 30 31 28 25 26 27  2  3  4  1  6  7  8  5 16 13 14 15 12  9 10 11
17 18 19 20 21 22 23 24 25 26 27 28 29 30 31 32  1  2  3  4  5  6  7  8  9 10 11 12 13 14 15 16
16 13 14 15 12  9 10 11  2  3  4  1  6  7  8  5 32 29 30 31 28 25 26 27 18 19 20 17 22 23 24 21
15 16 13 14 11 12  9 10  7  8  5  6  3  4  1  2 31 32 29 30 27 28 25 26 23 24 21 22 19 20 17 18
14 15 16 13 10 11 12  9  4  1  2  3  8  5  6  7 30 31 32 29 26 27 28 25 20 17 18 19 24 21 22 23
13 14 15 16  9 10 11 12  5  6  7  8  1  2  3  4 29 30 31 32 25 26 27 28 21 22 23 24 17 18 19 20
12  9 10 11 16 13 14 15  6  7  8  5  2  3  4  1 28 25 26 27 32 29 30 31 22 23 24 21 18 19 20 17
11 12  9 10 15 16 13 14  3  4  1  2  7  8  5  6 27 28 25 26 31 32 29 30 19 20 17 18 23 24 21 22
10 11 12  9 14 15 16 13  8  5  6  7  4  1  2  3 26 27 28 25 30 31 32 29 24 21 22 23 20 17 18 19
 9 10 11 12 13 14 15 16  1  2  3  4  5  6  7  8 25 26 27 28 29 30 31 32 17 18 19 20 21 22 23 24
 8  5  6  7  4  1  2  3 10 11 12  9 14 15 16 13 24 21 22 23 20 17 18 19 26 27 28 25 30 31 32 29
 7  8  5  6  3  4  1  2 15 16 13 14 11 12  9 10 23 24 21 22 19 20 17 18 31 32 29 30 27 28 25 26
 6  7  8  5  2  3  4  1 12  9 10 11 16 13 14 15 22 23 24 21 18 19 20 17 28 25 26 27 32 29 30 31
 5  6  7  8  1  2  3  4 13 14 15 16  9 10 11 12 21 22 23 24 17 18 19 20 29 30 31 32 25 26 27 28
 4  1  2  3  8  5  6  7 14 15 16 13 10 11 12  9 20 17 18 19 24 21 22 23 30 31 32 29 26 27 28 25
 3  4  1  2  7  8  5  6 11 12  9 10 15 16 13 14 19 20 17 18 23 24 21 22 27 28 25 26 31 32 29 30
 2  3  4  1  6  7  8  5 16 13 14 15 12  9 10 11 18 19 20 17 22 23 24 21 32 29 30 31 28 25 26 27
 1  2  3  4  5  6  7  8  9 10 11 12 13 14 15 16 17 18 19 20 21 22 23 24 25 26 27 28 29 30 31 32
```

$\langle 2,5,9 : 2^4=1, 5^2=1, 9^2=1, 2.5=5.2, 2.9=9.2^3.5, 5.9=9.5\rangle \times \langle 17 : 17^2=1\rangle$

15 elements of order 2,16 of order 4

20 conjugacy classes, centre type 8/3, inner automorphisms type 4/2

Commutator subgroup type 2/1 , abelianisation type 16/4

```
32 29 30 31 18 19 20 17 24 21 22 23 26 27 28 25 16 13 14 15  2  3  4  1  8  5  6  7 10 11 12  9
31 32 29 30 19 20 17 18 23 24 21 22 27 28 25 26 15 16 13 14  3  4  1  2  7  8  5  6 11 12  9 10
30 31 32 29 20 17 18 19 22 23 24 21 28 25 26 27 14 15 16 13  4  1  2  3  6  7  8  5 12  9 10 11
29 30 31 32 17 18 19 20 21 22 23 24 25 26 27 28 13 14 15 16  1  2  3  4  5  6  7  8  9 10 11 12
28 25 26 27 30 31 32 29 20 17 18 19 22 23 24 21 12  9 10 11 14 15 16 13  4  1  2  3  6  7  8  5
27 28 25 26 31 32 29 30 19 20 17 18 23 24 21 22 11 12  9 10 15 16 13 14  3  4  1  2  7  8  5  6
26 27 28 25 32 29 30 31 18 19 20 17 24 21 22 23 10 11 12  9 16 13 14 15  2  3  4  1  8  5  6  7
25 26 27 28 29 30 31 32 17 18 19 20 21 22 23 24  9 10 11 12 13 14 15 16  1  2  3  4  5  6  7  8
24 21 22 23 26 27 28 25 32 29 30 31 18 19 20 17  8  5  6  7 10 11 12  9 16 13 14 15  2  3  4  1
23 24 21 22 27 28 25 26 31 32 29 30 19 20 17 18  7  8  5  6 11 12  9 10 15 16 13 14  3  4  1  2
22 23 24 21 28 25 26 27 30 31 32 29 20 17 18 19  6  7  8  5 12  9 10 11 14 15 16 13  4  1  2  3
21 22 23 24 25 26 27 28 29 30 31 32 17 18 19 20  5  6  7  8  9 10 11 12 13 14 15 16  1  2  3  4
20 17 18 19 22 23 24 21 28 25 26 27 30 31 32 29  4  1  2  3  6  7  8  5 12  9 10 11 14 15 16 13
19 20 17 18 23 24 21 22 27 28 25 26 31 32 29 30  3  4  1  2  7  8  5  6 11 12  9 10 15 16 13 14
18 19 20 17 24 21 22 23 26 27 28 25 32 29 30 31  2  3  4  1  8  5  6  7 10 11 12  9 16 13 14 15
17 18 19 20 21 22 23 24 25 26 27 28 29 30 31 32  1  2  3  4  5  6  7  8  9 10 11 12 13 14 15 16
16 13 14 15  2  3  4  1  8  5  6  7 10 11 12  9 32 29 30 31 18 19 20 17 24 21 22 23 26 27 28 25
15 16 13 14  3  4  1  2  7  8  5  6 11 12  9 10 31 32 29 30 19 20 17 18 23 24 21 22 27 28 25 26
14 15 16 13  4  1  2  3  6  7  8  5 12  9 10 11 30 31 32 29 20 17 18 19 22 23 24 21 28 25 26 27
13 14 15 16  1  2  3  4  5  6  7  8  9 10 11 12 29 30 31 32 17 18 19 20 21 22 23 24 25 26 27 28
12  9 10 11 14 15 16 13  4  1  2  3  6  7  8  5 28 25 26 27 30 31 32 29 20 17 18 19 22 23 24 21
11 12  9 10 15 16 13 14  3  4  1  2  7  8  5  6 27 28 25 26 31 32 29 30 19 20 17 18 23 24 21 22
10 11 12  9 16 13 14 15  2  3  4  1  8  5  6  7 26 27 28 25 32 29 30 31 18 19 20 17 24 21 22 23
 9 10 11 12 13 14 15 16  1  2  3  4  5  6  7  8 25 26 27 28 29 30 31 32 17 18 19 20 21 22 23 24
 8  5  6  7 10 11 12  9 16 13 14 15  2  3  4  1 24 21 22 23 26 27 28 25 32 29 30 31 18 19 20 17
 7  8  5  6 11 12  9 10 15 16 13 14  3  4  1  2 23 24 21 22 27 28 25 26 31 32 29 30 19 20 17 18
 6  7  8  5 12  9 10 11 14 15 16 13  4  1  2  3 22 23 24 21 28 25 26 27 30 31 32 29 20 17 18 19
 5  6  7  8  9 10 11 12 13 14 15 16  1  2  3  4 21 22 23 24 25 26 27 28 29 30 31 32 17 18 19 20
 4  1  2  3  6  7  8  5 12  9 10 11 14 15 16 13 20 17 18 19 22 23 24 21 28 25 26 27 30 31 32 29
 3  4  1  2  7  8  5  6 11 12  9 10 15 16 13 14 19 20 17 18 23 24 21 22 27 28 25 26 31 32 29 30
 2  3  4  1  8  5  6  7 10 11 12  9 16 13 14 15 18 19 20 17 24 21 22 23 26 27 28 25 32 29 30 31
 1  2  3  4  5  6  7  8  9 10 11 12 13 14 15 16 17 18 19 20 21 22 23 24 25 26 27 28 29 30 31 32
```

$\langle 2,5 : 2^4=1, 5^4=1, 2.5=5.2^{-1}\rangle \times \langle 17 : 17^2=1\rangle$ = type 16/10 × type 2/1

7 elements of order 2, 24 of order 4

20 conjugacy classes, centre type 8/3, inner automorphisms type 4/2

Commutator subgroup type 2/1 , abelianisation type 16/4

```
32 25 26 27 28 29 30 31 20 21 22 23 24 17 18 19 16  9 10 11 12 13 14 15  4  5  6  7  8  1  2  3
31 32 25 26 27 28 29 30 23 24 17 18 19 20 21 22 15 16  9 10 11 12 13 14  7  8  1  2  3  4  5  6
30 31 32 25 26 27 28 29 18 19 20 21 22 23 24 17 14 15 16  9 10 11 12 13  2  3  4  5  6  7  8  1
29 30 31 32 25 26 27 28 21 22 23 24 17 18 19 20 13 14 15 16  9 10 11 12  5  6  7  8  1  2  3  4
28 29 30 31 32 25 26 27 24 17 18 19 20 21 22 23 12 13 14 15 16  9 10 11  8  1  2  3  4  5  6  7
27 28 29 30 31 32 25 26 19 20 21 22 23 24 17 18 11 12 13 14 15 16  9 10  3  4  5  6  7  8  1  2
26 27 28 29 30 31 32 25 22 23 24 17 18 19 20 21 10 11 12 13 14 15 16  9  6  7  8  1  2  3  4  5
25 26 27 28 29 30 31 32 17 18 19 20 21 22 23 24  9 10 11 12 13 14 15 16  1  2  3  4  5  6  7  8
24 17 18 19 20 21 22 23 28 29 30 31 32 25 26 27  8  1  2  3  4  5  6  7 13 14 15 16  9 10 11 12
23 24 17 18 19 20 21 22 31 32 25 26 27 28 29 30  7  8  1  2  3  4  5  6 15 16  9 10 11 12 13 14
22 23 24 17 18 19 20 21 26 27 28 29 30 31 32 25  6  7  8  1  2  3  4  5 10 11 12 13 14 15 16  9
21 22 23 24 17 18 19 20 29 30 31 32 25 26 27 28  5  6  7  8  1  2  3  4 16  9 10 11 12 13 14 15
20 21 22 23 24 17 18 19 32 25 26 27 28 29 30 31  4  5  6  7  8  1  2  3 11 12 13 14 15 16  9 10
19 20 21 22 23 24 17 18 27 28 29 30 31 32 25 26  3  4  5  6  7  8  1  2 14 15 16  9 10 11 12 13
18 19 20 21 22 23 24 17 30 31 32 25 26 27 28 29  2  3  4  5  6  7  8  1 16  9 10 11 12 13 14 15
17 18 19 20 21 22 23 24 25 26 27 28 29 30 31 32  1  2  3  4  5  6  7  8  9 10 11 12 13 14 15 16
16  9 10 11 12 13 14 15  4  5  6  7  8  1  2  3 32 25 26 27 28 29 30 31 20 21 22 23 24 17 18 19
15 16  9 10 11 12 13 14  7  8  1  2  3  4  5  6 31 32 25 26 27 28 29 30 23 24 17 18 19 20 21 22
14 15 16  9 10 11 12 13  2  3  4  5  6  7  8  1 30 31 32 25 26 27 28 29 18 19 20 21 22 23 24 17
13 14 15 16  9 10 11 12  5  6  7  8  1  2  3  4 29 30 31 32 25 26 27 28 21 22 23 24 17 18 19 20
12 13 14 15 16  9 10 11  8  1  2  3  4  5  6  7 28 29 30 31 32 25 26 27 24 17 18 19 20 21 22 23
11 12 13 14 15 16  9 10  3  4  5  6  7  8  1  2 27 28 29 30 31 32 25 26 19 20 21 22 23 24 17 18
10 11 12 13 14 15 16  9  6  7  8  1  2  3  4  5 26 27 28 29 30 31 32 25 22 23 24 17 18 19 20 21
 9 10 11 12 13 14 15 16  1  2  3  4  5  6  7  8 25 26 27 28 29 30 31 32 17 18 19 20 21 22 23 24
 8  1  2  3  4  5  6  7 12 13 14 15 16  9 10 11 24 17 18 19 20 21 22 23 28 29 30 31 32 25 26 27
 7  8  1  2  3  4  5  6 15 16  9 10 11 12 13 14 23 24 17 18 19 20 21 22 31 32 25 26 27 28 29 30
 6  7  8  1  2  3  4  5 10 11 12 13 14 15 16  9 22 23 24 17 18 19 20 21 26 27 28 29 30 31 32 25
 5  6  7  8  1  2  3  4 16  9 10 11 12 13 14 15 21 22 23 24 17 18 19 20 29 30 31 32 25 26 27 28
 4  5  6  7  8  1  2  3 11 12 13 14 15 16  9 10 20 21 22 23 24 17 18 19 32 25 26 27 28 29 30 31
 3  4  5  6  7  8  1  2 14 15 16  9 10 11 12 13 19 20 21 22 23 24 17 18 27 28 29 30 31 32 25 26
 2  3  4  5  6  7  8  1 16  9 10 11 12 13 14 15 18 19 20 21 22 23 24 17 30 31 32 25 26 27 28 29
 1  2  3  4  5  6  7  8  9 10 11 12 13 14 15 16 17 18 19 20 21 22 23 24 25 26 27 28 29 30 31 32
```

$\langle 2,9 : 2^8 = 1, 9^2 = 1, 2.9 = 9.2^5 \rangle \times \langle 17 : 17^2 = 1 \rangle$ = type 16/11 x type 2/1

7 elements of order 2, 8 of order 4, 16 of order 8

20 conjugacy classes, centre type 8/2, inner automorphisms type 4/2

Commutator subgroup type 2/1, abelianisation type 16/4

```
32 29 30 31 26 27 28 25  8  5  6  7  2  3  4  1 16 13 14 15 10 11 12  9 24 21 22 23 18 19 20 17
31 32 29 30 27 28 25 26  7  8  5  6  3  4  1  2 15 16 13 14 11 12  9 10 23 24 21 22 19 20 17 18
30 31 32 29 28 25 26 27  6  7  8  5  4  1  2  3 14 15 16 13 12  9 10 11 22 23 24 21 20 17 18 19
29 30 31 32 25 26 27 28  5  6  7  8  1  2  3  4 13 14 15 16  9 10 11 12 21 22 23 24 17 18 19 20
28 25 26 27 30 31 32 29  4  1  2  3  6  7  8  5 12  9 10 11 14 15 16 13 20 17 18 19 22 23 24 21
27 28 25 26 31 32 29 30  3  4  1  2  7  8  5  6 11 12  9 10 15 16 13 14 19 20 17 18 23 24 21 22
26 27 28 25 32 29 30 31  2  3  4  1  8  5  6  7 10 11 12  9 16 13 14 15 18 19 20 17 24 21 22 23
25 26 27 28 29 30 31 32  1  2  3  4  5  6  7  8  9 10 11 12 13 14 15 16 17 18 19 20 21 22 23 24
24 21 22 23 18 19 20 17 32 29 30 31 26 27 28 25  8  5  6  7  2  3  4  1 16 13 14 15 10 11 12  9
23 24 21 22 19 20 17 18 31 32 29 30 27 28 25 26  7  8  5  6  3  4  1  2 15 16 13 14 11 12  9 10
22 23 24 21 20 17 18 19 30 31 32 29 28 25 26 27  6  7  8  5  4  1  2  3 14 15 16 13 12  9 10 11
21 22 23 24 17 18 19 20 29 30 31 32 25 26 27 28  5  6  7  8  1  2  3  4 13 14 15 16  9 10 11 12
20 17 18 19 22 23 24 21 28 25 26 27 30 31 32 29  4  1  2  3  6  7  8  5 12  9 10 11 14 15 16 13
19 20 17 18 23 24 21 22 27 28 25 26 31 32 29 30  3  4  1  2  7  8  5  6 11 12  9 10 15 16 13 14
18 19 20 17 24 21 22 23 26 27 28 25 32 29 30 31  2  3  4  1  8  5  6  7 10 11 12  9 16 13 14 15
17 18 19 20 21 22 23 24 25 26 27 28 29 30 31 32  1  2  3  4  5  6  7  8  9 10 11 12 13 14 15 16
16 13 14 15 10 11 12  9 24 21 22 23 18 19 20 17 32 29 30 31 26 27 28 25  8  5  6  7  2  3  4  1
15 16 13 14 11 12  9 10 23 24 21 22 19 20 17 18 31 32 29 30 27 28 25 26  7  8  5  6  3  4  1  2
14 15 16 13 12  9 10 11 22 23 24 21 20 17 18 19 30 31 32 29 28 25 26 27  6  7  8  5  4  1  2  3
13 14 15 16  9 10 11 12 21 22 23 24 17 18 19 20 29 30 31 32 25 26 27 28  5  6  7  8  1  2  3  4
12  9 10 11 14 15 16 13 20 17 18 19 22 23 24 21 28 25 26 27 30 31 32 29  4  1  2  3  6  7  8  5
11 12  9 10 15 16 13 14 19 20 17 18 23 24 21 22 27 28 25 26 31 32 29 30  3  4  1  2  7  8  5  6
10 11 12  9 16 13 14 15 18 19 20 17 24 21 22 23 26 27 28 25 32 29 30 31  2  3  4  1  8  5  6  7
 9 10 11 12 13 14 15 16 17 18 19 20 21 22 23 24 25 26 27 28 29 30 31 32  1  2  3  4  5  6  7  8
 8  5  6  7  2  3  4  1 16 13 14 15 10 11 12  9 24 21 22 23 18 19 20 17 32 29 30 31 26 27 28 25
 7  8  5  6  3  4  1  2 15 16 13 14 11 12  9 10 23 24 21 22 19 20 17 18 31 32 29 30 27 28 25 26
 6  7  8  5  4  1  2  3 14 15 16 13 12  9 10 11 22 23 24 21 20 17 18 19 30 31 32 29 28 25 26 27
 5  6  7  8  1  2  3  4 13 14 15 16  9 10 11 12 21 22 23 24 17 18 19 20 29 30 31 32 25 26 27 28
 4  1  2  3  6  7  8  5 12  9 10 11 14 15 16 13 20 17 18 19 22 23 24 21 28 25 26 27 30 31 32 29
 3  4  1  2  7  8  5  6 11 12  9 10 15 16 13 14 19 20 17 18 23 24 21 22 27 28 25 26 31 32 29 30
 2  3  4  1  8  5  6  7 10 11 12  9 16 13 14 15 18 19 20 17 24 21 22 23 26 27 28 25 32 29 30 31
 1  2  3  4  5  6  7  8  9 10 11 12 13 14 15 16 17 18 19 20 21 22 23 24 25 26 27 28 29 30 31 32
```

$\langle 2,5 : 2^4=1, 5^2=1, 2.5=5.2^{-1} \rangle \times \langle 9 : 9^4=1 \rangle = D_4 \times C_4$

11 elements of order 2, 20 of order 4

20 conjugacy classes, centre type 8/2, inner automorphisms type 4/2

Commutator subgroup type 2/1, abelianisation type 16/4

```
32 29 30 31 28 25 26 27  8  5  6  7  4  1  2  3 16 13 14 15 12  9 10 11 24 21 22 23 20 17 18 19
31 32 29 30 25 26 27 28  7  8  5  6  1  2  3  4 15 16 13 14  9 10 11 12 23 24 21 22 17 18 19 20
30 31 32 29 26 27 28 25  6  7  8  5  2  3  4  1 14 15 16 13 10 11 12  9 22 23 24 21 18 19 20 17
29 30 31 32 27 28 25 26  5  6  7  8  3  4  1  2 13 14 15 16 11 12  9 10 21 22 23 24 19 20 17 18
28 25 26 27 30 31 32 29  4  1  2  3  6  7  8  5 12  9 10 11 14 15 16 13 20 17 18 19 22 23 24 21
27 28 25 26 31 32 29 30  3  4  1  2  7  8  5  6 11 12  9 10 15 16 13 14 19 20 17 18 23 24 21 22
26 27 28 25 32 29 30 31  2  3  4  1  8  5  6  7 10 11 12  9 16 13 14 15 18 19 20 17 24 21 22 23
25 26 27 28 29 30 31 32  1  2  3  4  5  6  7  8  9 10 11 12 13 14 15 16 17 18 19 20 21 22 23 24
24 21 22 23 20 17 18 19 32 29 30 31 28 25 26 27  8  5  6  7  4  1  2  3 16 13 14 15 12  9 10 11
23 24 21 22 17 18 19 20 31 32 29 30 25 26 27 28  7  8  5  6  1  2  3  4 15 16 13 14  9 10 11 12
22 23 24 21 18 19 20 17 30 31 32 29 26 27 28 25  6  7  8  5  2  3  4  1 14 15 16 13 10 11 12  9
21 22 23 24 19 20 17 18 29 30 31 32 27 28 25 26  5  6  7  8  3  4  1  2 13 14 15 16 11 12  9 10
20 17 18 19 22 23 24 21 28 25 26 27 30 31 32 29  4  1  2  3  6  7  8  5 12  9 10 11 14 15 16 13
19 20 17 18 23 24 21 22 27 28 25 26 31 32 29 30  3  4  1  2  7  8  5  6 11 12  9 10 15 16 13 14
18 19 20 17 24 21 22 23 26 27 28 25 32 29 30 31  2  3  4  1  8  5  6  7 10 11 12  9 16 13 14 15
17 18 19 20 21 22 23 24 25 26 27 28 29 30 31 32  1  2  3  4  5  6  7  8  9 10 11 12 13 14 15 16
16 13 14 15 12  9 10 11 24 21 22 23 20 17 18 19 32 29 30 31 28 25 26 27  8  5  6  7  4  1  2  3
15 16 13 14  9 10 11 12 23 24 21 22 17 18 19 20 31 32 29 30 25 26 27 28  7  8  5  6  1  2  3  4
14 15 16 13 10 11 12  9 22 23 24 21 18 19 20 17 30 31 32 29 26 27 28 25  6  7  8  5  2  3  4  1
13 14 15 16 11 12  9 10 21 22 23 24 19 20 17 18 29 30 31 32 27 28 25 26  5  6  7  8  3  4  1  2
12  9 10 11 14 15 16 13 20 17 18 19 22 23 24 21 28 25 26 27 30 31 32 29  4  1  2  3  6  7  8  5
11 12  9 10 15 16 13 14 19 20 17 18 23 24 21 22 27 28 25 26 31 32 29 30  3  4  1  2  7  8  5  6
10 11 12  9 16 13 14 15 18 19 20 17 24 21 22 23 26 27 28 25 32 29 30 31  2  3  4  1  8  5  6  7
 9 10 11 12 13 14 15 16 17 18 19 20 21 22 23 24 25 26 27 28 29 30 31 32  1  2  3  4  5  6  7  8
 8  5  6  7  4  1  2  3 16 13 14 15 12  9 10 11 24 21 22 23 20 17 18 19 32 29 30 31 28 25 26 27
 7  8  5  6  1  2  3  4 15 16 13 14  9 10 11 12 23 24 21 22 17 18 19 20 31 32 29 30 25 26 27 28
 6  7  8  5  2  3  4  1 14 15 16 13 10 11 12  9 22 23 24 21 18 19 20 17 30 31 32 29 26 27 28 25
 5  6  7  8  3  4  1  2 13 14 15 16 11 12  9 10 21 22 23 24 19 20 17 18 29 30 31 32 27 28 25 26
 4  1  2  3  6  7  8  5 12  9 10 11 14 15 16 13 20 17 18 19 22 23 24 21 28 25 26 27 30 31 32 29
 3  4  1  2  7  8  5  6 11 12  9 10 15 16 13 14 19 20 17 18 23 24 21 22 27 28 25 26 31 32 29 30
 2  3  4  1  8  5  6  7 10 11 12  9 16 13 14 15 18 19 20 17 24 21 22 23 26 27 28 25 32 29 30 31
 1  2  3  4  5  6  7  8  9 10 11 12 13 14 15 16 17 18 19 20 21 22 23 24 25 26 27 28 29 30 31 32
```

$\langle 2,5:2^4=1,5^2=2^2,2.5=5.2^{-1}\rangle \times \langle 9:9^4=1\rangle = $ Q x C$_4$
3 elements of order 2,28 of order 4
20 conjugacy classes,centre type 8/2,inner automorphisms type 4/2
Commutator subgroup type 2/1 ,abelianisation type 16/4

```
32 29 30 31 18 19 20 17 24 21 22 23 26 27 28 25 16 13 14 15  2  3  4  1  8  5  6  7 10 11 12  9
31 32 29 30 17 18 19 20 23 24 21 22 25 26 27 28 15 16 13 14  1  2  3  4  7  8  5  6  9 10 11 12
30 31 32 29 20 17 18 19 21 22 23 24 28 25 26 27 14 15 16 13  4  1  2  3  6  7  8  5 12  9 10 11
29 30 31 32 19 20 17 18 22 23 24 21 27 28 25 26 13 14 15 16  3  4  1  2  5  6  7  8 11 12  9 10
28 25 26 27 30 31 32 29 20 17 18 19 22 23 24 21 12  9 10 11 14 15 16 13  4  1  2  3  6  7  8  5
27 28 25 26 29 30 31 32 19 20 17 18 21 22 23 24 11 12  9 10 13 14 15 16  3  4  1  2  5  6  7  8
26 27 28 25 32 29 30 31 18 19 20 17 24 21 22 23 10 11 12  9 16 13 14 15  2  3  4  1  8  5  6  7
25 26 27 28 31 32 29 30 17 18 19 20 23 24 21 22  9 10 11 12 15 16 13 14  1  2  3  4  7  8  5  6
24 21 22 23 26 27 28 25 32 29 30 31 18 19 20 17  8  5  6  7 10 11 12  9 16 13 14 15  2  3  4  1
23 24 21 22 25 26 27 28 31 32 29 30 17 18 19 20  7  8  5  6  9 10 11 12 15 16 13 14  1  2  3  4
22 23 24 21 28 25 26 27 30 31 32 29 20 17 18 19  6  7  8  5 12  9 10 11 14 15 16 13  4  1  2  3
21 22 23 24 27 28 25 26 29 30 31 32 19 20 17 18  5  6  7  8 11 12  9 10 13 14 15 16  3  4  1  2
20 17 18 19 22 23 24 21 28 25 26 27 30 31 32 29  4  1  2  3  6  7  8  5 12  9 10 11 14 15 16 13
19 20 17 18 21 22 23 24 27 28 25 26 29 30 31 32  3  4  1  2  5  6  7  8 11 12  9 10 13 14 15 16
18 19 20 17 24 21 22 23 26 27 28 25 32 29 30 31  2  3  4  1  8  5  6  7 10 11 12  9 16 13 14 15
17 18 19 20 23 24 21 22 25 26 27 28 31 32 29 30  1  2  3  4  7  8  5  6  9 10 11 12 15 16 13 14
16 13 14 15  4  1  2  3  8  5  6  7 12  9 10 11 32 29 30 31 20 17 18 19 24 21 22 23 28 25 26 27
15 16 13 14  3  4  1  2  7  8  5  6 11 12  9 10 31 32 29 30 19 20 17 18 23 24 21 22 27 28 25 26
14 15 16 13  2  3  4  1  6  7  8  5 10 11 12  9 30 31 32 29 18 19 20 17 22 23 24 21 26 27 28 25
13 14 15 16  1  2  3  4  5  6  7  8  9 10 11 12 29 30 31 32 17 18 19 20 21 22 23 24 25 26 27 28
12  9 10 11 16 13 14 15  4  1  2  3  8  5  6  7 28 25 26 27 32 29 30 31 20 17 18 19 24 21 22 23
11 12  9 10 15 16 13 14  3  4  1  2  7  8  5  6 27 28 25 26 31 32 29 30 19 20 17 18 23 24 21 22
10 11 12  9 14 15 16 13  2  3  4  1  6  7  8  5 26 27 28 25 30 31 32 29 18 19 20 17 22 23 24 21
 9 10 11 12 13 14 15 16  1  2  3  4  5  6  7  8 25 26 27 28 29 30 31 32 17 18 19 20 21 22 23 24
 8  5  6  7 12  9 10 11 16 13 14 15  4  1  2  3 24 21 22 23 28 25 26 27 32 29 30 31 20 17 18 19
 7  8  5  6 11 12  9 10 15 16 13 14  3  4  1  2 23 24 21 22 27 28 25 26 31 32 29 30 19 20 17 18
 6  7  8  5 10 11 12  9 14 15 16 13  2  3  4  1 22 23 24 21 26 27 28 25 30 31 32 29 18 19 20 17
 5  6  7  8  9 10 11 12 13 14 15 16  1  2  3  4 21 22 23 24 25 26 27 28 29 30 31 32 17 18 19 20
 4  1  2  3  8  5  6  7 12  9 10 11 16 13 14 15 20 17 18 19 24 21 22 23 28 25 26 27 32 29 30 31
 3  4  1  2  7  8  5  6 11 12  9 10 15 16 13 14 19 20 17 18 23 24 21 22 27 28 25 26 31 32 29 30
 2  3  4  1  6  7  8  5 10 11 12  9 14 15 16 13 18 19 20 17 22 23 24 21 26 27 28 25 30 31 32 29
 1  2  3  4  5  6  7  8  9 10 11 12 13 14 15 16 17 18 19 20 21 22 23 24 25 26 27 28 29 30 31 32
```

$\langle 2,5,17 : 2^4=5^4=17^2=1, 2.5=5.2, 2.17=17.2, 5.17=17.2^2.5 \rangle = (C_4 \times C_4) \rtimes C_2$

7 elements of order 2, 24 of order 4

20 conjugacy classes, centre type 8/2, inner automorphisms type 4/2

Commutator subgroup type 2/1 , abelianisation type 16/4

```
32 25 26 27 28 29 30 31 20 21 22 23 24 17 18 19 16  9 10 11 12 13 14 15  4  5  6  7  8  1  2  3
31 32 25 26 27 28 29 30 19 20 21 22 23 24 17 18 15 16  9 10 11 12 13 14  3  4  5  6  7  8  1  2
30 31 32 25 26 27 28 29 18 19 20 21 22 23 24 17 14 15 16  9 10 11 12 13  2  3  4  5  6  7  8  1
29 30 31 32 25 26 27 28 17 18 19 20 21 22 23 24 13 14 15 16  9 10 11 12  1  2  3  4  5  6  7  8
28 29 30 31 32 25 26 27 24 17 18 19 20 21 22 23 12 13 14 15 16  9 10 11  8  1  2  3  4  5  6  7
27 28 29 30 31 32 25 26 23 24 17 18 19 20 21 22 11 12 13 14 15 16  9 10  7  8  1  2  3  4  5  6
26 27 28 29 30 31 32 25 22 23 24 17 18 19 20 21 10 11 12 13 14 15 16  9  6  7  8  1  2  3  4  5
25 26 27 28 29 30 31 32 21 22 23 24 17 18 19 20  9 10 11 12 13 14 15 16  5  6  7  8  1  2  3  4
24 17 18 19 20 21 22 23 28 29 30 31 32 25 26 27  8  1  2  3  4  5  6  7 13 14 15 16  9 10 11 12
23 24 17 18 19 20 21 22 27 28 29 30 31 32 25 26  7  8  1  2  3  4  5  6 12 13 14 15 16  9 10 11
22 23 24 17 18 19 20 21 26 27 28 29 30 31 32 25  6  7  8  1  2  3  4  5 11 12 13 14 15 16  9 10
21 22 23 24 17 18 19 20 25 26 27 28 29 30 31 32  5  6  7  8  1  2  3  4 10 11 12 13 14 15 16  9
20 21 22 23 24 17 18 19 32 25 26 27 28 29 30 31  4  5  6  7  8  1  2  3  9 10 11 12 13 14 15 16
19 20 21 22 23 24 17 18 31 32 25 26 27 28 29 30  3  4  5  6  7  8  1  2 16  9 10 11 12 13 14 15
18 19 20 21 22 23 24 17 30 31 32 25 26 27 28 29  2  3  4  5  6  7  8  1 15 16  9 10 11 12 13 14
17 18 19 20 21 22 23 24 29 30 31 32 25 26 27 28  1  2  3  4  5  6  7  8 14 15 16  9 10 11 12 13
16  9 10 11 12 13 14 15  8  1  2  3  4  5  6  7 32 25 26 27 28 29 30 31 24 17 18 19 20 21 22 23
15 16  9 10 11 12 13 14  7  8  1  2  3  4  5  6 31 32 25 26 27 28 29 30 23 24 17 18 19 20 21 22
14 15 16  9 10 11 12 13  6  7  8  1  2  3  4  5 30 31 32 25 26 27 28 29 22 23 24 17 18 19 20 21
13 14 15 16  9 10 11 12  5  6  7  8  1  2  3  4 29 30 31 32 25 26 27 28 21 22 23 24 17 18 19 20
12 13 14 15 16  9 10 11  4  5  6  7  8  1  2  3 28 29 30 31 32 25 26 27 20 21 22 23 24 17 18 19
11 12 13 14 15 16  9 10  3  4  5  6  7  8  1  2 27 28 29 30 31 32 25 26 19 20 21 22 23 24 17 18
10 11 12 13 14 15 16  9  2  3  4  5  6  7  8  1 26 27 28 29 30 31 32 25 18 19 20 21 22 23 24 17
 9 10 11 12 13 14 15 16  1  2  3  4  5  6  7  8 25 26 27 28 29 30 31 32 17 18 19 20 21 22 23 24
 8  1  2  3  4  5  6  7 16  9 10 11 12 13 14 15 24 17 18 19 20 21 22 23 32 25 26 27 28 29 30 31
 7  8  1  2  3  4  5  6 15 16  9 10 11 12 13 14 23 24 17 18 19 20 21 22 31 32 25 26 27 28 29 30
 6  7  8  1  2  3  4  5 14 15 16  9 10 11 12 13 22 23 24 17 18 19 20 21 30 31 32 25 26 27 28 29
 5  6  7  8  1  2  3  4 13 14 15 16  9 10 11 12 21 22 23 24 17 18 19 20 29 30 31 32 25 26 27 28
 4  5  6  7  8  1  2  3 12 13 14 15 16  9 10 11 20 21 22 23 24 17 18 19 28 29 30 31 32 25 26 27
 3  4  5  6  7  8  1  2 11 12 13 14 15 16  9 10 19 20 21 22 23 24 17 18 27 28 29 30 31 32 25 26
 2  3  4  5  6  7  8  1 10 11 12 13 14 15 16  9 18 19 20 21 22 23 24 17 26 27 28 29 30 31 32 25
 1  2  3  4  5  6  7  8  9 10 11 12 13 14 15 16 17 18 19 20 21 22 23 24 25 26 27 28 29 30 31 32
```

$\langle 2,9,17 : 2^8 = 9^2 = 17^2 = 1, 2.9 = 9.2, 2.17 = 17.2, 5.17 = 17.2^4.5 \rangle = (C_8 \times C_2) \rtimes C_2$

7 elements of order 2, 8 of order 4, 16 of order 8
20 conjugacy classes, centre type 8/1, inner automorphisms type 4/2
Commutator subgroup type 2/1, abelianisation type 16/4

# TYPE 32/18 — Γ₂h

```
32 31 30 29 28 27 26 25  8  7  6  5  4  3  2  1 16 15 14 13 12 11 10  9 24 23 22 21 20 19 18 17
31 32 29 30 27 28 25 26  7  8  5  6  3  4  1  2 15 16 13 14 11 12  9 10 23 24 21 22 19 20 17 18
30 29 32 31 26 25 28 27  6  5  8  7  2  1  4  3 14 13 16 15 10  9 12 11 22 21 24 23 18 17 20 19
29 30 31 32 25 26 27 28  5  6  7  8  1  2  3  4 13 14 15 16  9 10 11 12 21 22 23 24 17 18 19 20
28 27 26 25 32 31 30 29  4  3  2  1  8  7  6  5 12 11 10  9 16 15 14 13 20 19 18 17 24 23 22 21
27 28 25 26 31 32 29 30  3  4  1  2  7  8  5  6 11 12  9 10 15 16 13 14 19 20 17 18 23 24 21 22
26 25 28 27 30 29 32 31  2  1  4  3  6  5  8  7 10  9 12 11 14 13 16 15 18 17 20 19 22 21 24 23
25 26 27 28 29 30 31 32  1  2  3  4  5  6  7  8  9 10 11 12 13 14 15 16 17 18 19 20 21 22 23 24
24 23 22 21 20 19 18 17 32 31 30 29 28 27 26 25  8  7  6  5  4  3  2  1 16 15 14 13 12 11 10  9
23 24 21 22 19 20 17 18 31 32 29 30 27 28 25 26  7  8  5  6  3  4  1  2 15 16 13 14 11 12  9 10
22 21 24 23 18 17 20 19 30 29 32 31 26 25 28 27  6  5  8  7  2  1  4  3 14 13 16 15 10  9 12 11
21 22 23 24 17 18 19 20 29 30 31 32 25 26 27 28  5  6  7  8  1  2  3  4 13 14 15 16  9 10 11 12
20 19 18 17 24 23 22 21 28 27 26 25 32 31 30 29  4  3  2  1  8  7  6  5 12 11 10  9 16 15 14 13
19 20 17 18 23 24 21 22 27 28 25 26 31 32 29 30  3  4  1  2  7  8  5  6 11 12  9 10 15 16 13 14
18 17 20 19 22 21 24 23 26 25 28 27 30 29 32 31  2  1  4  3  6  5  8  7 10  9 12 11 14 13 16 15
17 18 19 20 21 22 23 24 25 26 27 28 29 30 31 32  1  2  3  4  5  6  7  8  9 10 11 12 13 14 15 16
16 15 14 13 12 11 10  9 24 23 22 21 20 19 18 17 32 31 30 29 28 27 26 25  8  7  6  5  4  3  2  1
15 16 13 14 11 12  9 10 23 24 21 22 19 20 17 18 31 32 29 30 27 28 25 26  7  8  5  6  3  4  1  2
14 13 16 15 10  9 12 11 22 21 24 23 18 17 20 19 30 29 32 31 26 25 28 27  6  5  8  7  2  1  4  3
13 14 15 16  9 10 11 12 21 22 23 24 17 18 19 20 29 30 31 32 25 26 27 28  5  6  7  8  1  2  3  4
12 11 10  9 16 15 14 13 20 19 18 17 24 23 22 21 28 27 26 25 32 31 30 29  4  3  2  1  8  7  6  5
11 12  9 10 15 16 13 14 19 20 17 18 23 24 21 22 27 28 25 26 31 32 29 30  3  4  1  2  7  8  5  6
10  9 12 11 14 13 16 15 18 17 20 19 22 21 24 23 26 25 28 27 30 29 32 31  2  1  4  3  6  5  8  7
 9 10 11 12 13 14 15 16 17 18 19 20 21 22 23 24 25 26 27 28 29 30 31 32  1  2  3  4  5  6  7  8
 8  7  6  5  4  3  2  1 16 15 14 13 12 11 10  9 24 23 22 21 20 19 18 17 32 31 30 29 28 27 26 25
 7  8  5  6  3  4  1  2 15 16 13 14 11 12  9 10 23 24 21 22 19 20 17 18 31 32 29 30 27 28 25 26
 6  5  8  7  2  1  4  3 14 13 16 15 10  9 12 11 22 21 24 23 18 17 20 19 30 29 32 31 26 25 28 27
 5  6  7  8  1  2  3  4 13 14 15 16  9 10 11 12 21 22 23 24 17 18 19 20 29 30 31 32 25 26 27 28
 4  3  2  1  8  7  6  5 12 11 10  9 16 15 14 13 20 19 18 17 24 23 22 21 28 27 26 25 32 31 30 29
 3  4  1  2  7  8  5  6 11 12  9 10 15 16 13 14 19 20 17 18 23 24 21 22 27 28 25 26 31 32 29 30
 2  1  4  3  6  5  8  7 10  9 12 11 14 13 16 15 18 17 20 19 22 21 24 23 26 25 28 27 30 29 32 31
 1  2  3  4  5  6  7  8  9 10 11 12 13 14 15 16 17 18 19 20 21 22 23 24 25 26 27 28 29 30 31 32
```

⟨2,3,9:2²=1,3⁴=1,9⁴=1,2.3=3.2,2.9=9.2,3.9=9.2.3⟩ = $(C_4 \times C_2) \rtimes C_4$

7 elements of order 2,24 of order 4

20 conjugacy classes,centre type 8/3,inner automorphisms type 4/2

Commutator subgroup type 2/1 ,abelianisation type 16/3

$$\langle 2,9:2^8=1,9^4=1,2.9=9.2^5\rangle = C_8 \rtimes C_4$$

3 elements of order 2,12 of order 4,16 of order 8
20 conjugacy classes,centre type 8/2,inner automorphisms type 4/2
Commutator subgroup type 2/1 ,abelianisation type 16/3

```
32 31 17 18 20 19 21 22 24 23 25 26 28 27 29 30 16 15  1  2  4  3  5  6  8  7  9 10 12 11 13 14
31 32 18 17 19 20 22 21 23 24 26 25 27 28 30 29 15 16  2  1  3  4  6  5  7  8 10  9 11 12 14 13
30 29 31 32 18 17 19 20 22 21 23 24 26 25 27 28 14 13 15 16  2  1  3  4  6  5  7  8 10  9 11 12
29 30 32 31 17 18 20 19 21 22 24 23 25 26 28 27 13 14 16 15  1  2  4  3  5  6  8  7  9 10 12 11
28 27 29 30 32 31 17 18 20 19 21 22 24 23 25 26 12 11 13 14 16 15  1  2  4  3  5  6  8  7  9 10
27 28 30 29 31 32 18 17 19 20 22 21 23 24 26 25 11 12 14 13 15 16  2  1  3  4  6  5  7  8 10  9
26 25 27 28 30 29 31 32 18 17 19 20 22 21 23 24 10  9 11 12 14 13 15 16  2  1  3  4  6  5  7  8
25 26 28 27 29 30 32 31 17 18 20 19 21 22 24 23  9 10 12 11 13 14 16 15  1  2  4  3  5  6  8  7
24 23 25 26 28 27 29 30 32 31 17 18 20 19 21 22  8  7  9 10 12 11 13 14 16 15  1  2  4  3  5  6
23 24 26 25 27 28 30 29 31 32 18 17 19 20 22 21  7  8 10  9 11 12 14 13 15 16  2  1  3  4  6  5
22 21 23 24 26 25 27 28 30 29 31 32 18 17 19 20  6  5  7  8 10  9 11 12 14 13 15 16  2  1  3  4
21 22 24 23 25 26 28 27 29 30 32 31 17 18 20 19  5  6  8  7  9 10 12 11 13 14 16 15  1  2  4  3
20 19 21 22 24 23 25 26 28 27 29 30 32 31 17 18  4  3  5  6  8  7  9 10 12 11 13 14 16 15  1  2
19 20 22 21 23 24 26 25 27 28 30 29 31 32 18 17  3  4  6  5  7  8 10  9 11 12 14 13 15 16  2  1
18 17 19 20 22 21 23 24 26 25 27 28 30 29 31 32  2  1  3  4  6  5  7  8 10  9 11 12 14 13 15 16
17 18 20 19 21 22 24 23 25 26 28 27 29 30 32 31  1  2  4  3  5  6  8  7  9 10 12 11 13 14 16 15
16 15  2  1  4  3  6  5  8  7 10  9 12 11 14 13 32 31 18 17 20 19 22 21 24 23 26 25 28 27 30 29
15 16  1  2  3  4  5  6  7  8  9 10 11 12 13 14 31 32 17 18 19 20 21 22 23 24 25 26 27 28 29 30
14 13 16 15  2  1  4  3  6  5  8  7 10  9 12 11 30 29 32 31 18 17 20 19 22 21 24 23 26 25 28 27
13 14 15 16  1  2  3  4  5  6  7  8  9 10 11 12 29 30 31 32 17 18 19 20 21 22 23 24 25 26 27 28
12 11 14 13 16 15  2  1  4  3  6  5  8  7 10  9 28 27 30 29 32 31 18 17 20 19 22 21 24 23 26 25
11 12 13 14 15 16  1  2  3  4  5  6  7  8  9 10 27 28 29 30 31 32 17 18 19 20 21 22 23 24 25 26
10  9 12 11 14 13 16 15  2  1  4  3  6  5  8  7 26 25 28 27 30 29 32 31 18 17 20 19 22 21 24 23
 9 10 11 12 13 14 15 16  1  2  3  4  5  6  7  8 25 26 27 28 29 30 31 32 17 18 19 20 21 22 23 24
 8  7 10  9 12 11 14 13 16 15  2  1  4  3  6  5 24 23 26 25 28 27 30 29 32 31 18 17 20 19 22 21
 7  8  9 10 11 12 13 14 15 16  1  2  3  4  5  6 23 24 25 26 27 28 29 30 31 32 17 18 19 20 21 22
 6  5  8  7 10  9 12 11 14 13 16 15  2  1  4  3 22 21 24 23 26 25 28 27 30 29 32 31 18 17 20 19
 5  6  7  8  9 10 11 12 13 14 15 16  1  2  3  4 21 22 23 24 25 26 27 28 29 30 31 32 17 18 19 20
 4  3  6  5  8  7 10  9 12 11 14 13 16 15  2  1 20 19 22 21 24 23 26 25 28 27 30 29 32 31 18 17
 3  4  5  6  7  8  9 10 11 12 13 14 15 16  1  2 19 20 21 22 23 24 25 26 27 28 29 30 31 32 17 18
 2  1  4  3  6  5  8  7 10  9 12 11 14 13 16 15 18 17 20 19 22 21 24 23 26 25 28 27 30 29 32 31
 1  2  3  4  5  6  7  8  9 10 11 12 13 14 15 16 17 18 19 20 21 22 23 24 25 26 27 28 29 30 31 32
```

$\langle 2,3,17 : 2^2 = 3^8 = 17^2 = 1, 2.3 = 3.2, 2.17 = 17.2, 3.17 = 17.2.3 \rangle = (C_2 \times C_8) \rtimes C_2$

7 elements of order 2, 8 of order 4, 16 of order 8

20 conjugacy classes, centre type 8/2, inner automorphisms type 4/2

Commutator subgroup type 2/1 , abelianisation type 16/2

```
32 31 30 29  4  3  2  1  8  7  6  5 12 11 10  9 16 15 14 13 20 19 18 17 24 23 22 21 28 27 26 25
31 30 29 32  3  2  1  4  7  6  5  8 11 10  9 12 15 14 13 16 19 18 17 20 23 22 21 24 27 26 25 28
30 29 32 31  2  1  4  3  6  5  8  7 10  9 12 11 14 13 16 15 18 17 20 19 22 21 24 23 26 25 28 27
29 32 31 30  1  4  3  2  5  8  7  6  9 12 11 10 13 16 15 14 17 20 19 18 21 24 23 22 25 28 27 26
28 25 26 27 32 29 30 31  4  1  2  3  8  5  6  7 12  9 10 11 16 13 14 15 20 17 18 19 24 21 22 23
27 28 25 26 31 32 29 30  3  4  1  2  7  8  5  6 11 12  9 10 15 16 13 14 19 20 17 18 23 24 21 22
26 27 28 25 30 31 32 29  2  3  4  1  6  7  8  5 10 11 12  9 14 15 16 13 18 19 20 17 22 23 24 21
25 26 27 28 29 30 31 32  1  2  3  4  5  6  7  8  9 10 11 12 13 14 15 16 17 18 19 20 21 22 23 24
24 23 22 21 28 27 26 25 32 31 30 29  4  3  2  1  8  7  6  5 12 11 10  9 16 15 14 13 20 19 18 17
23 22 21 24 27 26 25 28 31 30 29 32  3  2  1  4  7  6  5  8 11 10  9 12 15 14 13 16 19 18 17 20
22 21 24 23 26 25 28 27 30 29 32 31  2  1  4  3  6  5  8  7 10  9 12 11 14 13 16 15 18 17 20 19
21 24 23 22 25 28 27 26 29 32 31 30  1  4  3  2  5  8  7  6  9 12 11 10 13 16 15 14 17 20 19 18
20 17 18 19 24 21 22 23 28 25 26 27 32 29 30 31  4  1  2  3  8  5  6  7 12  9 10 11 16 13 14 15
19 20 17 18 23 24 21 22 27 28 25 26 31 32 29 30  3  4  1  2  7  8  5  6 11 12  9 10 15 16 13 14
18 19 20 17 22 23 24 21 26 27 28 25 30 31 32 29  2  3  4  1  6  7  8  5 10 11 12  9 14 15 16 13
17 18 19 20 21 22 23 24 25 26 27 28 29 30 31 32  1  2  3  4  5  6  7  8  9 10 11 12 13 14 15 16
16 15 14 13 20 19 18 17 24 23 22 21 28 27 26 25 32 31 30 29  4  3  2  1  8  7  6  5 12 11 10  9
15 14 13 16 19 18 17 20 23 22 21 24 27 26 25 28 31 30 29 32  3  2  1  4  7  6  5  8 11 10  9 12
14 13 16 15 18 17 20 19 22 21 24 23 26 25 28 27 30 29 32 31  2  1  4  3  6  5  8  7 10  9 12 11
13 16 15 14 17 20 19 18 21 24 23 22 25 28 27 26 29 32 31 30  1  4  3  2  5  8  7  6  9 12 11 10
12  9 10 11 16 13 14 15 20 17 18 19 24 21 22 23 28 25 26 27 32 29 30 31  4  1  2  3  8  5  6  7
11 12  9 10 15 16 13 14 19 20 17 18 23 24 21 22 27 28 25 26 31 32 29 30  3  4  1  2  7  8  5  6
10 11 12  9 14 15 16 13 18 19 20 17 22 23 24 21 26 27 28 25 30 31 32 29  2  3  4  1  6  7  8  5
 9 10 11 12 13 14 15 16 17 18 19 20 21 22 23 24 25 26 27 28 29 30 31 32  1  2  3  4  5  6  7  8
 8  7  6  5 12 11 10  9 16 15 14 13 20 19 18 17 24 23 22 21 28 27 26 25 32 31 30 29  4  3  2  1
 7  6  5  8 11 10  9 12 15 14 13 16 19 18 17 20 23 22 21 24 27 26 25 28 31 30 29 32  3  2  1  4
 6  5  8  7 10  9 12 11 14 13 16 15 18 17 20 19 22 21 24 23 26 25 28 27 30 29 32 31  2  1  4  3
 5  8  7  6  9 12 11 10 13 16 15 14 17 20 19 18 21 24 23 22 25 28 27 26 29 32 31 30  1  4  3  2
 4  1  2  3  8  5  6  7 12  9 10 11 16 13 14 15 20 17 18 19 24 21 22 23 28 25 26 27 32 29 30 31
 3  4  1  2  7  8  5  6 11 12  9 10 15 16 13 14 19 20 17 18 23 24 21 22 27 28 25 26 31 32 29 30
 2  3  4  1  6  7  8  5 10 11 12  9 14 15 16 13 18 19 20 17 22 23 24 21 26 27 28 25 30 31 32 29
 1  2  3  4  5  6  7  8  9 10 11 12 13 14 15 16 17 18 19 20 21 22 23 24 25 26 27 28 29 30 31 32
```

$\langle 2,5 : 2^4{=}1, 5^8{=}1, 2.5{=}5.2^{-1} \rangle = C_4 \rtimes C_8$

3 elements of order 2, 12 of order 4, 16 of order 8

20 conjugacy classes, centre type 8/2, inner automorphisms type 4/2

Commutator subgroup type 2/1, abelianisation type 16/2

$\Gamma_2 k$

```
32 31 30 29 28 27 26 25 24 23 22 21 20 19 18 17 16 15 14 13 12 11 10  9  8  7  6  5  4  3  2  1
17 32 31 30 29 28 27 26 25 24 23 22 21 20 19 18  1 16 15 14 13 12 11 10  9  8  7  6  5  4  3  2
18 17 32 31 30 29 28 27 26 25 24 23 22 21 20 19  2  1 16 15 14 13 12 11 10  9  8  7  6  5  4  3
19 18 17 32 31 30 29 28 27 26 25 24 23 22 21 20  3  2  1 16 15 14 13 12 11 10  9  8  7  6  5  4
20 19 18 17 32 31 30 29 28 27 26 25 24 23 22 21  4  3  2  1 16 15 14 13 12 11 10  9  8  7  6  5
21 20 19 18 17 32 31 30 29 28 27 26 25 24 23 22  5  4  3  2  1 16 15 14 13 12 11 10  9  8  7  6
22 21 20 19 18 17 32 31 30 29 28 27 26 25 24 23  6  5  4  3  2  1 16 15 14 13 12 11 10  9  8  7
23 22 21 20 19 18 17 32 31 30 29 28 27 26 25 24  7  6  5  4  3  2  1 16 15 14 13 12 11 10  9  8
24 23 22 21 20 19 18 17 32 31 30 29 28 27 26 25  8  7  6  5  4  3  2  1 16 15 14 13 12 11 10  9
25 24 23 22 21 20 19 18 17 32 31 30 29 28 27 26  9  8  7  6  5  4  3  2  1 16 15 14 13 12 11 10
26 25 24 23 22 21 20 19 18 17 32 31 30 29 28 27 10  9  8  7  6  5  4  3  2  1 16 15 14 13 12 11
27 26 25 24 23 22 21 20 19 18 17 32 31 30 29 28 11 10  9  8  7  6  5  4  3  2  1 16 15 14 13 12
28 27 26 25 24 23 22 21 20 19 18 17 32 31 30 29 12 11 10  9  8  7  6  5  4  3  2  1 16 15 14 13
29 28 27 26 25 24 23 22 21 20 19 18 17 32 31 30 13 12 11 10  9  8  7  6  5  4  3  2  1 16 15 14
30 29 28 27 26 25 24 23 22 21 20 19 18 17 32 31 14 13 12 11 10  9  8  7  6  5  4  3  2  1 16 15
31 30 29 28 27 26 25 24 23 22 21 20 19 18 17 32 15 14 13 12 11 10  9  8  7  6  5  4  3  2  1 16
 8 15  6 13  4 11  2  9 16  7 14  5 12  3 10  1 24 31 22 29 20 27 18 25 32 23 30 21 28 19 26 17
 9 16  7 14  5 12  3 10  1  8 15  6 13  4 11  2 25 32 23 30 21 28 19 26 17 24 31 22 29 20 27 18
10  1  8 15  6 13  4 11  2  9 16  7 14  5 12  3 26 17 24 31 22 29 20 27 18 25 32 23 30 21 28 19
11  2  9 16  7 14  5 12  3 10  1  8 15  6 13  4 27 18 25 32 23 30 21 28 19 26 17 24 31 22 29 20
12  3 10  1  8 15  6 13  4 11  2  9 16  7 14  5 28 19 26 17 24 31 22 29 20 27 18 25 32 23 30 21
13  4 11  2  9 16  7 14  5 12  3 10  1  8 15  6 29 20 27 18 25 32 23 30 21 28 19 26 17 24 31 22
14  5 12  3 10  1  8 15  6 13  4 11  2  9 16  7 30 21 28 19 26 17 24 31 22 29 20 27 18 25 32 23
15  6 13  4 11  2  9 16  7 14  5 12  3 10  1  8 31 22 29 20 27 18 25 32 23 30 21 28 19 26 17 24
16  7 14  5 12  3 10  1  8 15  6 13  4 11  2  9 32 23 30 21 28 19 26 17 24 31 22 29 20 27 18 25
 1  8 15  6 13  4 11  2  9 16  7 14  5 12  3 10 17 24 31 22 29 20 27 18 25 32 23 30 21 28 19 26
 2  9 16  7 14  5 12  3 10  1  8 15  6 13  4 11 18 25 32 23 30 21 28 19 26 17 24 31 22 29 20 27
 3 10  1  8 15  6 13  4 11  2  9 16  7 14  5 12 19 26 17 24 31 22 29 20 27 18 25 32 23 30 21 28
 4 11  2  9 16  7 14  5 12  3 10  1  8 15  6 13 20 27 18 25 32 23 30 21 28 19 26 17 24 31 22 29
 5 12  3 10  1  8 15  6 13  4 11  2  9 16  7 14 21 28 19 26 17 24 31 22 29 20 27 18 25 32 23 30
 6 13  4 11  2  9 16  7 14  5 12  3 10  1  8 15 22 29 20 27 18 25 32 23 30 21 28 19 26 17 24 31
 7 14  5 12  3 10  1  8 15  6 13  4 11  2  9 16 23 30 21 28 19 26 17 24 31 22 29 20 27 18 25 32
```

$\langle 2,17:2^{16}=1,17^2=1,2.17=17.2^9 \rangle = C_{16} \rtimes C_2$

3 elements of order 2, 4 of order 4, 8 of order 8,16 of order 16
20 conjugacy classes,centre type 8/1,inner automorphisms type 4/2
Commutator subgroup type 2/1 ,abelianisation type 16/2

$$D_8 \times C_2 \qquad \Gamma_3 q_1$$

$$\langle 2,9 : 2^8 = 1, 9^2 = 1, 2.9 = 9.2^{-1} \rangle \times \langle 17 : 17^2 = 1 \rangle = D_8 \times C_2$$

19 elements of order 2, 4 of order 4, 8 of order 8
14 conjugacy classes, centre type 4/2, inner automorphisms type 8/4
Commutator subgroup type 4/1 , abelianisation type 8/3

```
32 25 26 27 28 29 30 31 22 23 24 17 18 19 20 21 16  9 10 11 12 13 14 15  6  7  8  1  2  3  4  5
31 32 25 26 27 28 29 30 19 20 21 22 23 24 17 18 15 16  9 10 11 12 13 14  3  4  5  6  7  8  1  2
30 31 32 25 26 27 28 29 24 17 18 19 20 21 22 23 14 15 16  9 10 11 12 13  8  1  2  3  4  5  6  7
29 30 31 32 25 26 27 28 21 22 23 24 17 18 19 20 13 14 15 16  9 10 11 12  5  6  7  8  1  2  3  4
28 29 30 31 32 25 26 27 18 19 20 21 22 23 24 17 12 13 14 15 16  9 10 11  2  3  4  5  6  7  8  1
27 28 29 30 31 32 25 26 23 24 17 18 19 20 21 22 11 12 13 14 15 16  9 10  7  8  1  2  3  4  5  6
26 27 28 29 30 31 32 25 20 21 22 23 24 17 18 19 10 11 12 13 14 15 16  9  4  5  6  7  8  1  2  3
25 26 27 28 29 30 31 32 17 18 19 20 21 22 23 24  9 10 11 12 13 14 15 16  1  2  3  4  5  6  7  8
24 17 18 19 20 21 22 23 30 31 32 25 26 27 28 29  8  1  2  3  4  5  6  7 14 15 16  9 10 11 12 13
23 24 17 18 19 20 21 22 27 28 29 30 31 32 25 26  7  8  1  2  3  4  5  6 11 12 13 14 15 16  9 10
22 23 24 17 18 19 20 21 32 25 26 27 28 29 30 31  6  7  8  1  2  3  4  5 16  9 10 11 12 13 14 15
21 22 23 24 17 18 19 20 29 30 31 32 25 26 27 28  5  6  7  8  1  2  3  4 13 14 15 16  9 10 11 12
20 21 22 23 24 17 18 19 26 27 28 29 30 31 32 25  4  5  6  7  8  1  2  3 10 11 12 13 14 15 16  9
19 20 21 22 23 24 17 18 31 32 25 26 27 28 29 30  3  4  5  6  7  8  1  2 15 16  9 10 11 12 13 14
18 19 20 21 22 23 24 17 28 29 30 31 32 25 26 27  2  3  4  5  6  7  8  1 12 13 14 15 16  9 10 11
17 18 19 20 21 22 23 24 25 26 27 28 29 30 31 32  1  2  3  4  5  6  7  8  9 10 11 12 13 14 15 16
16  9 10 11 12 13 14 15  6  7  8  1  2  3  4  5 32 25 26 27 28 29 30 31 22 23 24 17 18 19 20 21
15 16  9 10 11 12 13 14  3  4  5  6  7  8  1  2 31 32 25 26 27 28 29 30 19 20 21 22 23 24 17 18
14 15 16  9 10 11 12 13  8  1  2  3  4  5  6  7 30 31 32 25 26 27 28 29 24 17 18 19 20 21 22 23
13 14 15 16  9 10 11 12  5  6  7  8  1  2  3  4 29 30 31 32 25 26 27 28 21 22 23 24 17 18 19 20
12 13 14 15 16  9 10 11  2  3  4  5  6  7  8  1 28 29 30 31 32 25 26 27 18 19 20 21 22 23 24 17
11 12 13 14 15 16  9 10  7  8  1  2  3  4  5  6 27 28 29 30 31 32 25 26 23 24 17 18 19 20 21 22
10 11 12 13 14 15 16  9  4  5  6  7  8  1  2  3 26 27 28 29 30 31 32 25 20 21 22 23 24 17 18 19
 9 10 11 12 13 14 15 16  1  2  3  4  5  6  7  8 25 26 27 28 29 30 31 32 17 18 19 20 21 22 23 24
 8  1  2  3  4  5  6  7 14 15 16  9 10 11 12 13 24 17 18 19 20 21 22 23 30 31 32 25 26 27 28 29
 7  8  1  2  3  4  5  6 11 12 13 14 15 16  9 10 23 24 17 18 19 20 21 22 27 28 29 30 31 32 25 26
 6  7  8  1  2  3  4  5 16  9 10 11 12 13 14 15 22 23 24 17 18 19 20 21 32 25 26 27 28 29 30 31
 5  6  7  8  1  2  3  4 13 14 15 16  9 10 11 12 21 22 23 24 17 18 19 20 29 30 31 32 25 26 27 28
 4  5  6  7  8  1  2  3 10 11 12 13 14 15 16  9 20 21 22 23 24 17 18 19 26 27 28 29 30 31 32 25
 3  4  5  6  7  8  1  2 15 16  9 10 11 12 13 14 19 20 21 22 23 24 17 18 31 32 25 26 27 28 29 30
 2  3  4  5  6  7  8  1 12 13 14 15 16  9 10 11 18 19 20 21 22 23 24 17 28 29 30 31 32 25 26 27
 1  2  3  4  5  6  7  8  9 10 11 12 13 14 15 16 17 18 19 20 21 22 23 24 25 26 27 28 29 30 31 32
```

$\langle 2,9:2^8=1,9^2=1,2.9=9.2^3\rangle \times \langle 17^2=1\rangle$ = type 16/13 x type 2/1
11 elements of order 2,12 of order 4, 8 of order 8
14 conjugacy classes,centre type 4/2,inner automorphisms type 8/4
Commutator subgroup type 4/1 ,abelianisation type 8/3

TYPE 32/25  $Q_8 \times C_2$  $\Gamma_3 a_3$

```
32 25 26 27 28 29 30 31 22 23 24 17 18 19 20 21 16  9 10 11 12 13 14 15  6  7  8  1  2  3  4  5
31 32 25 26 27 28 29 30 23 24 17 18 19 20 21 22 15 16  9 10 11 12 13 14  7  8  1  2  3  4  5  6
30 31 32 25 26 27 28 29 24 17 18 19 20 21 22 23 14 15 16  9 10 11 12 13  8  1  2  3  4  5  6  7
29 30 31 32 25 26 27 28 17 18 19 20 21 22 23 24 13 14 15 16  9 10 11 12  1  2  3  4  5  6  7  8
28 29 30 31 32 25 26 27 18 19 20 21 22 23 24 17 12 13 14 15 16  9 10 11  2  3  4  5  6  7  8  1
27 28 29 30 31 32 25 26 19 20 21 22 23 24 17 18 11 12 13 14 15 16  9 10  3  4  5  6  7  8  1  2
26 27 28 29 30 31 32 25 20 21 22 23 24 17 18 19 10 11 12 13 14 15 16  9  4  5  6  7  8  1  2  3
25 26 27 28 29 30 31 32 21 22 23 24 17 18 19 20  9 10 11 12 13 14 15 16  5  6  7  8  1  2  3  4
24 17 18 19 20 21 22 23 26 27 28 29 30 31 32 25  8  1  2  3  4  5  6  7 10 11 12 13 14 15 16  9
23 24 17 18 19 20 21 22 27 28 29 30 31 32 25 26  7  8  1  2  3  4  5  6 11 12 13 14 15 16  9 10
22 23 24 17 18 19 20 21 28 29 30 31 32 25 26 27  6  7  8  1  2  3  4  5 12 13 14 15 16  9 10 11
21 22 23 24 17 18 19 20 29 30 31 32 25 26 27 28  5  6  7  8  1  2  3  4 13 14 15 16  9 10 11 12
20 21 22 23 24 17 18 19 30 31 32 25 26 27 28 29  4  5  6  7  8  1  2  3 14 15 16  9 10 11 12 13
19 20 21 22 23 24 17 18 31 32 25 26 27 28 29 30  3  4  5  6  7  8  1  2 15 16  9 10 11 12 13 14
18 19 20 21 22 23 24 17 32 25 26 27 28 29 30 31  2  3  4  5  6  7  8  1 16  9 10 11 12 13 14 15
17 18 19 20 21 22 23 24 25 26 27 28 29 30 31 32  1  2  3  4  5  6  7  8  9 10 11 12 13 14 15 16
16  9 10 11 12 13 14 15  6  7  8  1  2  3  4  5 32 25 26 27 28 29 30 31 22 23 24 17 18 19 20 21
15 16  9 10 11 12 13 14  7  8  1  2  3  4  5  6 31 32 25 26 27 28 29 30 23 24 17 18 19 20 21 22
14 15 16  9 10 11 12 13  8  1  2  3  4  5  6  7 30 31 32 25 26 27 28 29 24 17 18 19 20 21 22 23
13 14 15 16  9 10 11 12  1  2  3  4  5  6  7  8 29 30 31 32 25 26 27 28 17 18 19 20 21 22 23 24
12 13 14 15 16  9 10 11  2  3  4  5  6  7  8  1 28 29 30 31 32 25 26 27 18 19 20 21 22 23 24 17
11 12 13 14 15 16  9 10  3  4  5  6  7  8  1  2 27 28 29 30 31 32 25 26 19 20 21 22 23 24 17 18
10 11 12 13 14 15 16  9  4  5  6  7  8  1  2  3 26 27 28 29 30 31 32 25 20 21 22 23 24 17 18 19
 9 10 11 12 13 14 15 16  5  6  7  8  1  2  3  4 25 26 27 28 29 30 31 32 21 22 23 24 17 18 19 20
 8  1  2  3  4  5  6  7 10 11 12 13 14 15 16  9 24 17 18 19 20 21 22 23 26 27 28 29 30 31 32 25
 7  8  1  2  3  4  5  6 11 12 13 14 15 16  9 10 23 24 17 18 19 20 21 22 27 28 29 30 31 32 25 26
 6  7  8  1  2  3  4  5 12 13 14 15 16  9 10 11 22 23 24 17 18 19 20 21 28 29 30 31 32 25 26 27
 5  6  7  8  1  2  3  4 13 14 15 16  9 10 11 12 21 22 23 24 17 18 19 20 29 30 31 32 25 26 27 28
 4  5  6  7  8  1  2  3 14 15 16  9 10 11 12 13 20 21 22 23 24 17 18 19 30 31 32 25 26 27 28 29
 3  4  5  6  7  8  1  2 15 16  9 10 11 12 13 14 19 20 21 22 23 24 17 18 31 32 25 26 27 28 29 30
 2  3  4  5  6  7  8  1 16  9 10 11 12 13 14 15 18 19 20 21 22 23 24 17 32 25 26 27 28 29 30 31
 1  2  3  4  5  6  7  8  9 10 11 12 13 14 15 16 17 18 19 20 21 22 23 24 25 26 27 28 29 30 31 32
```

$\langle 2,9 : 2^8=1, 9^2=2^4, 2.9=9.2^{-1} \rangle \times \langle 17 : 17^2=1 \rangle = Q_8 \times C_2$

3 elements of order 2, 20 of order 4, 8 of order 8

14 conjugacy classes, centre type 4/2, inner automorphisms type 8/4

Commutator subgroup type 4/1, abelianisation type 8/3

$\Gamma_3 b$

```
32 25 26 27 28 29 30 31 20 21 22 23 24 17 18 19 10 11 12 13 14 15 16  9  6  7  8  1  2  3  4  5
31 32 25 26 27 28 29 30 19 20 21 22 23 24 17 18 11 12 13 14 15 16  9 10  7  8  1  2  3  4  5  6
30 31 32 25 26 27 28 29 18 19 20 21 22 23 24 17 12 13 14 15 16  9 10 11  8  1  2  3  4  5  6  7
29 30 31 32 25 26 27 28 17 18 19 20 21 22 23 24 13 14 15 16  9 10 11 12  1  2  3  4  5  6  7  8
28 29 30 31 32 25 26 27 24 17 18 19 20 21 22 23 14 15 16  9 10 11 12 13  2  3  4  5  6  7  8  1
27 28 29 30 31 32 25 26 23 24 17 18 19 20 21 22 15 16  9 10 11 12 13 14  3  4  5  6  7  8  1  2
26 27 28 29 30 31 32 25 22 23 24 17 18 19 20 21 16  9 10 11 12 13 14 15  4  5  6  7  8  1  2  3
25 26 27 28 29 30 31 32 21 22 23 24 17 18 19 20  9 10 11 12 13 14 15 16  5  6  7  8  1  2  3  4
24 17 18 19 20 21 22 23 28 29 30 31 32 25 26 27  2  3  4  5  6  7  8  1 14 15 16  9 10 11 12 13
23 24 17 18 19 20 21 22 27 28 29 30 31 32 25 26  3  4  5  6  7  8  1  2 15 16  9 10 11 12 13 14
22 23 24 17 18 19 20 21 26 27 28 29 30 31 32 25  4  5  6  7  8  1  2  3 16  9 10 11 12 13 14 15
21 22 23 24 17 18 19 20 25 26 27 28 29 30 31 32  5  6  7  8  1  2  3  4  9 10 11 12 13 14 15 16
20 21 22 23 24 17 18 19 32 25 26 27 28 29 30 31  6  7  8  1  2  3  4  5 10 11 12 13 14 15 16  9
19 20 21 22 23 24 17 18 31 32 25 26 27 28 29 30  7  8  1  2  3  4  5  6 11 12 13 14 15 16  9 10
18 19 20 21 22 23 24 17 30 31 32 25 26 27 28 29  8  1  2  3  4  5  6  7 12 13 14 15 16  9 10 11
17 18 19 20 21 22 23 24 29 30 31 32 25 26 27 28  1  2  3  4  5  6  7  8 13 14 15 16  9 10 11 12
16  9 10 11 12 13 14 15  8  1  2  3  4  5  6  7 26 27 28 29 30 31 32 25 18 19 20 21 22 23 24 17
15 16  9 10 11 12 13 14  7  8  1  2  3  4  5  6 27 28 29 30 31 32 25 26 19 20 21 22 23 24 17 18
14 15 16  9 10 11 12 13  6  7  8  1  2  3  4  5 28 29 30 31 32 25 26 27 20 21 22 23 24 17 18 19
13 14 15 16  9 10 11 12  5  6  7  8  1  2  3  4 29 30 31 32 25 26 27 28 21 22 23 24 17 18 19 20
12 13 14 15 16  9 10 11  4  5  6  7  8  1  2  3 30 31 32 25 26 27 28 29 22 23 24 17 18 19 20 21
11 12 13 14 15 16  9 10  3  4  5  6  7  8  1  2 31 32 25 26 27 28 29 30 23 24 17 18 19 20 21 22
10 11 12 13 14 15 16  9  2  3  4  5  6  7  8  1 32 25 26 27 28 29 30 31 24 17 18 19 20 21 22 23
 9 10 11 12 13 14 15 16  1  2  3  4  5  6  7  8 25 26 27 28 29 30 31 32 17 18 19 20 21 22 23 24
 8  1  2  3  4  5  6  7 16  9 10 11 12 13 14 15 18 19 20 21 22 23 24 17 26 27 28 29 30 31 32 25
 7  8  1  2  3  4  5  6 15 16  9 10 11 12 13 14 19 20 21 22 23 24 17 18 27 28 29 30 31 32 25 26
 6  7  8  1  2  3  4  5 14 15 16  9 10 11 12 13 20 21 22 23 24 17 18 19 28 29 30 31 32 25 26 27
 5  6  7  8  1  2  3  4 13 14 15 16  9 10 11 12 21 22 23 24 17 18 19 20 29 30 31 32 25 26 27 28
 4  5  6  7  8  1  2  3 12 13 14 15 16  9 10 11 22 23 24 17 18 19 20 21 30 31 32 25 26 27 28 29
 3  4  5  6  7  8  1  2 11 12 13 14 15 16  9 10 23 24 17 18 19 20 21 22 31 32 25 26 27 28 29 30
 2  3  4  5  6  7  8  1 10 11 12 13 14 15 16  9 24 17 18 19 20 21 22 23 32 25 26 27 28 29 30 31
 1  2  3  4  5  6  7  8  9 10 11 12 13 14 15 16 17 18 19 20 21 22 23 24 25 26 27 28 29 30 31 32
```

$\langle 2,9,17 : 2^8 = 9^2 = 17^2 = 1, 2.9 = 9.2, 2.17 = 17.2^{-1}, 9.17 = 17.2^4.9 \rangle = (C_8 \times C_2) \rtimes C_2$

11 elements of order 2, 12 of order 4, 8 of order 8

14 conjugacy classes, centre type 4/1, inner automorphisms type 8/4

Commutator subgroup type 4/1 , abelianisation type 8/3

$\langle 2,3,17:2^2=3^8=17^2=1,2.3=3.2,2.17=17.2,3.17=17.2.3^{-1}\rangle = (C_8 \times C_2)\rtimes C_2$

11 elements of order 2, 12 of order 4, 8 of order 8

14 conjugacy classes, centre type 4/2, inner automorphisms type 8/4

Commutator subgroup type 4/1, abelianisation type 8/2

$\langle 2,3,17:2^2=1,3^8=1,17^2=3^4,2.3=3.2,2.17=17.2,3.17=17.2.3^{-1}\rangle$
3 elements of order 2,20 of order 4, 8 of order 8
14 conjugacy classes,centre type 4/2,inner automorphisms type 8/4
Commutator subgroup type 4/1 ,abelianisation type 8/2

$\Gamma_3 d_1$

| | | | | | | | | | | | | | | | | | | | | | | | | | | | | | | | |
|---|---|---|---|---|---|---|---|---|---|---|---|---|---|---|---|---|---|---|---|---|---|---|---|---|---|---|---|---|---|---|---|
| 32 | 31 | 30 | 29 | 28 | 27 | 26 | 25 | 8 | 7 | 6 | 5 | 4 | 3 | 2 | 1 | 16 | 15 | 14 | 13 | 12 | 11 | 10 | 9 | 24 | 23 | 22 | 21 | 20 | 19 | 18 | 17 |
| 31 | 30 | 29 | 28 | 27 | 26 | 25 | 32 | 7 | 6 | 5 | 4 | 3 | 2 | 1 | 8 | 15 | 14 | 13 | 12 | 11 | 10 | 9 | 16 | 23 | 22 | 21 | 20 | 19 | 18 | 17 | 24 |
| 30 | 29 | 28 | 27 | 26 | 25 | 32 | 31 | 6 | 5 | 4 | 3 | 2 | 1 | 8 | 7 | 14 | 13 | 12 | 11 | 10 | 9 | 16 | 15 | 22 | 21 | 20 | 19 | 18 | 17 | 24 | 23 |
| 29 | 28 | 27 | 26 | 25 | 32 | 31 | 30 | 5 | 4 | 3 | 2 | 1 | 8 | 7 | 6 | 13 | 12 | 11 | 10 | 9 | 16 | 15 | 14 | 21 | 20 | 19 | 18 | 17 | 24 | 23 | 22 |
| 28 | 27 | 26 | 25 | 32 | 31 | 30 | 29 | 4 | 3 | 2 | 1 | 8 | 7 | 6 | 5 | 12 | 11 | 10 | 9 | 16 | 15 | 14 | 13 | 20 | 19 | 18 | 17 | 24 | 23 | 22 | 21 |
| 27 | 26 | 25 | 32 | 31 | 30 | 29 | 28 | 3 | 2 | 1 | 8 | 7 | 6 | 5 | 4 | 11 | 10 | 9 | 16 | 15 | 14 | 13 | 12 | 19 | 18 | 17 | 24 | 23 | 22 | 21 | 20 |
| 26 | 25 | 32 | 31 | 30 | 29 | 28 | 27 | 2 | 1 | 8 | 7 | 6 | 5 | 4 | 3 | 10 | 9 | 16 | 15 | 14 | 13 | 12 | 11 | 18 | 17 | 24 | 23 | 22 | 21 | 20 | 19 |
| 25 | 32 | 31 | 30 | 29 | 28 | 27 | 26 | 1 | 8 | 7 | 6 | 5 | 4 | 3 | 2 | 9 | 16 | 15 | 14 | 13 | 12 | 11 | 10 | 17 | 24 | 23 | 22 | 21 | 20 | 19 | 18 |
| 24 | 23 | 17 | 18 | 19 | 20 | 21 | 22 | 32 | 31 | 25 | 26 | 27 | 28 | 29 | 30 | 8 | 7 | 1 | 2 | 3 | 4 | 5 | 6 | 16 | 15 | 9 | 10 | 11 | 12 | 13 | 14 |
| 23 | 24 | 17 | 18 | 19 | 20 | 21 | 31 | 32 | 25 | 26 | 27 | 28 | 29 | 30 | 7 | 8 | 1 | 2 | 3 | 4 | 5 | 6 | 15 | 16 | 9 | 10 | 11 | 12 | 13 | 14 | |
| 22 | 23 | 24 | 17 | 18 | 19 | 20 | 29 | 30 | 31 | 32 | 25 | 26 | 27 | 28 | 6 | 7 | 8 | 1 | 2 | 3 | 4 | 5 | 14 | 15 | 16 | 9 | 10 | 11 | 12 | | |
| 21 | 22 | 23 | 24 | 17 | 18 | 19 | 28 | 29 | 30 | 31 | 32 | 25 | 26 | 27 | 4 | 5 | 6 | 7 | 8 | 1 | 2 | 3 | 12 | 13 | 14 | 15 | 16 | 9 | 10 | 11 | |
| 20 | 21 | 22 | 23 | 24 | 17 | 18 | 27 | 28 | 29 | 30 | 31 | 32 | 25 | 26 | 3 | 4 | 5 | 6 | 7 | 8 | 1 | 2 | 11 | 12 | 13 | 14 | 15 | 16 | 9 | | |
| 19 | 20 | 21 | 22 | 23 | 24 | 17 | 26 | 27 | 28 | 29 | 30 | 31 | 32 | 25 | 2 | 3 | 4 | 5 | 6 | 7 | 8 | 1 | 10 | 11 | 12 | 13 | 14 | 15 | 16 | 9 | |
| 18 | 19 | 20 | 21 | 22 | 23 | 24 | 17 | 26 | 27 | 28 | 29 | 30 | 31 | 32 | 25 | 1 | 2 | 3 | 4 | 5 | 6 | 7 | 8 | 9 | 10 | 11 | 12 | 13 | 14 | 15 | 16 |
| 16 | 15 | 14 | 13 | 12 | 11 | 10 | 9 | 24 | 23 | 22 | 21 | 20 | 19 | 18 | 17 | 32 | 31 | 30 | 29 | 28 | 27 | 26 | 25 | 8 | 7 | 6 | 5 | 4 | 3 | 2 | 1 |
| 15 | 14 | 13 | 12 | 11 | 10 | 9 | 16 | 23 | 22 | 21 | 20 | 19 | 18 | 17 | 24 | 31 | 30 | 29 | 28 | 27 | 26 | 25 | 32 | 7 | 6 | 5 | 4 | 3 | 2 | 1 | 8 |
| 14 | 13 | 12 | 11 | 10 | 9 | 16 | 15 | 22 | 21 | 20 | 19 | 18 | 17 | 24 | 23 | 30 | 29 | 28 | 27 | 26 | 25 | 32 | 31 | 6 | 5 | 4 | 3 | 2 | 1 | 8 | 7 |
| 13 | 12 | 11 | 10 | 9 | 16 | 15 | 14 | 21 | 20 | 19 | 18 | 17 | 24 | 23 | 22 | 29 | 28 | 27 | 26 | 25 | 32 | 31 | 30 | 5 | 4 | 3 | 2 | 1 | 8 | 7 | 6 |
| 12 | 11 | 10 | 9 | 16 | 15 | 14 | 13 | 20 | 19 | 18 | 17 | 24 | 23 | 22 | 21 | 28 | 27 | 26 | 25 | 32 | 31 | 30 | 29 | 4 | 3 | 2 | 1 | 8 | 7 | 6 | 5 |
| 11 | 10 | 9 | 16 | 15 | 14 | 13 | 12 | 19 | 18 | 17 | 24 | 23 | 22 | 21 | 20 | 27 | 26 | 25 | 32 | 31 | 30 | 29 | 28 | 3 | 2 | 1 | 8 | 7 | 6 | 5 | 4 |
| 10 | 9 | 16 | 15 | 14 | 13 | 12 | 11 | 18 | 17 | 24 | 23 | 22 | 21 | 20 | 19 | 26 | 25 | 32 | 31 | 30 | 29 | 28 | 27 | 2 | 1 | 8 | 7 | 6 | 5 | 4 | 3 |
| 9 | 16 | 15 | 14 | 13 | 12 | 11 | 10 | 17 | 24 | 23 | 22 | 21 | 20 | 19 | 18 | 25 | 32 | 31 | 30 | 29 | 28 | 27 | 26 | 1 | 8 | 7 | 6 | 5 | 4 | 3 | 2 |
| 8 | 1 | 2 | 3 | 4 | 5 | 6 | 7 | 16 | 9 | 10 | 11 | 12 | 13 | 14 | 15 | 24 | 17 | 18 | 19 | 20 | 21 | 22 | 23 | 32 | 25 | 26 | 27 | 28 | 29 | 30 | 31 |
| 7 | 8 | 1 | 2 | 3 | 4 | 5 | 6 | 15 | 16 | 9 | 10 | 11 | 12 | 13 | 14 | 23 | 24 | 17 | 18 | 19 | 20 | 21 | 22 | 31 | 32 | 25 | 26 | 27 | 28 | 29 | 30 |
| 6 | 7 | 8 | 1 | 2 | 3 | 4 | 5 | 14 | 15 | 16 | 9 | 10 | 11 | 12 | 13 | 22 | 23 | 24 | 17 | 18 | 19 | 20 | 21 | 30 | 31 | 32 | 25 | 26 | 27 | 28 | 29 |
| 5 | 6 | 7 | 8 | 1 | 2 | 3 | 4 | 13 | 14 | 15 | 16 | 9 | 10 | 11 | 12 | 21 | 22 | 23 | 24 | 17 | 18 | 19 | 20 | 29 | 30 | 31 | 32 | 25 | 26 | 27 | 28 |
| 4 | 5 | 6 | 7 | 8 | 1 | 2 | 3 | 12 | 13 | 14 | 15 | 16 | 9 | 10 | 11 | 20 | 21 | 22 | 23 | 24 | 17 | 18 | 19 | 28 | 29 | 30 | 31 | 32 | 25 | 26 | 27 |
| 3 | 4 | 5 | 6 | 7 | 8 | 1 | 2 | 11 | 12 | 13 | 14 | 15 | 16 | 9 | 10 | 19 | 20 | 21 | 22 | 23 | 24 | 17 | 18 | 27 | 28 | 29 | 30 | 31 | 32 | 25 | 26 |
| 2 | 3 | 4 | 5 | 6 | 7 | 8 | 1 | 10 | 11 | 12 | 13 | 14 | 15 | 16 | 9 | 18 | 19 | 20 | 21 | 22 | 23 | 24 | 17 | 26 | 27 | 28 | 29 | 30 | 31 | 32 | 25 |
| 1 | 2 | 3 | 4 | 5 | 6 | 7 | 8 | 9 | 10 | 11 | 12 | 13 | 14 | 15 | 16 | 17 | 18 | 19 | 20 | 21 | 22 | 23 | 24 | 25 | 26 | 27 | 28 | 29 | 30 | 31 | 32 |

$\langle 2,9:2^8=1,9^4=1,2.9=9.2^{-1}\rangle = C_8 \rtimes C_4$

3 elements of order 2,20 of order 4, 8 of order 8
14 conjugacy classes,centre type 4/2,inner automorphisms type 8/4
Commutator subgroup type 4/1 ,abelianisation type 8/2

$\Gamma_3 d_2$

```
32 25 26 27 28 29 30 31  6  7  8  1  2  3  4  5 16  9 10 11 12 13 14 15 22 23 24 17 18 19 20 21
31 32 25 26 27 28 29 30  3  4  5  6  7  8  1  2 15 16  9 10 11 12 13 14 19 20 21 22 23 24 17 18
30 31 32 25 26 27 28 29  8  1  2  3  4  5  6  7 14 15 16  9 10 11 12 13 24 17 18 19 20 21 22 23
29 30 31 32 25 26 27 28  5  6  7  8  1  2  3  4 13 14 15 16  9 10 11 12 21 22 23 24 17 18 19 20
28 29 30 31 32 25 26 27  2  3  4  5  6  7  8  1 12 13 14 15 16  9 10 11 18 19 20 21 22 23 24 17
27 28 29 30 31 32 25 26  7  8  1  2  3  4  5  6 11 12 13 14 15 16  9 10 23 24 17 18 19 20 21 22
26 27 28 29 30 31 32 25  4  5  6  7  8  1  2  3 10 11 12 13 14 15 16  9 20 21 22 23 24 17 18 19
25 26 27 28 29 30 31 32  1  2  3  4  5  6  7  8  9 10 11 12 13 14 15 16 17 18 19 20 21 22 23 24
24 17 18 19 20 21 22 23 30 31 32 25 26 27 28 29  8  1  2  3  4  5  6  7 14 15 16  9 10 11 12 13
23 24 17 18 19 20 21 22 27 28 29 30 31 32 25 26  7  8  1  2  3  4  5  6 11 12 13 14 15 16  9 10
22 23 24 17 18 19 20 21 32 25 26 27 28 29 30 31  6  7  8  1  2  3  4  5 16  9 10 11 12 13 14 15
21 22 23 24 17 18 19 20 29 30 31 32 25 26 27 28  5  6  7  8  1  2  3  4 13 14 15 16  9 10 11 12
20 21 22 23 24 17 18 19 26 27 28 29 30 31 32 25  4  5  6  7  8  1  2  3 10 11 12 13 14 15 16  9
19 20 21 22 23 24 17 18 31 32 25 26 27 28 29 30  3  4  5  6  7  8  1  2 15 16  9 10 11 12 13 14
18 19 20 21 22 23 24 17 28 29 30 31 32 25 26 27  2  3  4  5  6  7  8  1 12 13 14 15 16  9 10 11
17 18 19 20 21 22 23 24 25 26 27 28 29 30 31 32  1  2  3  4  5  6  7  8  9 10 11 12 13 14 15 16
16  9 10 11 12 13 14 15 22 23 24 17 18 19 20 21 32 25 26 27 28 29 30 31  6  7  8  1  2  3  4  5
15 16  9 10 11 12 13 14 19 20 21 22 23 24 17 18 31 32 25 26 27 28 29 30  3  4  5  6  7  8  1  2
14 15 16  9 10 11 12 13 24 17 18 19 20 21 22 23 30 31 32 25 26 27 28 29  8  1  2  3  4  5  6  7
13 14 15 16  9 10 11 12 21 22 23 24 17 18 19 20 29 30 31 32 25 26 27 28  5  6  7  8  1  2  3  4
12 13 14 15 16  9 10 11 18 19 20 21 22 23 24 17 28 29 30 31 32 25 26 27  2  3  4  5  6  7  8  1
11 12 13 14 15 16  9 10 23 24 17 18 19 20 21 22 27 28 29 30 31 32 25 26  7  8  1  2  3  4  5  6
10 11 12 13 14 15 16  9 20 21 22 23 24 17 18 19 26 27 28 29 30 31 32 25  4  5  6  7  8  1  2  3
 9 10 11 12 13 14 15 16 17 18 19 20 21 22 23 24 25 26 27 28 29 30 31 32  1  2  3  4  5  6  7  8
 8  1  2  3  4  5  6  7 14 15 16  9 10 11 12 13 24 17 18 19 20 21 22 23 30 31 32 25 26 27 28 29
 7  8  1  2  3  4  5  6 11 12 13 14 15 16  9 10 23 24 17 18 19 20 21 22 27 28 29 30 31 32 25 26
 6  7  8  1  2  3  4  5 16  9 10 11 12 13 14 15 22 23 24 17 18 19 20 21 32 25 26 27 28 29 30 31
 5  6  7  8  1  2  3  4 13 14 15 16  9 10 11 12 21 22 23 24 17 18 19 20 29 30 31 32 25 26 27 28
 4  5  6  7  8  1  2  3 10 11 12 13 14 15 16  9 20 21 22 23 24 17 18 19 26 27 28 29 30 31 32 25
 3  4  5  6  7  8  1  2 15 16  9 10 11 12 13 14 19 20 21 22 23 24 17 18 31 32 25 26 27 28 29 30
 2  3  4  5  6  7  8  1 12 13 14 15 16  9 10 11 18 19 20 21 22 23 24 17 28 29 30 31 32 25 26 27
 1  2  3  4  5  6  7  8  9 10 11 12 13 14 15 16 17 18 19 20 21 22 23 24 25 26 27 28 29 30 31 32
```

$\langle 2,9:2^8=1,9^4=1,2.9=9.2^3\rangle = C_8 \rtimes C_4$

3 elements of order 2,20 of order 4, 8 of order 8

14 conjugacy classes,centre type 4/2,inner automorphisms type 8/4

Commutator subgroup type 4/1 ,abelianisation type 8/2

```
32 29 30 31 25 26 27 28 22 23 24 21 19 20 17 18 16 13 14 15  9 10 11 12  6  7  8  5  3  4  1  2
31 32 29 30 28 25 26 27 21 22 23 24 18 19 20 17 15 16 13 14 12  9 10 11  8  5  6  7  4  1  2  3
30 31 32 29 27 28 25 26 24 21 22 23 17 18 19 20 14 15 16 13 11 12  9 10  7  8  5  6  1  2  3  4
29 30 31 32 26 27 28 25 23 24 21 22 20 17 18 19 13 14 15 16 10 11 12  9  5  6  7  8  2  3  4  1
28 25 26 27 21 22 23 24 18 19 20 17 31 32 29 30 12  9 10 11  5  6  7  8  2  3  4  1 15 16 13 14
27 28 25 26 24 21 22 23 17 18 19 20 30 31 32 29 11 12  9 10  8  5  6  7  1  2  3  4 14 15 16 13
26 27 28 25 23 24 21 22 20 17 18 19 29 30 31 32 10 11 12  9  7  8  5  6  4  1  2  3 13 14 15 16
25 26 27 28 22 23 24 21 19 20 17 18 32 29 30 31  9 10 11 12  6  7  8  5  3  4  1  2 16 13 14 15
24 21 22 23 17 18 19 20 30 31 32 29 27 28 25 26  8  5  6  7  1  2  3  4 14 15 16 13 11 12  9 10
23 24 21 22 20 17 18 19 29 30 31 32 26 27 28 25  7  8  5  6  4  1  2  3 13 14 15 16 10 11 12  9
22 23 24 21 19 20 17 18 32 29 30 31 25 26 27 28  6  7  8  5  3  4  1  2 16 13 14 15  9 10 11 12
21 22 23 24 18 19 20 17 31 32 29 30 28 25 26 27  5  6  7  8  2  3  4  1 15 16 13 14 12  9 10 11
20 17 18 19 29 30 31 32 26 27 28 25 23 24 21 22  4  1  2  3 13 14 15 16 10 11 12  9  7  8  5  6
19 20 17 18 32 29 30 31 25 26 27 28 22 23 24 21  3  4  1  2 16 13 14 15  9 10 11 12  6  7  8  5
18 19 20 17 31 32 29 30 28 25 26 27 24 21 22 23  2  3  4  1 15 16 13 14 12  9 10 11  5  6  7  8
17 18 19 20 30 31 32 29 27 28 25 26 21 22 23 24  1  2  3  4 14 15 16 13 11 12  9 10  8  5  6  7
16 13 14 15  4  1  2  3  8  5  6  7 12  9 10 11 32 29 30 31 20 17 18 19 24 21 22 23 28 25 26 27
15 16 13 14  3  4  1  2  7  8  5  6 11 12  9 10 31 32 29 30 19 20 17 18 23 24 21 22 27 28 25 26
14 15 16 13  2  3  4  1  6  7  8  5 10 11 12  9 30 31 32 29 18 19 20 17 22 23 24 21 26 27 28 25
13 14 15 16  1  2  3  4  5  6  7  8  9 10 11 12 29 30 31 32 17 18 19 20 21 22 23 24 25 26 27 28
12  9 10 11 16 13 14 15  4  1  2  3  8  5  6  7 28 25 26 27 32 29 30 31 20 17 18 19 24 21 22 23
11 12  9 10 15 16 13 14  3  4  1  2  7  8  5  6 27 28 25 26 31 32 29 30 19 20 17 18 23 24 21 22
10 11 12  9 14 15 16 13  2  3  4  1  6  7  8  5 26 27 28 25 30 31 32 29 18 19 20 17 22 23 24 21
 9 10 11 12 13 14 15 16  1  2  3  4  5  6  7  8 25 26 27 28 29 30 31 32 17 18 19 20 21 22 23 24
 8  5  6  7 12  9 10 11 16 13 14 15  4  1  2  3 24 21 22 23 28 25 26 27 32 29 30 31 20 17 18 19
 7  8  5  6 11 12  9 10 15 16 13 14  3  4  1  2 23 24 21 22 27 28 25 26 31 32 29 30 19 20 17 18
 6  7  8  5 10 11 12  9 14 15 16 13  2  3  4  1 22 23 24 21 26 27 28 25 30 31 32 29 18 19 20 17
 5  6  7  8  9 10 11 12 13 14 15 16  1  2  3  4 21 22 23 24 25 26 27 28 29 30 31 32 17 18 19 20
 4  1  2  3  8  5  6  7 12  9 10 11 16 13 14 15 20 17 18 19 24 21 22 23 28 25 26 27 32 29 30 31
 3  4  1  2  7  8  5  6 11 12  9 10 15 16 13 14 19 20 17 18 23 24 21 22 27 28 25 26 31 32 29 30
 2  3  4  1  6  7  8  5 10 11 12  9 14 15 16 13 18 19 20 17 22 23 24 21 26 27 28 25 30 31 32 29
 1  2  3  4  5  6  7  8  9 10 11 12 13 14 15 16 17 18 19 20 21 22 23 24 25 26 27 28 29 30 31 32
```

$\langle 2,5,17 : 2^4=5^4=17^2=1, 2.5=5.2, 2.17=17.2, 5.17=17.2.5^{-1}\rangle = (C_4 \times C_4) \rtimes C_2$

7 elements of order 2, 16 of order 4, 8 of order 8

14 conjugacy classes, centre type 4/1, inner automorphisms type 8/4

Commutator subgroup type 4/1, abelianisation type 8/2

| 1 | 2 | 3 | 4 | 5 | 6 | 7 | 8 | 9 | 10 | 11 | 12 | 13 | 14 | 15 | 16 | 17 | 18 | 19 | 20 | 21 | 22 | 23 | 24 | 25 | 26 | 27 | 28 | 29 | 30 | 31 | 32 |
|---|---|---|---|---|---|---|---|---|----|----|----|----|----|----|----|----|----|----|----|----|----|----|----|----|----|----|----|----|----|----|----|
| 32 | 25 | 26 | 27 | 28 | 29 | 30 | 31 | 6 | 7 | 8 | 1 | 2 | 3 | 4 | 5 | 12 | 13 | 14 | 15 | 16 | 9 | 10 | 11 | 22 | 23 | 24 | 17 | 18 | 19 | 20 | 21 |
| 31 | 32 | 25 | 26 | 27 | 28 | 29 | 30 | 7 | 8 | 1 | 2 | 3 | 4 | 5 | 6 | 11 | 12 | 13 | 14 | 15 | 16 | 9 | 10 | 23 | 24 | 17 | 18 | 19 | 20 | 21 | 22 |
| 30 | 31 | 32 | 25 | 26 | 27 | 28 | 29 | 8 | 1 | 2 | 3 | 4 | 5 | 6 | 7 | 10 | 11 | 12 | 13 | 14 | 15 | 16 | 9 | 24 | 17 | 18 | 19 | 20 | 21 | 22 | 23 |
| 29 | 30 | 31 | 32 | 25 | 26 | 27 | 28 | 1 | 2 | 3 | 4 | 5 | 6 | 7 | 8 | 9 | 10 | 11 | 12 | 13 | 14 | 15 | 16 | 17 | 18 | 19 | 20 | 21 | 22 | 23 | 24 |
| 28 | 29 | 30 | 31 | 32 | 25 | 26 | 27 | 2 | 3 | 4 | 5 | 6 | 7 | 8 | 1 | 16 | 9 | 10 | 11 | 12 | 13 | 14 | 15 | 18 | 19 | 20 | 21 | 22 | 23 | 24 | 17 |
| 27 | 28 | 29 | 30 | 31 | 32 | 25 | 26 | 3 | 4 | 5 | 6 | 7 | 8 | 1 | 2 | 15 | 16 | 9 | 10 | 11 | 12 | 13 | 14 | 19 | 20 | 21 | 22 | 23 | 24 | 17 | 18 |
| 26 | 27 | 28 | 29 | 30 | 31 | 32 | 25 | 4 | 5 | 6 | 7 | 8 | 1 | 2 | 3 | 14 | 15 | 16 | 9 | 10 | 11 | 12 | 13 | 20 | 21 | 22 | 23 | 24 | 17 | 18 | 19 |
| 25 | 26 | 27 | 28 | 29 | 30 | 31 | 32 | 5 | 6 | 7 | 8 | 1 | 2 | 3 | 4 | 13 | 14 | 15 | 16 | 9 | 10 | 11 | 12 | 21 | 22 | 23 | 24 | 17 | 18 | 19 | 20 |
| 24 | 17 | 18 | 19 | 20 | 21 | 22 | 23 | 30 | 31 | 32 | 25 | 26 | 27 | 28 | 29 | 4 | 5 | 6 | 7 | 8 | 1 | 2 | 3 | 14 | 15 | 16 | 9 | 10 | 11 | 12 | 13 |
| 23 | 24 | 17 | 18 | 19 | 20 | 21 | 22 | 31 | 32 | 25 | 26 | 27 | 28 | 29 | 30 | 3 | 4 | 5 | 6 | 7 | 8 | 1 | 2 | 15 | 16 | 9 | 10 | 11 | 12 | 13 | 14 |
| 22 | 23 | 24 | 17 | 18 | 19 | 20 | 21 | 32 | 25 | 26 | 27 | 28 | 29 | 30 | 31 | 2 | 3 | 4 | 5 | 6 | 7 | 8 | 1 | 16 | 9 | 10 | 11 | 12 | 13 | 14 | 15 |
| 21 | 22 | 23 | 24 | 17 | 18 | 19 | 20 | 25 | 26 | 27 | 28 | 29 | 30 | 31 | 32 | 1 | 2 | 3 | 4 | 5 | 6 | 7 | 8 | 9 | 10 | 11 | 12 | 13 | 14 | 15 | 16 |
| 20 | 21 | 22 | 23 | 24 | 17 | 18 | 19 | 26 | 27 | 28 | 29 | 30 | 31 | 32 | 25 | 8 | 1 | 2 | 3 | 4 | 5 | 6 | 7 | 10 | 11 | 12 | 13 | 14 | 15 | 16 | 9 |
| 19 | 20 | 21 | 22 | 23 | 24 | 17 | 18 | 27 | 28 | 29 | 30 | 31 | 32 | 25 | 26 | 7 | 8 | 1 | 2 | 3 | 4 | 5 | 6 | 11 | 12 | 13 | 14 | 15 | 16 | 9 | 10 |
| 18 | 19 | 20 | 21 | 22 | 23 | 24 | 17 | 28 | 29 | 30 | 31 | 32 | 25 | 26 | 27 | 6 | 7 | 8 | 1 | 2 | 3 | 4 | 5 | 12 | 13 | 14 | 15 | 16 | 9 | 10 | 11 |
| 17 | 18 | 19 | 20 | 21 | 22 | 23 | 24 | 29 | 30 | 31 | 32 | 25 | 26 | 27 | 28 | 5 | 6 | 7 | 8 | 1 | 2 | 3 | 4 | 13 | 14 | 15 | 16 | 9 | 10 | 11 | 12 |
| 16 | 9 | 10 | 11 | 12 | 13 | 14 | 15 | 22 | 23 | 24 | 17 | 18 | 19 | 20 | 21 | 28 | 29 | 30 | 31 | 32 | 25 | 26 | 27 | 6 | 7 | 8 | 1 | 2 | 3 | 4 | 5 |
| 15 | 16 | 9 | 10 | 11 | 12 | 13 | 14 | 23 | 24 | 17 | 18 | 19 | 20 | 21 | 22 | 27 | 28 | 29 | 30 | 31 | 32 | 25 | 26 | 7 | 8 | 1 | 2 | 3 | 4 | 5 | 6 |
| 14 | 15 | 16 | 9 | 10 | 11 | 12 | 13 | 24 | 17 | 18 | 19 | 20 | 21 | 22 | 23 | 26 | 27 | 28 | 29 | 30 | 31 | 32 | 25 | 8 | 1 | 2 | 3 | 4 | 5 | 6 | 7 |
| 13 | 14 | 15 | 16 | 9 | 10 | 11 | 12 | 17 | 18 | 19 | 20 | 21 | 22 | 23 | 24 | 25 | 26 | 27 | 28 | 29 | 30 | 31 | 32 | 1 | 2 | 3 | 4 | 5 | 6 | 7 | 8 |
| 12 | 13 | 14 | 15 | 16 | 9 | 10 | 11 | 18 | 19 | 20 | 21 | 22 | 23 | 24 | 17 | 32 | 25 | 26 | 27 | 28 | 29 | 30 | 31 | 2 | 3 | 4 | 5 | 6 | 7 | 8 | 1 |
| 11 | 12 | 13 | 14 | 15 | 16 | 9 | 10 | 19 | 20 | 21 | 22 | 23 | 24 | 17 | 18 | 31 | 32 | 25 | 26 | 27 | 28 | 29 | 30 | 3 | 4 | 5 | 6 | 7 | 8 | 1 | 2 |
| 10 | 11 | 12 | 13 | 14 | 15 | 16 | 9 | 20 | 21 | 22 | 23 | 24 | 17 | 18 | 19 | 30 | 31 | 32 | 25 | 26 | 27 | 28 | 29 | 4 | 5 | 6 | 7 | 8 | 1 | 2 | 3 |
| 9 | 10 | 11 | 12 | 13 | 14 | 15 | 16 | 21 | 22 | 23 | 24 | 17 | 18 | 19 | 20 | 29 | 30 | 31 | 32 | 25 | 26 | 27 | 28 | 5 | 6 | 7 | 8 | 1 | 2 | 3 | 4 |
| 8 | 1 | 2 | 3 | 4 | 5 | 6 | 7 | 14 | 15 | 16 | 9 | 10 | 11 | 12 | 13 | 20 | 21 | 22 | 23 | 24 | 17 | 18 | 19 | 30 | 31 | 32 | 25 | 26 | 27 | 28 | 29 |
| 7 | 8 | 1 | 2 | 3 | 4 | 5 | 6 | 15 | 16 | 9 | 10 | 11 | 12 | 13 | 14 | 19 | 20 | 21 | 22 | 23 | 24 | 17 | 18 | 31 | 32 | 25 | 26 | 27 | 28 | 29 | 30 |
| 6 | 7 | 8 | 1 | 2 | 3 | 4 | 5 | 16 | 9 | 10 | 11 | 12 | 13 | 14 | 15 | 18 | 19 | 20 | 21 | 22 | 23 | 24 | 17 | 32 | 25 | 26 | 27 | 28 | 29 | 30 | 31 |
| 5 | 6 | 7 | 8 | 1 | 2 | 3 | 4 | 9 | 10 | 11 | 12 | 13 | 14 | 15 | 16 | 17 | 18 | 19 | 20 | 21 | 22 | 23 | 24 | 25 | 26 | 27 | 28 | 29 | 30 | 31 | 32 |
| 4 | 5 | 6 | 7 | 8 | 1 | 2 | 3 | 10 | 11 | 12 | 13 | 14 | 15 | 16 | 9 | 24 | 17 | 18 | 19 | 20 | 21 | 22 | 23 | 26 | 27 | 28 | 29 | 30 | 31 | 32 | 25 |
| 3 | 4 | 5 | 6 | 7 | 8 | 1 | 2 | 11 | 12 | 13 | 14 | 15 | 16 | 9 | 10 | 23 | 24 | 17 | 18 | 19 | 20 | 21 | 22 | 27 | 28 | 29 | 30 | 31 | 32 | 25 | 26 |
| 2 | 3 | 4 | 5 | 6 | 7 | 8 | 1 | 12 | 13 | 14 | 15 | 16 | 9 | 10 | 11 | 22 | 23 | 24 | 17 | 18 | 19 | 20 | 21 | 28 | 29 | 30 | 31 | 32 | 25 | 26 | 27 |
| 1 | 2 | 3 | 4 | 5 | 6 | 7 | 8 | 13 | 14 | 15 | 16 | 9 | 10 | 11 | 12 | 21 | 22 | 23 | 24 | 17 | 18 | 19 | 20 | 29 | 30 | 31 | 32 | 25 | 26 | 27 | 28 |

$\langle 2,9 : 2^8 = 1, 9^4 = 2^4, 2.9 = 9.2^{-1}\rangle$

3 elements of order 2, 4 of order 4, 24 of order 8

14 conjugacy classes, centre type 4/1, inner automorphisms type 8/4

Commutator subgroup type 4/1 , abelianisation type 8/2

```
32 31 30 29 28 27 26 25 24 23 22 21 20 19 18 17 13 14 15 16  9 10 11 12  5  6  7  8  1  2  3  4
31 32 29 30 27 28 25 26 23 24 21 22 19 20 17 18 14 13 16 15 10  9 12 11  6  5  8  7  2  1  4  3
30 29 32 31 26 25 28 27 22 21 24 23 18 17 20 19 15 16 13 14 11 12  9 10  7  8  5  6  3  4  1  2
29 30 31 32 25 26 27 28 21 22 23 24 17 18 19 20 16 15 14 13 12 11 10  9  8  7  6  5  4  3  2  1
28 27 26 25 32 31 30 29 20 19 18 17 24 23 22 21 10  9 12 11 14 13 16 15  2  1  4  3  6  5  8  7
27 28 25 26 31 32 29 30 19 20 17 18 23 24 21 22  9 10 11 12 13 14 15 16  1  2  3  4  5  6  7  8
26 25 28 27 30 29 32 31 18 17 20 19 22 21 24 23 12 11 10  9 16 15 14 13  4  3  2  1  8  7  6  5
25 26 27 28 29 30 31 32 17 18 19 20 21 22 23 24 11 12  9 10 15 16 13 14  3  4  1  2  7  8  5  6
24 23 22 21 20 19 18 17 32 31 30 29 28 27 26 25  7  8  5  6  3  4  1  2 15 16 13 14 11 12  9 10
23 24 21 22 19 20 17 18 31 32 29 30 27 28 25 26  8  7  6  5  4  3  2  1 16 15 14 13 12 11 10  9
22 21 24 23 18 17 20 19 30 29 32 31 26 25 28 27  5  6  7  8  1  2  3  4 13 14 15 16  9 10 11 12
21 22 23 24 17 18 19 20 29 30 31 32 25 26 27 28  6  5  8  7  2  1  4  3 14 13 16 15 10  9 12 11
20 19 18 17 24 23 22 21 28 27 26 25 32 31 30 29  4  3  2  1  8  7  6  5 11 12  9 10 15 16 13 14
19 20 17 18 23 24 21 22 27 28 25 26 31 32 29 30  3  4  1  2  7  8  5  6 12 11 10  9 16 15 14 13
18 17 20 19 22 21 24 23 26 25 28 27 30 29 32 31  2  1  4  3  6  5  8  7  9 10 11 12 13 14 15 16
17 18 19 20 21 22 23 24 25 26 27 28 29 30 31 32  1  2  3  4  5  6  7  8 10  9 12 11 14 13 16 15
16 15 14 13 12 11 10  9  8  7  6  5  4  3  2  1 29 30 31 32 25 26 27 28 21 22 23 24 17 18 19 20
15 16 13 14 11 12  9 10  7  8  5  6  3  4  1  2 30 29 32 31 26 25 28 27 22 21 24 23 18 17 20 19
14 13 16 15 10  9 12 11  6  5  8  7  2  1  4  3 31 32 29 30 27 28 25 26 23 24 21 22 19 20 17 18
13 14 15 16  9 10 11 12  5  6  7  8  1  2  3  4 32 31 30 29 28 27 26 25 24 23 22 21 20 19 18 17
12 11 10  9 16 15 14 13  4  3  2  1  8  7  6  5 25 26 27 28 29 30 31 32 18 17 20 19 22 21 24 23
11 12  9 10 15 16 13 14  3  4  1  2  7  8  5  6 26 25 28 27 30 29 32 31 17 18 19 20 21 22 23 24
10  9 12 11 14 13 16 15  2  1  4  3  6  5  8  7 27 28 25 26 31 32 29 30 19 20 17 18 23 24 21 22
 9 10 11 12 13 14 15 16  1  2  3  4  5  6  7  8 28 27 26 25 32 31 30 29 20 19 18 17 24 23 22 21
 8  7  6  5  4  3  2  1 16 15 14 13 12 11 10  9 23 24 21 22 19 20 17 18 31 32 29 30 27 28 25 26
 7  8  5  6  3  4  1  2 15 16 13 14 11 12  9 10 24 23 22 21 20 19 18 17 32 31 30 29 28 27 26 25
 6  5  8  7  2  1  4  3 14 13 16 15 10  9 12 11 21 22 23 24 17 18 19 20 29 30 31 32 25 26 27 28
 5  6  7  8  1  2  3  4 13 14 15 16  9 10 11 12 22 21 24 23 18 17 20 19 30 29 32 31 26 25 28 27
 4  3  2  1  8  7  6  5 12 11 10  9 16 15 14 13 17 18 19 20 21 22 23 24 27 28 25 26 31 32 29 30
 3  4  1  2  7  8  5  6 11 12  9 10 15 16 13 14 18 17 20 19 22 21 24 23 26 25 28 27 30 29 32 31
 2  1  4  3  6  5  8  7 10  9 12 11 14 13 16 15 19 20 17 18 23 24 21 22 25 26 27 28 29 30 31 32
 1  2  3  4  5  6  7  8  9 10 11 12 13 14 15 16 17 18 19 20 21 22 23 24 25 26 27 28 29 30 31 32
```

⟨2,3,5,9,17:$2^2=3^2=5^2=9^2=17^2=1$,5.17=17.2.5,9.17=17.3.9,rest commute⟩
19 elements of order 2,12 of order 4
14 conjugacy classes,centre type 4/2,inner automorphisms type 8/3
Commutator subgroup type 4/2 ,abelianisation type 8/3

```
32 29 30 31 20 17 18 19 24 21 22 23 28 25 26 27  6  7  8  5 10 11 12  9 14 15 16 13  2  3  4  1
31 32 29 30 19 20 17 18 23 24 21 22 27 28 25 26  7  8  5  6 11 12  9 10 15 16 13 14  3  4  1  2
30 31 32 29 18 19 20 17 22 23 24 21 26 27 28 25  8  5  6  7 12  9 10 11 16 13 14 15  4  1  2  3
29 30 31 32 17 18 19 20 21 22 23 24 25 26 27 28  5  6  7  8  9 10 11 12 13 14 15 16  1  2  3  4
28 25 26 27 32 29 30 31 20 17 18 19 24 21 22 23 10 11 12  9  2  3  4  1  6  7  8  5 14 15 16 13
27 28 25 26 31 32 29 30 19 20 17 18 23 24 21 22 11 12  9 10  3  4  1  2  7  8  5  6 15 16 13 14
26 27 28 25 30 31 32 29 18 19 20 17 22 23 24 21 12  9 10 11  4  1  2  3  8  5  6  7 16 13 14 15
25 26 27 28 29 30 31 32 17 18 19 20 21 22 23 24  9 10 11 12  1  2  3  4  5  6  7  8 13 14 15 16
24 21 22 23 28 25 26 27 32 29 30 31 20 17 18 19  2  3  4  1  6  7  8  5 10 11 12  9 14 15 16 13
23 24 21 22 27 28 25 26 31 32 29 30 19 20 17 18  3  4  1  2  7  8  5  6 11 12  9 10 15 16 13 14
22 23 24 21 26 27 28 25 30 31 32 29 18 19 20 17  4  1  2  3  8  5  6  7 12  9 10 11 16 13 14 15
21 22 23 24 25 26 27 28 29 30 31 32 17 18 19 20  1  2  3  4  5  6  7  8  9 10 11 12 13 14 15 16
20 17 18 19 24 21 22 23 28 25 26 27 32 29 30 31  2  3  4  1  6  7  8  5 10 11 12  9 14 15 16 13
19 20 17 18 23 24 21 22 27 28 25 26 31 32 29 30  3  4  1  2  7  8  5  6 11 12  9 10 15 16 13 14
18 19 20 17 22 23 24 21 26 27 28 25 30 31 32 29  4  1  2  3  8  5  6  7 12  9 10 11 16 13 14 15
17 18 19 20 21 22 23 24 25 26 27 28 29 30 31 32  1  2  3  4  5  6  7  8  9 10 11 12 13 14 15 16
16 13 14 15  4  1  2  3  8  5  6  7 12  9 10 11 22 23 24 21 26 27 28 25 30 31 32 29 18 19 20 17
15 16 13 14  3  4  1  2  7  8  5  6 11 12  9 10 23 24 21 22 27 28 25 26 31 32 29 30 19 20 17 18
14 15 16 13  2  3  4  1  6  7  8  5 10 11 12  9 24 21 22 23 28 25 26 27 32 29 30 31 20 17 18 19
13 14 15 16  1  2  3  4  5  6  7  8  9 10 11 12 21 22 23 24 25 26 27 28 29 30 31 32 17 18 19 20
12  9 10 11 16 13 14 15  4  1  2  3  8  5  6  7 26 27 28 25 30 31 32 29 18 19 20 17 22 23 24 21
11 12  9 10 15 16 13 14  3  4  1  2  7  8  5  6 27 28 25 26 31 32 29 30 19 20 17 18 23 24 21 22
10 11 12  9 14 15 16 13  2  3  4  1  6  7  8  5 28 25 26 27 32 29 30 31 20 17 18 19 24 21 22 23
 9 10 11 12 13 14 15 16  1  2  3  4  5  6  7  8 25 26 27 28 29 30 31 32 17 18 19 20 21 22 23 24
 8  5  6  7 12  9 10 11 16 13 14 15  4  1  2  3 30 31 32 29 18 19 20 17 22 23 24 21 26 27 28 25
 7  8  5  6 11 12  9 10 15 16 13 14  3  4  1  2 31 32 29 30 19 20 17 18 23 24 21 22 27 28 25 26
 6  7  8  5 10 11 12  9 14 15 16 13  2  3  4  1 32 29 30 31 20 17 18 19 24 21 22 23 28 25 26 27
 5  6  7  8  9 10 11 12 13 14 15 16  1  2  3  4 29 30 31 32 17 18 19 20 21 22 23 24 25 26 27 28
 4  1  2  3  8  5  6  7 12  9 10 11 16 13 14 15 18 19 20 17 22 23 24 21 26 27 28 25 30 31 32 29
 3  4  1  2  7  8  5  6 11 12  9 10 15 16 13 14 19 20 17 18 23 24 21 22 27 28 25 26 31 32 29 30
 2  3  4  1  6  7  8  5 10 11 12  9 14 15 16 13 20 17 18 19 24 21 22 23 28 25 26 27 32 29 30 31
 1  2  3  4  5  6  7  8  9 10 11 12 13 14 15 16 17 18 19 20 21 22 23 24 25 26 27 28 29 30 31 32
```

⟨2,5,17:2⁴=5⁴=17²=1,2.5=5.2,2.17=17.2⁻¹,5.17=17.5⁻¹⟩ = Dih(C₄ x C₄)
19 elements of order 2,12 of order 4
14 conjugacy classes,centre type 4/2,inner automorphisms type 8/3
Commutator subgroup type 4/2 ,abelianisation type 8/3

```
32 31 30 29 28 27 26 25 24 21 22 23 20 17 18 19 16 13 14 15  4  1  2  3 12  9 10 11  8  5  6  7
29 32 31 30 25 28 27 26 21 22 23 24 17 18 19 20 13 14 15 16  1  2  3  4  9 10 11 12  5  6  7  8
30 29 32 31 26 25 28 27 22 23 24 21 18 19 20 17 14 15 16 13  2  3  4  1 10 11 12  9  6  7  8  5
31 30 29 32 27 26 25 28 23 24 21 22 19 20 17 18 15 16 13 14  3  4  1  2 11 12  9 10  7  8  5  6
28 25 26 27 32 29 30 31 20 17 18 19 24 21 22 23 12  9 10 11  8  5  6  7 16 13 14 15  4  1  2  3
27 28 25 26 31 32 29 30 19 20 17 18 23 24 21 22 11 12  9 10  7  8  5  6 15 16 13 14  3  4  1  2
26 27 28 25 30 31 32 29 18 19 20 17 22 23 24 21 10 11 12  9  6  7  8  5 14 15 16 13  2  3  4  1
25 26 27 28 29 30 31 32 17 18 19 20 21 22 23 24  9 10 11 12  5  6  7  8 13 14 15 16  1  2  3  4
24 21 22 23 20 17 18 19 32 29 30 31 28 25 26 27  4  1  2  3 16 13 14 15 12  9 10 11  8  5  6  7
23 24 21 22 19 20 17 18 31 32 29 30 27 28 25 26  3  4  1  2 15 16 13 14 11 12  9 10  7  8  5  6
22 23 24 21 18 19 20 17 30 31 32 29 26 27 28 25  2  3  4  1 14 15 16 13 10 11 12  9  6  7  8  5
21 22 23 24 17 18 19 20 29 30 31 32 25 26 27 28  1  2  3  4 13 14 15 16  9 10 11 12  5  6  7  8
20 17 18 19 24 21 22 23 28 25 26 27 32 29 30 31  8  5  6  7 12  9 10 11  4  1  2  3 16 13 14 15
19 20 17 18 23 24 21 22 27 28 25 26 31 32 29 30  7  8  5  6 11 12  9 10  3  4  1  2 15 16 13 14
18 19 20 17 22 23 24 21 26 27 28 25 30 31 32 29  6  7  8  5 10 11 12  9  2  3  4  1 14 15 16 13
17 18 19 20 21 22 23 24 25 26 27 28 29 30 31 32  5  6  7  8  9 10 11 12  1  2  3  4 13 14 15 16
16 13 14 15  4  1  2  3 12  9 10 11  8  5  6  7 32 29 30 31 28 25 26 27 20 17 18 19 24 21 22 23
15 16 13 14  3  4  1  2 11 12  9 10  7  8  5  6 31 32 29 30 27 28 25 26 19 20 17 18 23 24 21 22
14 15 16 13  2  3  4  1 10 11 12  9  6  7  8  5 30 31 32 29 26 27 28 25 18 19 20 17 22 23 24 21
13 14 15 16  1  2  3  4  9 10 11 12  5  6  7  8 29 30 31 32 25 26 27 28 17 18 19 20 21 22 23 24
12  9 10 11  8  5  6  7 16 13 14 15  4  1  2  3 28 25 26 27 32 29 30 31 24 21 22 23 20 17 18 19
11 12  9 10  7  8  5  6 15 16 13 14  3  4  1  2 27 28 25 26 31 32 29 30 23 24 21 22 19 20 17 18
10 11 12  9  6  7  8  5 14 15 16 13  2  3  4  1 26 27 28 25 30 31 32 29 22 23 24 21 18 19 20 17
 9 10 11 12  5  6  7  8 13 14 15 16  1  2  3  4 25 26 27 28 29 30 31 32 21 22 23 24 17 18 19 20
 8  5  6  7 12  9 10 11  4  1  2  3 16 13 14 15 20 17 18 19 24 21 22 23 32 29 30 31 28 25 26 27
 7  8  5  6 11 12  9 10  3  4  1  2 15 16 13 14 19 20 17 18 23 24 21 22 31 32 29 30 27 28 25 26
 6  7  8  5 10 11 12  9  2  3  4  1 14 15 16 13 18 19 20 17 22 23 24 21 30 31 32 29 26 27 28 25
 5  6  7  8  9 10 11 12  1  2  3  4 13 14 15 16 17 18 19 20 21 22 23 24 29 30 31 32 25 26 27 28
 4  1  2  3 16 13 14 15  8  5  6  7 12  9 10 11 24 21 22 23 20 17 18 19 28 25 26 27 32 29 30 31
 3  4  1  2 15 16 13 14  7  8  5  6 11 12  9 10 23 24 21 22 19 20 17 18 27 28 25 26 31 32 29 30
 2  3  4  1 14 15 16 13  6  7  8  5 10 11 12  9 22 23 24 21 18 19 20 17 26 27 28 25 30 31 32 29
 1  2  3  4  5  6  7  8  9 10 11 12 13 14 15 16 17 18 19 20 21 22 23 24 25 26 27 28 29 30 31 32
```

$\langle 2,5,17:2^4=1,5^4=1,17^2=2^2,2.5=5.2,2.17=17.2^{-1},5.17=17.5^{-1}\rangle$

3 elements of order 2,28 of order 4

14 conjugacy classes,centre type 4/2,inner automorphisms type 8/3

Commutator subgroup type 4/2 ,abelianisation type 8/3

$\Gamma_4 b_1$

```
32 31 30 29 20 19 18 17 24 23 22 21 28 27 26 25  7  8  5  6 11 12  9 10 15 16 13 14  3  4  1  2
31 32 29 30 19 20 17 18 23 24 21 22 27 28 25 26  8  7  6  5 12 11 10  9 16 15 14 13  4  3  2  1
30 29 32 31 18 17 20 19 22 21 24 23 26 25 28 27  5  6  7  8  9 10 11 12 13 14 15 16  1  2  3  4
29 30 31 32 17 18 19 20 21 22 23 24 25 26 27 28  6  5  8  7 10  9 12 11 14 13 16 15  2  1  4  3
28 27 26 25 32 31 30 29 16 15 14 13 20 19 18 17 11 12  9 10  7  8  5  6  3  4  1  2 15 16 13 14
27 28 25 26 31 32 29 30 15 16 13 14 19 20 17 18 12 11 10  9  8  7  6  5  4  3  2  1 16 15 14 13
26 25 28 27 30 29 32 31 18 17 20 19 22 21 24 23  9 10 11 12  5  6  7  8  2  1  4  3 13 14 15 16
25 26 27 28 29 30 31 32 17 18 19 20 21 22 23 24 10  9 12 11  6  5  8  7  1  2  3  4 14 13 16 15
24 23 22 21 28 27 26 25 32 31 30 29 20 19 18 17 15 16 13 14  3  4  1  2  7  8  5  6 11 12  9 10
23 24 21 22 27 28 25 26 31 32 29 30 19 20 17 18 16 15 14 13  4  3  2  1  8  7  6  5 12 11 10  9
22 21 24 23 26 25 28 27 30 29 32 31 18 17 20 19 13 14 15 16  1  2  3  4  5  6  7  8  9 10 11 12
21 22 23 24 25 26 27 28 29 30 31 32 17 18 19 20 14 13 16 15  2  1  4  3  6  5  8  7 10  9 12 11
20 19 18 17 24 23 22 21 28 27 26 25 32 31 30 29  3  4  1  2  7  8  5  6 11 12  9 10 15 16 13 14
19 20 17 18 23 24 21 22 27 28 25 26 31 32 29 30  4  3  2  1  8  7  6  5 12 11 10  9 16 15 14 13
18 17 20 19 22 21 24 23 26 25 28 27 30 29 32 31  1  2  3  4  5  6  7  8  9 10 11 12 13 14 15 16
17 18 19 20 21 22 23 24 25 26 27 28 29 30 31 32  2  1  4  3  6  5  8  7 10  9 12 11 14 13 16 15
16 15 14 13  4  3  2  1  8  7  6  5 12 11 10  9 23 24 21 22 27 28 25 26 31 32 29 30 19 20 17 18
15 16 13 14  3  4  1  2  7  8  5  6 11 12  9 10 24 23 22 21 28 27 26 25 32 31 30 29 20 19 18 17
14 13 16 15  2  1  4  3  6  5  8  7 10  9 12 11 21 22 23 24 25 26 27 28 29 30 31 32 17 18 19 20
13 14 15 16  1  2  3  4  5  6  7  8  9 10 11 12 22 21 24 23 26 25 28 27 30 29 32 31 18 17 20 19
12 11 10  9 16 15 14 13  4  3  2  1  8  7  6  5 27 28 25 26 31 32 29 30 19 20 17 18 23 24 21 22
11 12  9 10 15 16 13 14  3  4  1  2  7  8  5  6 28 27 26 25 32 31 30 29 20 19 18 17 24 23 22 21
10  9 12 11 14 13 16 15  2  1  4  3  6  5  8  7 25 26 27 28 29 30 31 32 17 18 19 20 21 22 23 24
 9 10 11 12 13 14 15 16  1  2  3  4  5  6  7  8 26 25 28 27 30 29 32 31 18 17 20 19 22 21 24 23
 8  7  6  5 12 11 10  9 16 15 14 13  4  3  2  1 31 32 29 30 19 20 17 18 23 24 21 22 27 28 25 26
 7  8  5  6 11 12  9 10 15 16 13 14  3  4  1  2 32 31 30 29 20 19 18 17 24 23 22 21 28 27 26 25
 6  5  8  7 10  9 12 11 14 13 16 15  2  1  4  3 29 30 31 32 17 18 19 20 21 22 23 24 25 26 27 28
 5  6  7  8  9 10 11 12 13 14 15 16  1  2  3  4 30 29 32 31 18 17 20 19 22 21 24 23 26 25 28 27
 4  3  2  1  8  7  6  5 12 11 10  9 16 15 14 13 19 20 17 18 23 24 21 22 27 28 25 26 31 32 29 30
 3  4  1  2  7  8  5  6 11 12  9 10 15 16 13 14 20 19 18 17 24 23 22 21 28 27 26 25 32 31 30 29
 2  1  4  3  6  5  8  7 10  9 12 11 14 13 16 15 17 18 19 20 21 22 23 24 25 26 27 28 29 30 31 32
 1  2  3  4  5  6  7  8  9 10 11 12 13 14 15 16 17 18 19 20 21 22 23 24 25 26 27 28 29 30 31 32
```

$\langle 2,3,5,17 : 2^2 = 3^2 = 5^4 = 17^2 = 1,\ 3.17 = 17.2.3, 5.17 = 17.5^{-1}, \text{rest commute} \rangle$

15 elements of order 2, 16 of order 4

14 conjugacy classes, centre type 4/2, inner automorphisms type 8/3

Commutator subgroup type 4/2, abelianisation type 8/3

```
32 31 30 29 20 19 18 17 24 23 22 21 28 27 26 25 16 15 14 13  4  3  1  2  7  8  5  6 11 12  9 10
31 32 29 30 19 20 17 18 23 24 21 22 27 28 25 26 15 16 13 14  3  4  2  1  8  7  6  5 12 11 10  9
30 29 32 31 18 17 20 19 22 21 24 23 26 25 28 27 14 13 16 15  2  1  4  3  5  6  8  7 10  9 12 11
29 30 31 32 17 18 19 20 21 22 23 24 25 26 27 28 13 14 15 16  1  2  3  4  6  5  7  8  9 10 11 12
28 27 26 25 32 31 30 29 20 19 18 17 24 23 22 21  3  4  1  2  7  8  5  6 11 12  9 10 16 15 14 13
27 28 25 26 31 32 29 30 19 20 17 18 23 24 21 22  4  3  2  1  8  7  6  5 12 11 10  9 15 16 13 14
26 25 28 27 30 29 32 31 18 17 20 19 22 21 24 23  2  1  4  3  6  5  8  7  9 10 12 11 14 13 16 15
25 26 27 28 29 30 31 32 17 18 19 20 21 22 23 24  1  2  3  4  5  6  7  8 10  9 11 12 13 14 15 16
24 23 22 21 28 27 26 25 32 31 30 29 20 19 18 17  7  8  5  6 11 12  9 10 15 16 13 14  3  4  1  2
23 24 21 22 27 28 25 26 31 32 29 30 19 20 17 18  8  7  6  5 12 11 10  9 16 15 14 13  4  3  2  1
22 21 24 23 26 25 28 27 30 29 32 31 18 17 20 19  6  5  8  7 10  9 12 11 14 13 16 15  2  1  4  3
21 22 23 24 25 26 27 28 29 30 31 32 17 18 19 20  5  6  7  8  9 10 11 12 13 14 15 16  1  2  3  4
20 19 18 17 24 23 22 21 28 27 26 25 32 31 30 29 11 12  9 10 15 16 13 14  3  4  1  2  7  8  5  6
19 20 17 18 23 24 21 22 27 28 25 26 31 32 29 30 12 11 10  9 16 15 14 13  4  3  2  1  8  7  6  5
18 17 20 19 22 21 24 23 26 25 28 27 30 29 32 31 10  9 12 11 14 13 16 15  2  1  4  3  6  5  8  7
17 18 19 20 21 22 23 24 25 26 27 28 29 30 31 32  9 10 11 12 13 14 15 16  1  2  3  4  5  6  7  8
16 15 14 13  4  3  2  1  8  7  6  5 12 11 10  9 32 31 30 29 20 19 18 17 24 23 22 21 28 27 26 25
15 16 13 14  3  4  1  2  7  8  5  6 11 12  9 10 31 32 29 30 19 20 17 18 23 24 21 22 27 28 25 26
14 13 16 15  2  1  4  3  6  5  8  7 10  9 12 11 30 29 32 31 18 17 20 19 22 21 24 23 26 25 28 27
13 14 15 16  1  2  3  4  5  6  7  8  9 10 11 12 29 30 31 32 17 18 19 20 21 22 23 24 25 26 27 28
12 11 10  9 16 15 14 13  4  3  2  1  8  7  6  5 28 27 26 25 32 31 30 29 20 19 18 17 24 23 22 21
11 12  9 10 15 16 13 14  3  4  1  2  7  8  5  6 27 28 25 26 31 32 29 30 19 20 17 18 23 24 21 22
10  9 12 11 14 13 16 15  2  1  4  3  6  5  8  7 26 25 28 27 30 29 32 31 18 17 20 19 22 21 24 23
 9 10 11 12 13 14 15 16  1  2  3  4  5  6  7  8 25 26 27 28 29 30 31 32 17 18 19 20 21 22 23 24
 8  7  6  5 12 11 10  9 16 15 14 13  4  3  2  1 24 23 22 21 28 27 26 25 32 31 30 29 20 19 18 17
 7  8  5  6 11 12  9 10 15 16 13 14  3  4  1  2 23 24 21 22 27 28 25 26 31 32 29 30 19 20 17 18
 6  5  8  7 10  9 12 11 14 13 16 15  2  1  4  3 22 21 24 23 26 25 28 27 30 29 32 31 18 17 20 19
 5  6  7  8  9 10 11 12 13 14 15 16  1  2  3  4 21 22 23 24 25 26 27 28 29 30 31 32 17 18 19 20
 4  3  2  1  8  7  6  5 12 11 10  9 16 15 14 13 20 19 18 17 24 23 22 21 28 27 26 25 32 31 30 29
 3  4  1  2  7  8  5  6 11 12  9 10 15 16 13 14 19 20 17 18 23 24 21 22 27 28 25 26 31 32 29 30
 2  1  4  3  6  5  8  7 10  9 12 11 14 13 16 15 18 17 20 19 22 21 24 23 26 25 28 27 30 29 32 31
 1  2  3  4  5  6  7  8  9 10 11 12 13 14 15 16 17 18 19 20 21 22 23 24 25 26 27 28 29 30 31 32
```

$\langle 2,3,5,17 : 2^2=3^2=5^4=1, 17^2=5^2, 3.17=17.2.3, 5.17=17.5^{-1}, \text{rest commute}\rangle$
7 elements of order 2, 24 of order 4
14 conjugacy classes, centre type 4/2, inner automorphisms type 8/3
Commutator subgroup type 4/2, abelianisation type 8/3

| | | | | | | | | | | | | | | | | | | | | | | | | | | | | | | | |
|--|--|--|--|--|--|--|--|--|--|--|--|--|--|--|--|--|--|--|--|--|--|--|--|--|--|--|--|--|--|--|--|
|32|29|30|31|28|25|26|27|24|21|22|23|20|17|18|19|10|11|12| 9|14|15|16|13| 2| 3| 4| 1| 6| 7| 8| 5|
|31|32|29|30|27|28|25|26|23|24|21|22|19|20|17|18|13|14|15|16| 9|11|12| 5| 6| 7| 8| 1| 2| 3| 4| |
|30|31|32|29|26|27|28|25|22|23|24|21|18|19|20|17|12| 9|10|11|16|13|14|15| 4| 1| 2| 3| 8| 5| 6| 7|
|29|30|31|32|25|26|27|28|21|22|23|24|17|18|19|20|15|16|13|14|11|12| 9|10| 7| 8| 5| 6| 3| 4| 1| 2|
|28|25|26|27|32|29|30|31|20|17|18|19|24|21|22|23|14|15|16|13|10|11|12| 9| 6| 7| 8| 5| 2| 3| 4| 1|
|27|28|25|26|31|32|29|30|19|20|17|18|23|24|21|22| 9|10|11|12|13|14|15|16| 1| 2| 3| 4| 5| 6| 7| 8|
|26|27|28|25|30|31|32|29|18|19|20|17|22|23|24|21|16|13|14|15|12| 9|10|11| 8| 5| 6| 7| 4| 1| 2| 3|
|25|26|27|28|29|30|31|32|17|18|19|20|21|22|23|24|11|12| 9|10|15|16|13|14| 3| 4| 1| 2| 7| 8| 5| 6|
|24|21|22|23|20|17|18|19|32|29|30|31|28|25|26|27| 4| 1| 2| 3| 8| 5| 6| 7|12| 9|10|11|16|13|14|15|
|23|24|21|22|19|20|17|18|31|32|29|30|27|28|25|26| 7| 8| 5| 6| 3| 4| 1| 2|15|16|13|14|12| 9|10|11|
|22|23|24|21|18|19|20|17|30|31|32|29|26|27|28|25| 2| 3| 4| 1| 6| 7| 8| 5|13|14|15|16| 9|10|11|12|
|21|22|23|24|17|18|19|20|29|30|31|32|25|26|27|28| 5| 6| 7| 8| 1| 2| 3| 4|16|13|14|15|10|11|12| 9|
|20|17|18|19|24|21|22|23|28|25|26|27|32|29|30|31| 8| 5| 6| 7| 4| 1| 2| 3|11|12| 9|10|15|16|13|14|
|19|20|17|18|23|24|21|22|27|28|25|26|31|32|29|30| 3| 4| 1| 2| 7| 8| 5| 6| 9|10|11|12|13|14|15|16|
|18|19|20|17|22|23|24|21|26|27|28|25|30|31|32|29| 6| 7| 8| 5| 2| 3| 4| 1|14|15|16|13|11|12| 9|10|
|17|18|19|20|21|22|23|24|25|26|27|28|29|30|31|32| 1| 2| 3| 4| 5| 6| 7| 8|10|11|12| 9|13|14|15|16|
|16|13|14|15|12| 9|10|11| 8| 5| 6| 7| 4| 1| 2| 3|26|27|28|25|30|31|32|29|18|19|20|17|22|23|24|21|
|15|16|13|14|11|12| 9|10| 7| 8| 5| 6| 3| 4| 1| 2|29|30|31|32|25|26|27|28|21|22|23|24|17|18|19|20|
|14|15|16|13|10|11|12| 9| 6| 7| 8| 5| 2| 3| 4| 1|28|25|26|27|32|29|30|31|20|17|18|19|24|21|22|23|
|13|14|15|16| 9|10|11|12| 5| 6| 7| 8| 1| 2| 3| 4|30|31|32|29|26|27|28|25|22|23|24|21|18|19|20|17|
|12| 9|10|11|16|13|14|15| 4| 1| 2| 3| 8| 5| 6| 7|31|32|29|30|27|28|25|26|23|24|21|22|19|20|17|18|
|11|12| 9|10|15|16|13|14| 3| 4| 1| 2| 7| 8| 5| 6|25|26|27|28|29|30|31|32|17|18|19|20|21|22|23|24|
|10|11|12| 9|14|15|16|13| 2| 3| 4| 1| 6| 7| 8| 5|32|29|30|31|28|25|26|27|24|21|22|23|20|17|18|19|
| 9|10|11|12|13|14|15|16| 1| 2| 3| 4| 5| 6| 7| 8|27|28|25|26|31|32|29|30|19|20|17|18|23|24|21|22|
| 8| 5| 6| 7| 4| 1| 2| 3|16|13|14|15|12| 9|10|11|20|17|18|19|24|21|22|23|28|25|26|27|32|29|30|31|
| 7| 8| 5| 6| 3| 4| 1| 2|15|16|13|14|11|12| 9|10|23|24|21|22|19|20|17|18|31|32|29|30|27|28|25|26|
| 6| 7| 8| 5| 2| 3| 4| 1|14|15|16|13|10|11|12| 9|18|19|20|17|22|23|24|21|26|27|28|25|30|31|32|29|
| 5| 6| 7| 8| 1| 2| 3| 4|13|14|15|16| 9|10|11|12|21|22|23|24|17|18|19|20|29|30|31|32|25|26|27|28|
| 4| 1| 2| 3| 8| 5| 6| 7|12| 9|10|11|16|13|14|15|22|23|24|21|18|19|20|17|32|29|30|31|28|25|26|27|
| 3| 4| 1| 2| 7| 8| 5| 6|11|12| 9|10|15|16|13|14|19|20|17|18|23|24|21|22|30|31|32|29|26|27|28|25|
| 2| 3| 4| 1| 6| 7| 8| 5|10|11|12| 9|14|15|16|13|24|21|22|19|20|17|18|31|32|29|26|30|27|28|25| |
| 1| 2| 3| 4| 5| 6| 7| 8| 9|10|11|12|13|14|15|16|17|18|19|20|21|22|23|24|25|26|27|28|29|30|31|32|

$\langle 2,5,9,17:2^4=5^2=9^2=17^2=1,2.17=17.2.5,9.17=17.2^2.9,\text{rest commute}\rangle$
11 elements of order 2,20 of order 4
14 conjugacy classes,centre type 4/2,inner automorphisms type 8/3
Commutator subgroup type 4/2 ,abelianisation type 8/3

| 32 | 29 | 30 | 31 | 20 | 17 | 18 | 19 | 24 | 21 | 22 | 23 | 28 | 25 | 26 | 27 | 8 | 5 | 6 | 7 | 12 | 9 | 10 | 11 | 16 | 13 | 14 | 15 | 4 | 1 | 2 | 3 |
|---|---|---|---|---|---|---|---|---|---|---|---|---|---|---|---|---|---|---|---|---|---|---|---|---|---|---|---|---|---|---|---|
| 31 | 32 | 29 | 30 | 19 | 20 | 17 | 18 | 23 | 24 | 21 | 22 | 27 | 28 | 25 | 26 | 5 | 6 | 7 | 8 | 9 | 10 | 11 | 12 | 13 | 14 | 15 | 16 | 1 | 2 | 3 | 4 |
| 30 | 31 | 32 | 29 | 18 | 19 | 20 | 17 | 22 | 23 | 24 | 21 | 26 | 27 | 28 | 25 | 6 | 7 | 8 | 5 | 10 | 11 | 12 | 9 | 14 | 15 | 16 | 13 | 2 | 3 | 4 | 1 |
| 29 | 30 | 31 | 32 | 17 | 18 | 19 | 20 | 21 | 22 | 23 | 24 | 25 | 26 | 27 | 28 | 7 | 8 | 5 | 6 | 11 | 12 | 9 | 10 | 15 | 16 | 13 | 14 | 3 | 4 | 1 | 2 |
| 28 | 25 | 26 | 27 | 32 | 29 | 30 | 31 | 20 | 17 | 18 | 19 | 24 | 21 | 22 | 23 | 11 | 12 | 9 | 10 | 2 | 3 | 4 | 1 | 6 | 7 | 8 | 5 | 16 | 13 | 14 | 15 |
| 27 | 28 | 25 | 26 | 31 | 32 | 29 | 30 | 19 | 20 | 17 | 18 | 23 | 24 | 21 | 22 | 12 | 9 | 10 | 11 | 1 | 2 | 3 | 4 | 5 | 6 | 7 | 8 | 13 | 14 | 15 | 16 |
| 26 | 27 | 28 | 25 | 30 | 31 | 32 | 29 | 18 | 19 | 20 | 17 | 22 | 23 | 24 | 21 | 9 | 10 | 11 | 12 | 4 | 1 | 2 | 3 | 8 | 5 | 6 | 7 | 14 | 15 | 16 | 13 |
| 25 | 26 | 27 | 28 | 29 | 30 | 31 | 32 | 17 | 18 | 19 | 20 | 21 | 22 | 23 | 24 | 10 | 11 | 12 | 9 | 3 | 4 | 1 | 2 | 7 | 8 | 5 | 6 | 15 | 16 | 13 | 14 |
| 24 | 21 | 22 | 23 | 28 | 25 | 26 | 27 | 32 | 29 | 30 | 31 | 20 | 17 | 18 | 19 | 16 | 13 | 14 | 15 | 4 | 1 | 2 | 3 | 12 | 9 | 10 | 11 | 8 | 5 | 6 | 7 |
| 23 | 24 | 21 | 22 | 27 | 28 | 25 | 26 | 31 | 32 | 29 | 30 | 19 | 20 | 17 | 18 | 13 | 14 | 15 | 16 | 1 | 2 | 3 | 4 | 9 | 10 | 11 | 12 | 5 | 6 | 7 | 8 |
| 22 | 23 | 24 | 21 | 26 | 27 | 28 | 25 | 30 | 31 | 32 | 29 | 18 | 19 | 20 | 17 | 14 | 15 | 16 | 13 | 2 | 3 | 4 | 1 | 10 | 11 | 12 | 9 | 6 | 7 | 8 | 5 |
| 21 | 22 | 23 | 24 | 25 | 26 | 27 | 28 | 29 | 30 | 31 | 32 | 17 | 18 | 19 | 20 | 15 | 16 | 13 | 14 | 3 | 4 | 1 | 2 | 11 | 12 | 9 | 10 | 7 | 8 | 5 | 6 |
| 20 | 17 | 18 | 19 | 24 | 21 | 22 | 23 | 28 | 25 | 26 | 27 | 32 | 29 | 30 | 31 | 3 | 4 | 1 | 2 | 7 | 8 | 5 | 6 | 11 | 12 | 9 | 10 | 15 | 16 | 13 | 14 |
| 19 | 20 | 17 | 18 | 23 | 24 | 21 | 22 | 27 | 28 | 25 | 26 | 31 | 32 | 29 | 30 | 4 | 1 | 2 | 3 | 8 | 5 | 6 | 7 | 12 | 9 | 10 | 11 | 16 | 13 | 14 | 15 |
| 18 | 19 | 20 | 17 | 22 | 23 | 24 | 21 | 26 | 27 | 28 | 25 | 30 | 31 | 32 | 29 | 1 | 2 | 3 | 4 | 5 | 6 | 7 | 8 | 9 | 10 | 11 | 12 | 13 | 14 | 15 | 16 |
| 17 | 18 | 19 | 20 | 21 | 22 | 23 | 24 | 25 | 26 | 27 | 28 | 29 | 30 | 31 | 32 | 2 | 3 | 4 | 1 | 6 | 7 | 8 | 5 | 10 | 11 | 12 | 9 | 14 | 15 | 16 | 13 |
| 16 | 13 | 14 | 15 | 4 | 1 | 2 | 3 | 12 | 9 | 10 | 11 | 8 | 5 | 6 | 7 | 24 | 21 | 22 | 23 | 28 | 25 | 26 | 27 | 32 | 29 | 30 | 31 | 20 | 17 | 18 | 19 |
| 15 | 16 | 13 | 14 | 3 | 4 | 1 | 2 | 11 | 12 | 9 | 10 | 7 | 8 | 5 | 6 | 21 | 22 | 23 | 24 | 25 | 26 | 27 | 28 | 29 | 30 | 31 | 32 | 17 | 18 | 19 | 20 |
| 14 | 15 | 16 | 13 | 2 | 3 | 4 | 1 | 10 | 11 | 12 | 9 | 6 | 7 | 8 | 5 | 22 | 23 | 24 | 21 | 26 | 27 | 28 | 25 | 30 | 31 | 32 | 29 | 18 | 19 | 20 | 17 |
| 13 | 14 | 15 | 16 | 1 | 2 | 3 | 4 | 9 | 10 | 11 | 12 | 5 | 6 | 7 | 8 | 23 | 24 | 21 | 22 | 27 | 28 | 25 | 26 | 31 | 32 | 29 | 30 | 19 | 20 | 17 | 18 |
| 12 | 9 | 10 | 11 | 8 | 5 | 6 | 7 | 16 | 13 | 14 | 15 | 4 | 1 | 2 | 3 | 28 | 25 | 26 | 27 | 32 | 29 | 30 | 31 | 20 | 17 | 18 | 19 | 24 | 21 | 22 | 23 |
| 11 | 12 | 9 | 10 | 7 | 8 | 5 | 6 | 15 | 16 | 13 | 14 | 3 | 4 | 1 | 2 | 27 | 28 | 25 | 26 | 31 | 32 | 29 | 30 | 19 | 20 | 17 | 18 | 23 | 24 | 21 | 22 |
| 10 | 11 | 12 | 9 | 6 | 7 | 8 | 5 | 14 | 15 | 16 | 13 | 2 | 3 | 4 | 1 | 26 | 27 | 28 | 25 | 30 | 31 | 32 | 29 | 18 | 19 | 20 | 17 | 22 | 23 | 24 | 21 |
| 9 | 10 | 11 | 12 | 5 | 6 | 7 | 8 | 13 | 14 | 15 | 16 | 1 | 2 | 3 | 4 | 25 | 26 | 27 | 28 | 29 | 30 | 31 | 32 | 17 | 18 | 19 | 20 | 21 | 22 | 23 | 24 |
| 8 | 5 | 6 | 7 | 12 | 9 | 10 | 11 | 16 | 13 | 14 | 15 | 4 | 1 | 2 | 3 | 20 | 17 | 18 | 19 | 24 | 21 | 22 | 23 | 28 | 25 | 26 | 27 | 32 | 29 | 30 | 31 |
| 7 | 8 | 5 | 6 | 11 | 12 | 9 | 10 | 15 | 16 | 13 | 14 | 3 | 4 | 1 | 2 | 19 | 20 | 17 | 18 | 23 | 24 | 21 | 22 | 27 | 28 | 25 | 26 | 31 | 32 | 29 | 30 |
| 6 | 7 | 8 | 5 | 10 | 11 | 12 | 9 | 14 | 15 | 16 | 13 | 2 | 3 | 4 | 1 | 18 | 19 | 20 | 17 | 22 | 23 | 24 | 21 | 26 | 27 | 28 | 25 | 30 | 31 | 32 | 29 |
| 5 | 6 | 7 | 8 | 9 | 10 | 11 | 12 | 13 | 14 | 15 | 16 | 1 | 2 | 3 | 4 | 17 | 18 | 19 | 20 | 21 | 22 | 23 | 24 | 25 | 26 | 27 | 28 | 29 | 30 | 31 | 32 |
| 4 | 1 | 2 | 3 | 8 | 5 | 6 | 7 | 12 | 9 | 10 | 11 | 16 | 13 | 14 | 15 | 20 | 17 | 18 | 19 | 24 | 21 | 22 | 23 | 28 | 25 | 26 | 27 | 32 | 29 | 30 | 31 |
| 3 | 4 | 1 | 2 | 7 | 8 | 5 | 6 | 11 | 12 | 9 | 10 | 15 | 16 | 13 | 14 | 19 | 20 | 17 | 18 | 23 | 24 | 21 | 22 | 27 | 28 | 25 | 26 | 31 | 32 | 29 | 30 |
| 2 | 3 | 4 | 1 | 6 | 7 | 8 | 5 | 10 | 11 | 12 | 9 | 14 | 15 | 16 | 13 | 18 | 19 | 20 | 17 | 22 | 23 | 24 | 21 | 26 | 27 | 28 | 25 | 30 | 31 | 32 | 29 |
| 1 | 2 | 3 | 4 | 5 | 6 | 7 | 8 | 9 | 10 | 11 | 12 | 13 | 14 | 15 | 16 | 17 | 18 | 19 | 20 | 21 | 22 | 23 | 24 | 25 | 26 | 27 | 28 | 29 | 30 | 31 | 32 |

$\langle 2,5,17 : 2^4 = 5^4 = 17^2 = 1, 2.5 = 5.2, 2.17 = 17.2^{-1}, 5.17 = 17.2^2.5^{-1} \rangle = (C_4 \times C_4) \rtimes C_2$

11 elements of order 2,20 of order 4

14 conjugacy classes,centre type 4/2,inner automorphisms type 8/3

Commutator subgroup type 4/2 ,abelianisation type 8/3

```
32 29 30 31 20 17 18 19 24 21 22 23 28 25 26 27 14 15 16 13  2  3  4  1  6  7  8  5 10 11 12  9
31 32 29 30 19 20 17 18 23 24 21 22 27 28 25 26 15 16 13 14  3  4  1  2  7  8  5  6 11 12  9 10
30 31 32 29 18 19 20 17 22 23 24 21 26 27 28 25 16 13 14 15  4  1  2  3  8  5  6  7 12  9 10 11
29 30 31 32 17 18 19 20 21 22 23 24 25 26 27 28 13 14 15 16  1  2  3  4  5  6  7  8  9 10 11 12
28 25 26 27 32 29 30 31 20 17 18 19 24 21 22 23  4  1  2  3  8  5  6  7 12  9 10 11 16 13 14 15
27 28 25 26 31 32 29 30 19 20 17 18 23 24 21 22  1  2  3  4  5  6  7  8  9 10 11 12 13 14 15 16
26 27 28 25 30 31 32 29 18 19 20 17 22 23 24 21  2  3  4  1  6  7  8  5 10 11 12  9 14 15 16 13
25 26 27 28 29 30 31 32 17 18 19 20 21 22 23 24  3  4  1  2  7  8  5  6 11 12  9 10 15 16 13 14
24 21 22 23 28 25 26 27 32 29 30 31 20 17 18 19  6  7  8  5 10 11 12  9 16 13 14 15  2  3  4  1
23 24 21 22 27 28 25 26 31 32 29 30 19 20 17 18  7  8  5  6 11 12  9 10 15 16 13 14  3  4  1  2
22 23 24 21 26 27 28 25 30 31 32 29 18 19 20 17  8  5  6  7 12  9 10 11 16 13 14 15  4  1  2  3
21 22 23 24 25 26 27 28 29 30 31 32 17 18 19 20  5  6  7  8  9 10 11 12 13 14 15 16  1  2  3  4
20 17 18 19 24 21 22 23 28 25 26 27 32 29 30 31 12  9 10 11 16 13 14 15  4  1  2  3  8  5  6  7
19 20 17 18 23 24 21 22 27 28 25 26 31 32 29 30  9 10 11 12 13 14 15 16  1  2  3  4  5  6  7  8
18 19 20 17 22 23 24 21 26 27 28 25 30 31 32 29 10 11 12  9 14 15 16 13  2  3  4  1  6  7  8  5
17 18 19 20 21 22 23 24 25 26 27 28 29 30 31 32 11 12  9 10 15 16 13 14  3  4  1  2  7  8  5  6
16 13 14 15  4  1  2  3  8  5  6  7 12  9 10 11 24 21 22 23 28 25 26 27 32 29 30 31 20 17 18 19
15 16 13 14  3  4  1  2  7  8  5  6 11 12  9 10 21 22 23 24 25 26 27 28 29 30 31 32 17 18 19 20
14 15 16 13  2  3  4  1  6  7  8  5 10 11 12  9 22 23 24 21 26 27 28 25 30 31 32 29 18 19 20 17
13 14 15 16  1  2  3  4  5  6  7  8  9 10 11 12 23 24 21 22 27 28 25 26 31 32 29 30 19 20 17 18
12  9 10 11 16 13 14 15  4  1  2  3  8  5  6  7 26 27 28 25 30 31 32 29 18 19 20 17 22 23 24 21
11 12  9 10 15 16 13 14  3  4  1  2  7  8  5  6 27 28 25 26 31 32 29 30 19 20 17 18 23 24 21 22
10 11 12  9 14 15 16 13  2  3  4  1  6  7  8  5 28 25 26 27 32 29 30 31 20 17 18 19 24 21 22 23
 9 10 11 12 13 14 15 16  1  2  3  4  5  6  7  8 25 26 27 28 29 30 31 32 17 18 19 20 21 22 23 24
 8  5  6  7 12  9 10 11 16 13 14 15  4  1  2  3 32 29 30 31 20 17 18 19 24 21 22 23 28 25 26 27
 7  8  5  6 11 12  9 10 15 16 13 14  3  4  1  2 29 30 31 32 17 18 19 20 21 22 23 24 25 26 27 28
 6  7  8  5 10 11 12  9 14 15 16 13  2  3  4  1 30 31 32 29 18 19 20 17 22 23 24 21 26 27 28 25
 5  6  7  8  9 10 11 12 13 14 15 16  1  2  3  4 31 32 29 30 19 20 17 18 23 24 21 22 27 28 25 26
 4  1  2  3  8  5  6  7 12  9 10 11 16 13 14 15 20 17 18 19 24 21 22 23 28 25 26 27 32 29 30 31
 3  4  1  2  7  8  5  6 11 12  9 10 15 16 13 14 17 18 19 20 21 22 23 24 25 26 27 28 29 30 31 32
 2  3  4  1  6  7  8  5 10 11 12  9 14 15 16 13 18 19 20 17 22 23 24 21 26 27 28 25 30 31 32 29
 1  2  3  4  5  6  7  8  9 10 11 12 13 14 15 16 17 18 19 20 21 22 23 24 25 26 27 28 29 30 31 32
```

$\langle 2,5,17 : 2^4=1, 5^4=1, 17^2=2^2.5^2, 2.5=5.2, 2.17=17.2^{-1}, 5.17=17.2^2.5^{-1}\rangle$
3 elements of order 2, 28 of order 4
14 conjugacy classes, centre type 4/2, inner automorphisms type 8/3
Commutator subgroup type 4/2, abelianisation type 8/3

```
32 30 31 29 20 17 18 19 24 21 22 23 28 25 26 27  8  5  6  7 12  9 10 11 16 13 14 15  4  1  2  3
31 32 29 30 19 20 17 18 23 24 21 22 27 28 25 26 13 14 15 16  1  2  3  4  5  6  7  8  9 10 11 12
30 31 32 29 18 19 20 17 22 23 24 21 26 27 28 25  6  7  8  5 10 11 12  9 14 15 16 13  2  3  4  1
29 30 31 32 17 18 19 20 21 22 23 24 25 26 27 28 15 16 13 14  3  4  1  2  7  8  5  6 11 12  9 10
28 25 26 27 32 29 30 31 20 17 18 19 24 21 22 23  2  3  4  1  6  7  8  5 10 11 12  9 14 15 16 13
27 28 25 26 31 32 29 30 19 20 17 18 23 24 21 22  4  1  2  3  8  5  6  7 12  9 10 11 16 13 14 15
26 27 28 25 30 31 32 29 18 19 20 17 22 23 24 21  1  4  3  2  5  8  7  6  9 12 11 10 13 16 15 14
25 26 27 28 29 30 31 32 17 18 19 20 21 22 23 24  3  2  1  4  7  6  5  8 11 10  9 12 15 14 13 16
24 21 22 23 28 25 26 27 32 29 30 31 20 17 18 19 16 13 14 15  4  1  2  3  8  5  6  7 12  9 10 11
23 24 21 22 27 28 25 26 31 32 29 30 19 20 17 18  5  8  7  6  9 12 11 10 13 16 15 14  1  4  3  2
22 23 24 21 26 27 28 25 30 31 32 29 18 19 20 17 14 15 16 13  2  3  4  1  6  7  8  5 10 11 12  9
21 22 23 24 25 26 27 28 29 30 31 32 17 18 19 20  7  6  5  8 11 10  9 12 15 14 13 16  3  2  1  4
20 17 18 19 24 21 22 23 28 25 26 27 32 29 30 31 10 11 12  9 14 15 16 13  2  3  4  1  6  7  8  5
19 20 17 18 23 24 21 22 27 28 25 26 31 32 29 30  3  4  1  2  7  8  5  6 11 12  9 10 15 16 13 14
18 19 20 17 22 23 24 21 26 27 28 25 30 31 32 29 12  9 10 11 16 13 14 15  4  1  2  3  8  5  6  7
17 18 19 20 21 22 23 24 25 26 27 28 29 30 31 32  1  2  3  4  5  6  7  8  9 10 11 12 13 14 15 16
16 13 14 15  4  1  2  3  8  5  6  7 12  9 10 11 24 21 22 23 28 25 26 27 32 29 30 31 20 17 18 19
15 16 13 14  3  4  1  2  7  8  5  6 11 12  9 10 21 22 23 24 25 26 27 28 29 30 31 32 17 18 19 20
14 15 16 13  2  3  4  1  6  7  8  5 10 11 12  9 22 23 24 21 26 27 28 25 30 31 32 29 18 19 20 17
13 14 15 16  1  2  3  4  5  6  7  8  9 10 11 12 31 32 29 30 19 20 17 18 23 24 21 22 27 28 25 26
12  9 10 11 16 13 14 15  4  1  2  3  8  5  6  7 20 17 18 19 24 21 22 23 28 25 26 27 32 29 30 31
11 12  9 10 15 16 13 14  3  4  1  2  7  8  5  6 25 26 27 28 29 30 31 32 17 18 19 20 21 22 23 24
10 11 12  9 14 15 16 13  2  3  4  1  6  7  8  5 26 27 28 25 30 31 32 29 18 19 20 17 22 23 24 21
 9 10 11 12 13 14 15 16  1  2  3  4  5  6  7  8 27 28 25 26 31 32 29 30 19 20 17 18 23 24 21 22
 8  5  6  7 12  9 10 11 16 13 14 15  4  1  2  3 28 25 26 27 32 29 30 31 20 17 18 19 24 21 22 23
 7  8  5  6 11 12  9 10 15 16 13 14  3  4  1  2 29 30 31 32 17 18 19 20 21 22 23 24 25 26 27 28
 6  7  8  5 10 11 12  9 14 15 16 13  2  3  4  1 30 31 32 29 18 19 20 17 22 23 24 21 26 27 28 25
 5  6  7  8  9 10 11 12 13 14 15 16  1  2  3  4 31 32 29 30 19 20 17 18 23 24 21 22 27 28 25 26
 4  1  2  3  8  5  6  7 12  9 10 11 16 13 14 15 20 17 18 19 24 21 22 23 28 25 26 27 32 29 30 31
 3  4  1  2  7  8  5  6 11 12  9 10 15 16 13 14 21 22 23 24 25 26 27 28 29 30 31 32 17 18 19 20
 2  3  4  1  6  7  8  5 10 11 12  9 14 15 16 13 28 25 26 27 32 29 30 31 20 17 18 19 24 21 22 23
 1  2  3  4  5  6  7  8  9 10 11 12 13 14 15 16 17 18 19 20 21 22 23 24 25 26 27 28 29 30 31 32
```

$\langle 2,5,17:2^4=5^4=17^2=1, 2.5=5.2, 2.17=17.5^2.2^{-1}, 5.17=17.2^2.5\rangle$

7 elements of order 2,24 of order 4

14 conjugacy classes,centre type 4/2,inner automorphisms type 8/3

Commutator subgroup type 4/2 ,abelianisation type 8/3

```
32 29 30 31 28 25 26 27 22 23 24 21 18 19 20 17 16 13 14 15 12  9 10 11  6  7  8  5  2  3  4  1
31 32 29 30 25 26 27 28 21 22 23 24 19 20 17 18 15 16 13 14  9 10 11 12  5  6  7  8  3  4  1  2
30 31 32 29 26 27 28 25 24 21 22 23 20 17 18 19 16 13 14 15 10 11 12  9  8  5  6  7  4  1  2  3
29 30 31 32 27 28 25 26 23 24 21 22 17 18 19 20 13 14 15 16 11 12  9 10  7  8  5  6  1  2  3  4
28 25 26 27 30 31 32 29 18 19 20 17 24 21 22 23 12  9 10 11 14 15 16 13  2  3  4  1  8  5  6  7
27 28 25 26 31 32 29 30 17 18 19 20 21 22 23 24 11 12  9 10 15 16 13 14  1  2  3  4  5  6  7  8
26 27 28 25 32 29 30 31 20 17 18 19 22 23 24 21 10 11 12  9 16 13 14 15  4  1  2  3  6  7  8  5
25 26 27 28 29 30 31 32 19 20 17 18 23 24 21 22  9 10 11 12 13 14 15 16  3  4  1  2  7  8  5  6
24 21 22 23 20 17 18 19 32 29 30 31 28 25 26 27  6  7  8  5  2  3  4  1 14 15 16 13 10 11 12  9
23 24 21 22 17 18 19 20 31 32 29 30 25 26 27 28  5  6  7  8  3  4  1  2 13 14 15 16 11 12  9 10
22 23 24 21 18 19 20 17 30 31 32 29 26 27 28 25  8  5  6  7  4  1  2  3 16 13 14 15 12  9 10 11
21 22 23 24 19 20 17 18 29 30 31 32 27 28 25 26  7  8  5  6  1  2  3  4 15 16 13 14  9 10 11 12
20 17 18 19 22 23 24 21 28 25 26 27 32 29 30 31  2  3  4  1  8  5  6  7 10 11 12  9 16 13 14 15
19 20 17 18 23 24 21 22 27 28 25 26 31 32 29 30  1  2  3  4  5  6  7  8  9 10 11 12 13 14 15 16
16 13 14 15 12  9 10 11  6  7  8  5  2  3  4  1 30 31 32 29 28 25 26 27 24 21 22 23 20 17 18 19
15 16 13 14  9 10 11 12  5  6  7  8  1  2  3  4 29 30 31 32 25 26 27 28 21 22 23 24 17 18 19 20
14 15 16 13 10 11 12  9  8  5  6  7  4  1  2  3 31 32 29 30 27 28 25 26 23 24 21 22 19 20 17 18
13 14 15 16 11 12  9 10  7  8  5  6  3  4  1  2 32 29 30 31 28 25 26 27 24 21 22 23 20 17 18 17
12  9 10 11 14 15 16 13  2  3  4  1  8  5  6  7 26 27 28 25 32 29 30 31 20 17 18 19 22 23 24 21
11 12  9 10 15 16 13 14  1  2  3  4  5  6  7  8 25 26 27 28 29 30 31 32 19 20 17 18 23 24 21 22
10 11 12  9 16 13 14 15  4  1  2  3  6  7  8  5 27 28 25 26 31 32 29 30 17 18 19 20 21 22 23 24
 9 10 11 12 13 14 15 16  3  4  1  2  7  8  5  6 28 25 26 27 30 31 32 29 18 19 20 17 24 21 22 23
 8  5  6  7  4  1  2  3 16 13 14 15 12  9 10 11 24 21 22 23 20 17 18 19 32 29 30 31 28 25 26 27
 7  8  5  6  1  2  3  4 15 16 13 14  9 10 11 12 23 24 21 22 17 18 19 20 31 32 29 30 25 26 27 28
 6  7  8  5  2  3  4  1 14 15 16 13 10 11 12  9 22 23 24 21 18 19 20 17 30 31 32 29 26 27 28 25
 5  6  7  8  3  4  1  2 13 14 15 16 11 12  9 10 21 22 23 24 19 20 17 18 29 30 31 32 27 28 25 26
 4  1  2  3  6  7  8  5 12  9 10 11 14 15 16 13 20 17 18 19 22 23 24 21 28 25 26 27 32 29 30 31
 3  4  1  2  7  8  5  6 11 12  9 10 15 16 13 14 19 20 17 18 23 24 21 22 27 28 25 26 31 32 29 30
 2  3  4  1  8  5  6  7 10 11 12  9 16 13 14 15 18 19 20 17 24 21 22 23 26 27 28 25 32 29 30 31
 1  2  3  4  5  6  7  8  9 10 11 12 13 14 15 16 17 18 19 20 21 22 23 24 25 26 27 28 29 30 31 32
```

$\langle 2,5,9,17 : 2^4=1, 5^2=9^2=17^2=2^2, 2.5=5.2^{-1}, 9.17=17.9^{-1}, \text{rest commute}\rangle$

19 elements of order 2, 12 of order 4

17 conjugacy classes, centre type 2/1, inner automorphisms type 16/5

Commutator subgroup type 2/1, abelianisation type 16/5

TYPE 32/43 $\qquad\Gamma_5\, a_2$

```
32 31 26 25 28 27 30 29 24 23 18 17 20 19 22 21 16 15 10  9 12 11 14 13  8  7  2  1  4  3  6  5
31 32 25 26 27 28 29 30 19 20 21 22 23 24 17 18 11 12 13 14 15 16  9 10  7  8  1  2  3  4  5  6
30 29 32 31 26 25 28 27 18 17 20 19 22 21 24 23 14 13 16 15 10  9 12 11  2  1  4  3  6  5  8  7
29 30 31 32 25 26 27 28 17 18 19 20 21 22 23 24  9 10 11 12 13 14 15 16  1  2  3  4  5  6  7  8
28 27 30 29 32 31 26 25 20 19 22 21 24 23 18 17 12 11 14 13 16 15 10  9  4  3  6  5  8  7  2  1
27 28 29 30 31 32 25 26 19 20 21 22 23 24 17 18 13 14 15 16  9 10 11 12  3  4  5  6  7  8  1  2
26 25 28 27 30 29 32 31 22 21 24 23 18 17 20 19 16 15 10  9 12 11 14 13  6  5  8  7  2  1  4  3
25 26 27 28 29 30 31 32 21 22 23 24 17 18 19 20 15 16  9 10 11 12 13 14  5  6  7  8  1  2  3  4
24 23 18 17 20 19 22 21 32 31 26 25 28 27 30 29  8  7  2  1  4  3  6  5 16 15 10  9 12 11 14 13
23 24 17 18 19 20 21 22 31 32 25 26 27 28 29 30  7  8  1  2  3  4  5  6 15 16  9 10 11 12 13 14
22 21 24 23 18 17 20 19 30 29 32 31 26 25 28 27  6  5  8  7  2  1  4  3 14 13 16 15 10  9 12 11
21 22 23 24 17 18 19 20 29 30 31 32 25 26 27 28  5  6  7  8  1  2  3  4 13 14 15 16  9 10 11 12
20 19 22 21 24 23 18 17 28 27 30 29 32 31 26 25  4  3  6  5  8  7  2  1 12 11 14 13 16 15 10  9
19 20 21 22 23 24 17 18 27 28 29 30 31 32 25 26  3  4  5  6  7  8  1  2 11 12 13 14 15 16  9 10
18 17 20 19 22 21 24 23 26 25 28 27 30 29 32 31  2  1  4  3  6  5  8  7 10  9 12 11 14 13 16 15
17 18 19 20 21 22 23 24 25 26 27 28 29 30 31 32  1  2  3  4  5  6  7  8  9 10 11 12 13 14 15 16
16 15 10  9 12 11 14 13  8  7  2  1  4  3  6  5 28 27 30 29 32 31 26 25 20 19 22 21 24 23 18 17
15 16  9 10 11 12 13 14  7  8  1  2  3  4  5  6 27 28 29 30 31 32 25 26 19 20 21 22 23 24 17 18
14 13 16 15 10  9 12 11  2  1  4  3  6  5  8  7 26 25 28 27 30 29 32 31 18 17 20 19 22 21 24 23
13 14 15 16  9 10 11 12  1  2  3  4  5  6  7  8 29 30 31 32 25 26 27 28 17 18 19 20 21 22 23 24
12 11 14 13 16 15 10  9  4  3  6  5  8  7  2  1 30 29 32 31 26 25 28 27 22 21 24 23 18 17 20 19
11 12 13 14 15 16  9 10  3  4  5  6  7  8  1  2 31 32 25 26 27 28 29 30 21 22 23 24 17 18 19 20
10  9 12 11 14 13 16 15  6  5  8  7  2  1  4  3 32 31 26 25 28 27 30 29 24 23 18 17 20 19 22 21
 9 10 11 12 13 14 15 16  5  6  7  8  1  2  3  4 25 26 27 28 29 30 31 32 23 24 17 18 19 20 21 22
 8  7  2  1  4  3  6  5 16 15 10  9 12 11 14 13 20 19 22 21 24 23 18 17 28 27 30 29 32 31 26 25
 7  8  1  2  3  4  5  6 15 16  9 10 11 12 13 14 19 20 21 22 23 24 17 18 27 28 29 30 31 32 25 26
 6  5  8  7  2  1  4  3 10  9 12 11 14 13 16 15 24 23 18 17 20 19 22 21 30 29 32 31 26 25 28 27
 5  6  7  8  1  2  3  4  9 10 11 12 13 14 15 16 23 24 17 18 19 20 21 22 29 30 31 32 25 26 27 28
 4  3  6  5  8  7  2  1 12 11 14 13 16 15 10  9 18 17 20 19 22 21 24 23 32 31 26 25 28 27 30 29
 3  4  5  6  7  8  1  2 11 12 13 14 15 16  9 10 17 18 19 20 21 22 23 24 31 32 25 26 27 28 29 30
 2  1  4  3  6  5  8  7 10  9 12 11 14 13 16 15 22 21 24 23 18 17 20 19 26 25 28 27 30 29 32 31
 1  2  3  4  5  6  7  8  9 10 11 12 13 14 15 16 17 18 19 20 21 22 23 24 25 26 27 28 29 30 31 32
```

$\langle 2,3,9,17 : 2^2=3^4=9^2=1,\ 17^2=3^2,\ 2.9=9.3^2.2,\ 3.9=9.3^{-1},\ 2.17=17.3^2.2,\ \text{rest commute}\rangle$    11 elements of order 2, 20 of order 4

17 conjugacy classes, centre type 2/1, inner automorphisms type 16/5
Commutator subgroup type 2/1, abelianisation type 16/5

| | | | | | | | | | | | | | | | | | | | | | | | | | | | | | | | |
|---|---|---|---|---|---|---|---|---|---|---|---|---|---|---|---|---|---|---|---|---|---|---|---|---|---|---|---|---|---|---|---|
| 32 | 25 | 26 | 27 | 28 | 29 | 30 | 31 | 18 | 19 | 20 | 21 | 22 | 23 | 24 | 17 | 12 | 13 | 14 | 15 | 16 | 9 | 10 | 11 | 6 | 7 | 8 | 1 | 2 | 3 | 4 | 5 |
| 31 | 32 | 25 | 26 | 27 | 28 | 29 | 30 | 19 | 20 | 21 | 22 | 23 | 24 | 17 | 18 | 13 | 14 | 15 | 16 | 9 | 10 | 11 | 12 | 7 | 8 | 1 | 2 | 3 | 4 | 5 | 6 |
| 30 | 31 | 32 | 25 | 26 | 27 | 28 | 29 | 20 | 21 | 22 | 23 | 24 | 17 | 18 | 19 | 14 | 15 | 16 | 9 | 10 | 11 | 12 | 13 | 8 | 1 | 2 | 3 | 4 | 5 | 6 | 7 |
| 29 | 30 | 31 | 32 | 25 | 26 | 27 | 28 | 21 | 22 | 23 | 24 | 17 | 18 | 19 | 20 | 15 | 16 | 9 | 10 | 11 | 12 | 13 | 14 | 5 | 6 | 7 | 8 | 1 | 2 | 3 | 4 |
| 28 | 29 | 30 | 31 | 32 | 25 | 26 | 27 | 22 | 23 | 24 | 17 | 18 | 19 | 20 | 21 | 16 | 9 | 10 | 11 | 12 | 13 | 14 | 15 | 2 | 3 | 4 | 5 | 6 | 7 | 8 | 1 |
| 27 | 28 | 29 | 30 | 31 | 32 | 25 | 26 | 23 | 24 | 17 | 18 | 19 | 20 | 21 | 22 | 11 | 12 | 13 | 14 | 15 | 16 | 9 | 10 | 7 | 8 | 1 | 2 | 3 | 4 | 5 | 6 |
| 26 | 27 | 28 | 29 | 30 | 31 | 32 | 25 | 24 | 17 | 18 | 19 | 20 | 21 | 22 | 23 | 14 | 15 | 16 | 9 | 10 | 11 | 12 | 13 | 4 | 5 | 6 | 7 | 8 | 1 | 2 | 3 |
| 25 | 26 | 27 | 28 | 29 | 30 | 31 | 32 | 17 | 18 | 19 | 20 | 21 | 22 | 23 | 24 | 9 | 10 | 11 | 12 | 13 | 14 | 15 | 16 | 1 | 2 | 3 | 4 | 5 | 6 | 7 | 8 |
| 24 | 17 | 18 | 19 | 20 | 21 | 22 | 23 | 26 | 27 | 28 | 29 | 30 | 31 | 32 | 25 | 4 | 5 | 6 | 7 | 8 | 1 | 2 | 3 | 14 | 15 | 16 | 9 | 10 | 11 | 12 | 13 |
| 23 | 24 | 17 | 18 | 19 | 20 | 21 | 22 | 27 | 28 | 29 | 30 | 31 | 32 | 25 | 26 | 7 | 8 | 1 | 2 | 3 | 4 | 5 | 6 | 11 | 12 | 13 | 14 | 15 | 16 | 9 | 10 |
| 22 | 23 | 24 | 17 | 18 | 19 | 20 | 21 | 28 | 29 | 30 | 31 | 32 | 25 | 26 | 27 | 2 | 3 | 4 | 5 | 6 | 7 | 8 | 1 | 16 | 9 | 10 | 11 | 12 | 13 | 14 | 15 |
| 21 | 22 | 23 | 24 | 17 | 18 | 19 | 20 | 29 | 30 | 31 | 32 | 25 | 26 | 27 | 28 | 5 | 6 | 7 | 8 | 1 | 2 | 3 | 4 | 13 | 14 | 15 | 16 | 9 | 10 | 11 | 12 |
| 20 | 21 | 22 | 23 | 24 | 17 | 18 | 19 | 30 | 31 | 32 | 25 | 26 | 27 | 28 | 29 | 8 | 1 | 2 | 3 | 4 | 5 | 6 | 7 | 10 | 11 | 12 | 13 | 14 | 15 | 16 | 9 |
| 19 | 20 | 21 | 22 | 23 | 24 | 17 | 18 | 31 | 32 | 25 | 26 | 27 | 28 | 29 | 30 | 3 | 4 | 5 | 6 | 7 | 8 | 1 | 2 | 15 | 16 | 9 | 10 | 11 | 12 | 13 | 14 |
| 18 | 19 | 20 | 21 | 22 | 23 | 24 | 17 | 32 | 25 | 26 | 27 | 28 | 29 | 30 | 31 | 6 | 7 | 8 | 1 | 2 | 3 | 4 | 5 | 12 | 13 | 14 | 15 | 16 | 9 | 10 | 11 |
| 17 | 18 | 19 | 20 | 21 | 22 | 23 | 24 | 25 | 26 | 27 | 28 | 29 | 30 | 31 | 32 | 1 | 2 | 3 | 4 | 5 | 6 | 7 | 8 | 9 | 10 | 11 | 12 | 13 | 14 | 15 | 16 |
| 16 | 9 | 10 | 11 | 12 | 13 | 14 | 15 | 2 | 3 | 4 | 5 | 6 | 7 | 8 | 1 | 28 | 29 | 30 | 31 | 32 | 25 | 26 | 27 | 22 | 23 | 24 | 17 | 18 | 19 | 20 | 21 |
| 15 | 16 | 9 | 10 | 11 | 12 | 13 | 14 | 3 | 4 | 5 | 6 | 7 | 8 | 1 | 2 | 31 | 32 | 25 | 26 | 27 | 28 | 29 | 30 | 19 | 20 | 21 | 22 | 23 | 24 | 17 | 18 |
| 14 | 15 | 16 | 9 | 10 | 11 | 12 | 13 | 4 | 5 | 6 | 7 | 8 | 1 | 2 | 3 | 26 | 27 | 28 | 29 | 30 | 31 | 32 | 25 | 24 | 17 | 18 | 19 | 20 | 21 | 22 | 23 |
| 13 | 14 | 15 | 16 | 9 | 10 | 11 | 12 | 5 | 6 | 7 | 8 | 1 | 2 | 3 | 4 | 29 | 30 | 31 | 32 | 25 | 26 | 27 | 28 | 21 | 22 | 23 | 24 | 17 | 18 | 19 | 20 |
| 12 | 13 | 14 | 15 | 16 | 9 | 10 | 11 | 6 | 7 | 8 | 1 | 2 | 3 | 4 | 5 | 32 | 25 | 26 | 27 | 28 | 29 | 30 | 31 | 18 | 19 | 20 | 21 | 22 | 23 | 24 | 17 |
| 11 | 12 | 13 | 14 | 15 | 16 | 9 | 10 | 7 | 8 | 1 | 2 | 3 | 4 | 5 | 6 | 27 | 28 | 29 | 30 | 31 | 32 | 25 | 26 | 23 | 24 | 17 | 18 | 19 | 20 | 21 | 22 |
| 10 | 11 | 12 | 13 | 14 | 15 | 16 | 9 | 8 | 1 | 2 | 3 | 4 | 5 | 6 | 7 | 30 | 31 | 32 | 25 | 26 | 27 | 28 | 29 | 20 | 21 | 22 | 23 | 24 | 17 | 18 | 19 |
| 9 | 10 | 11 | 12 | 13 | 14 | 15 | 16 | 1 | 2 | 3 | 4 | 5 | 6 | 7 | 8 | 25 | 26 | 27 | 28 | 29 | 30 | 31 | 32 | 17 | 18 | 19 | 20 | 21 | 22 | 23 | 24 |
| 8 | 1 | 2 | 3 | 4 | 5 | 6 | 7 | 10 | 11 | 12 | 13 | 14 | 15 | 16 | 9 | 20 | 21 | 22 | 23 | 24 | 17 | 18 | 19 | 30 | 31 | 32 | 25 | 26 | 27 | 28 | 29 |
| 7 | 8 | 1 | 2 | 3 | 4 | 5 | 6 | 11 | 12 | 13 | 14 | 15 | 16 | 9 | 10 | 23 | 24 | 17 | 18 | 19 | 20 | 21 | 22 | 27 | 28 | 29 | 30 | 31 | 32 | 25 | 26 |
| 6 | 7 | 8 | 1 | 2 | 3 | 4 | 5 | 12 | 13 | 14 | 15 | 16 | 9 | 10 | 11 | 18 | 19 | 20 | 21 | 22 | 23 | 24 | 17 | 32 | 25 | 26 | 27 | 28 | 29 | 30 | 31 |
| 5 | 6 | 7 | 8 | 1 | 2 | 3 | 4 | 13 | 14 | 15 | 16 | 9 | 10 | 11 | 12 | 21 | 22 | 23 | 24 | 17 | 18 | 19 | 20 | 29 | 30 | 31 | 32 | 25 | 26 | 27 | 28 |
| 4 | 5 | 6 | 7 | 8 | 1 | 2 | 3 | 14 | 15 | 16 | 9 | 10 | 11 | 12 | 13 | 24 | 17 | 18 | 19 | 20 | 21 | 22 | 23 | 26 | 27 | 28 | 29 | 30 | 31 | 32 | 25 |
| 3 | 4 | 5 | 6 | 7 | 8 | 1 | 2 | 15 | 16 | 9 | 10 | 11 | 12 | 13 | 14 | 19 | 20 | 21 | 22 | 23 | 24 | 17 | 18 | 31 | 32 | 25 | 26 | 27 | 28 | 29 | 30 |
| 2 | 3 | 4 | 5 | 6 | 7 | 8 | 1 | 16 | 9 | 10 | 11 | 12 | 13 | 14 | 15 | 22 | 23 | 24 | 17 | 18 | 19 | 20 | 21 | 28 | 29 | 30 | 31 | 32 | 25 | 26 | 27 |
| 1 | 2 | 3 | 4 | 5 | 6 | 7 | 8 | 9 | 10 | 11 | 12 | 13 | 14 | 15 | 16 | 17 | 18 | 19 | 20 | 21 | 22 | 23 | 24 | 25 | 26 | 27 | 28 | 29 | 30 | 31 | 32 |

$\langle 2,9,17 : 2^8=1, 9^2=1, 17^2=1, 2.9=9.2^{-1}, 2.17=17.2^5, 9.17=17.9 \rangle$ = Hol(C$_8$)
15 elements of order 2, 8 of order 4, 8 of order 8
11 conjugacy classes, centre type 2/1, inner automorphisms type 16/6
Commutator subgroup type 4/1, abelianisation type 8/3

```
32 25 26 27 28 29 30 31 20 21 22 23 24 17 18 19 14 15 16  9 10 11 12 13  2  3  4  5  6  7  8  1
31 32 25 26 27 28 29 30 23 24 17 18 19 20 21 22 15 16  9 10 11 12 13 14  7  8  1  2  3  4  5  6
30 31 32 25 26 27 28 29 18 19 20 21 22 23 24 17 16  9 10 11 12 13 14 15  4  5  6  7  8  1  2  3
29 30 31 32 25 26 27 28 21 22 23 24 17 18 19 20  9 10 11 12 13 14 15 16  1  2  3  4  5  6  7  8
28 29 30 31 32 25 26 27 24 17 18 19 20 21 22 23 10 11 12 13 14 15 16  9  6  7  8  1  2  3  4  5
27 28 29 30 31 32 25 26 19 20 21 22 23 24 17 18 11 12 13 14 15 16  9 10  3  4  5  6  7  8  1  2
26 27 28 29 30 31 32 25 22 23 24 17 18 19 20 21 12 13 14 15 16  9 10 11  8  1  2  3  4  5  6  7
25 26 27 28 29 30 31 32 17 18 19 20 21 22 23 24 13 14 15 16  9 10 11 12  5  6  7  8  1  2  3  4
24 17 18 19 20 21 22 23 28 29 30 31 32 25 26 27  6  7  8  1  2  3  4  5 10 11 12 13 14 15 16  9
23 24 17 18 19 20 21 22 31 32 25 26 27 28 29 30  7  8  1  2  3  4  5  6 15 16  9 10 11 12 13 14
22 23 24 17 18 19 20 21 26 27 28 29 30 31 32 25  8  1  2  3  4  5  6  7 12 13 14 15 16  9 10 11
21 22 23 24 17 18 19 20 29 30 31 32 25 26 27 28  1  2  3  4  5  6  7  8  9 10 11 12 13 14 15 16
20 21 22 23 24 17 18 19 32 25 26 27 28 29 30 31  2  3  4  5  6  7  8  1 14 15 16  9 10 11 12 13
19 20 21 22 23 24 17 18 27 28 29 30 31 32 25 26  3  4  5  6  7  8  1  2 11 12 13 14 15 16  9 10
18 19 20 21 22 23 24 17 30 31 32 25 26 27 28 29  4  5  6  7  8  1  2  3 16  9 10 11 12 13 14 15
17 18 19 20 21 22 23 24 25 26 27 28 29 30 31 32  5  6  7  8  1  2  3  4 13 14 15 16  9 10 11 12
16  9 10 11 12 13 14 15  4  5  6  7  8  1  2  3 26 27 28 29 30 31 32 25 22 23 24 17 18 19 20 21
15 16  9 10 11 12 13 14  7  8  1  2  3  4  5  6 27 28 29 30 31 32 25 26 19 20 21 22 23 24 17 18
14 15 16  9 10 11 12 13  2  3  4  5  6  7  8  1 28 29 30 31 32 25 26 27 24 17 18 19 20 21 22 23
13 14 15 16  9 10 11 12  5  6  7  8  1  2  3  4 29 30 31 32 25 26 27 28 21 22 23 24 17 18 19 20
12 13 14 15 16  9 10 11  8  1  2  3  4  5  6  7 30 31 32 25 26 27 28 29 18 19 20 21 22 23 24 17
11 12 13 14 15 16  9 10  3  4  5  6  7  8  1  2 31 32 25 26 27 28 29 30 23 24 17 18 19 20 21 22
10 11 12 13 14 15 16  9  6  7  8  1  2  3  4  5 32 25 26 27 28 29 30 31 20 21 22 23 24 17 18 19
 9 10 11 12 13 14 15 16  1  2  3  4  5  6  7  8 25 26 27 28 29 30 31 32 17 18 19 20 21 22 23 24
 8  1  2  3  4  5  6  7 12 13 14 15 16  9 10 11 18 19 20 21 22 23 24 17 30 31 32 25 26 27 28 29
 7  8  1  2  3  4  5  6 15 16  9 10 11 12 13 14 19 20 21 22 23 24 17 18 27 28 29 30 31 32 25 26
 6  7  8  1  2  3  4  5 10 11 12 13 14 15 16  9 20 21 22 23 24 17 18 19 32 25 26 27 28 29 30 31
 5  6  7  8  1  2  3  4 13 14 15 16  9 10 11 12 21 22 23 24 17 18 19 20 29 30 31 32 25 26 27 28
 4  5  6  7  8  1  2  3 16  9 10 11 12 13 14 15 22 23 24 17 18 19 20 21 26 27 28 29 30 31 32 25
 3  4  5  6  7  8  1  2 11 12 13 14 15 16  9 10 23 24 17 18 19 20 21 22 31 32 25 26 27 28 29 30
 2  3  4  5  6  7  8  1 14 15 16  9 10 11 12 13 24 17 18 19 20 21 22 23 28 29 30 31 32 25 26 27
 1  2  3  4  5  6  7  8  9 10 11 12 13 14 15 16 17 18 19 20 21 22 23 24 25 26 27 28 29 30 31 32
```

$\langle 2,9,17 : 2^8=1, 9^2=1, 17^2=2^4, 2.9=9.2^5, 2.17=17.2^{-1}, 9.17=17.9 \rangle$

7 elements of order 2, 16 of order 4, 8 of order 8

11 conjugacy classes, centre type 2/1, inner automorphisms type 16/6

Commutator subgroup type 4/1 , abelianisation type 8/3

```
32 31 30 29 28 27 26 25  5  6  7  8  1  2  3  4 15 16 14 13 11 12 10  9 22 21 24 23 18 17 20 19
31 32 29 30 27 28 25 26  6  5  8  7  2  1  4  3 16 15 13 14 12 11  9 10 21 22 23 24 17 18 19 20
30 29 32 31 26 25 28 27  8  7  6  5  4  3  2  1 13 14 15 16  9 10 11 12 23 24 21 22 20 19 18 17
29 30 31 32 25 26 27 28  7  8  5  6  3  4  1  2 14 13 16 15 10  9 12 11 24 23 22 21 19 20 17 18
28 27 26 25 32 31 30 29  3  4  1  2  7  8  5  6 11 12 10  9 16 15 14 13 20 19 18 17 24 23 22 21
27 28 25 26 31 32 29 30  4  3  2  1  8  7  6  5 12 11  9 10 15 16 13 14 19 20 17 18 23 24 21 22
26 25 28 27 30 29 32 31  2  1  4  3  6  5  8  7 10  9 12 11 14 13 16 15 18 17 20 19 22 21 24 23
25 26 27 28 29 30 31 32  1  2  3  4  5  6  7  8  9 10 11 12 13 14 15 16 17 18 19 20 21 22 23 24
24 23 22 21 20 19 18 17 29 30 31 32 25 26 27 28  3  4  2  1  7  8  6  5 12 11 10  9 16 15 14 13
23 24 21 22 19 20 17 18 30 29 32 31 26 25 28 27  4  3  1  2  8  7  5  6 11 12  9 10 15 16 13 14
22 21 24 23 18 17 20 19 32 31 30 29 28 27 26 25  1  2  4  3  6  5  8  7  9 10 12 11 13 14 16 15
21 22 23 24 17 18 19 20 31 32 29 30 27 28 25 26  2  1  3  4  5  6  7  8 10  9 11 12 14 13 15 16
20 19 18 17 24 23 22 21 27 28 25 26 31 32 29 30  6  5  8  7  2  1  4  3 14 13 16 15 10  9 12 11
19 20 17 18 23 24 21 22 28 27 26 25 32 31 30 29  5  6  7  8  1  2  3  4 13 14 15 16  9 10 11 12
18 17 20 19 22 21 24 23 26 25 28 27 30 29 32 31  8  7  6  5  4  3  2  1 16 15 14 13 12 11 10  9
17 18 19 20 21 22 23 24 25 26 27 28 29 30 31 32  7  8  5  6  3  4  1  2 15 16 13 14 11 12  9 10
16 15 14 13 12 11 10  9 21 22 23 24 17 18 19 20 32 31 30 29 28 27 26 25  6  5  8  7  2  1  4  3
15 16 13 14 11 12  9 10 22 21 24 23 18 17 20 19 31 32 29 30 27 28 25 26  5  6  7  8  1  2  3  4
14 13 16 15 10  9 12 11 24 23 22 21 20 19 18 17 30 29 32 31 26 25 28 27  8  7  6  5  4  3  2  1
13 14 15 16  9 10 11 12 23 24 21 22 19 20 17 18 29 30 31 32 25 26 27 28  7  8  5  6  3  4  1  2
12 11 10  9 16 15 14 13 20 19 18 17 24 23 22 21 28 27 26 25 32 31 30 29  3  4  1  2  7  8  5  6
11 12  9 10 15 16 13 14 19 20 17 18 23 24 21 22 27 28 25 26 31 32 29 30  4  3  2  1  8  7  6  5
10  9 12 11 14 13 16 15 18 17 20 19 22 21 24 23 26 25 28 27 30 29 32 31  2  1  4  3  6  5  8  7
 9 10 11 12 13 14 15 16 17 18 19 20 21 22 23 24 25 26 27 28 29 30 31 32  1  2  3  4  5  6  7  8
 8  7  6  5  4  3  2  1 13 14 15 16  9 10 11 12 24 23 22 21 20 19 18 17 32 31 30 29 28 27 26 25
 7  8  5  6  3  4  1  2 14 13 16 15 10  9 12 11 23 24 21 22 19 20 17 18 31 32 29 30 27 28 25 26
 6  5  8  7  2  1  4  3 16 15 14 13 12 11 10  9 22 21 24 23 18 17 20 19 30 29 32 31 26 25 28 27
 5  6  7  8  1  2  3  4 15 16 13 14 11 12  9 10 21 22 23 24 17 18 19 20 29 30 31 32 25 26 27 28
 4  3  2  1  8  7  6  5 12 11 10  9 16 15 14 13 20 19 18 17 24 23 22 21 28 27 26 25 32 31 30 29
 3  4  1  2  7  8  5  6 11 12  9 10 15 16 13 14 19 20 17 18 23 24 21 22 27 28 25 26 31 32 29 30
 2  1  4  3  6  5  8  7 10  9 12 11 14 13 16 15 18 17 20 19 22 21 24 23 26 25 28 27 30 29 32 31
 1  2  3  4  5  6  7  8  9 10 11 12 13 14 15 16 17 18 19 20 21 22 23 24 25 26 27 28 29 30 31 32
```

⟨2,3,5,9:2²=1,3²=1,5²=1,9⁴=1,3.9=9.2.3,5.9=9.2.3.5,rest commute⟩
11 elements of order 2,20 of order 4
11 conjugacy classes,centre type 2/1,inner automorphisms type 16/9
Commutator subgroup type 4/2 ,abelianisation type 8/2

```
32 31 30 29 28 27 26 25 24 23 22 21 20 19 18 17 16  9 10 11 12 13 14 15 16  9 10 11 12 13 14 15
31 32 31 30 31 32 25 26 27 28 29 30 31 32 17 18 19 16  9 10 11 12 13 14 15 16  7  8  1  2  3  4
30 31 32 25 26 27 28 29 30 31 32 17 18 19 20 21 22 14 15 16  9 10 11 12 13  6  7  8  1  2  3  4
29 30 31 32 25 26 27 28 17 18 19 20 21 22 23 24 17  9 14 15 16  9 10 11 12  5  6  7  8  1  2  3
28 29 30 31 32 25 26 27 24 17 18 19 20 21 22 23 24  4  5  6  7  8  1  2  3 16  9 10 11 12 13 14
27 28 29 30 31 32 25 26 23 24 17 18 19 20 21 22 19  6  7  8  1  2  3  4  5 10 11 12 13 14 15 16
26 27 28 29 30 31 32 25 22 23 24 17 18 19 20 21  6  7  8  1  2  3  4  5 10 11 12 13 14 15 16  9
25 26 27 28 29 30 31 32 17 18 19 20 21 22 23 24  9 10 11 12 13 14 15 16  7  8  1  2  3  4  5  6
24 17 18 19 20 21 22 23 28 29 30 31 32 25 26 27 16  9 10 11 12 13 14 15  4  5  6  7  8  1  2  3
23 24 17 18 19 20 21 22 31 32 25 26 27 28 29 30  3  4  5  6  7  8  1  2 11 12 13 14 15 16  9 10
22 23 24 17 18 19 20 21 26 27 28 29 30 31 32 25  5 12 13 14 15 16  9 10  6  7  8  1  2  3  4  5
21 22 23 24 17 18 19 20 29 30 31 32 25 26 27 28  5  6  7  8  1  2  3  4 13 14 15 16  9 10 11 12
20 21 22 23 24 17 18 19 32 25 26 27 28 29 30 31  8 13 14 15 16  9 10 11  7  8  1  2  3  4  5  6
19 20 21 22 23 24 17 18 27 28 29 30 31 32 25 26  7  8  1  2  3  4  5  6 15 16  9 10 11 12 13 14
18 19 20 21 22 23 24 17 30 31 32 25 26 27 28 29 14 15 16  9 10 11 12 13  2  3  4  5  6  7  8  1
17 18 19 20 21 22 23 24 25 26 27 28 29 30 31 32  1  2  3  4  5  6  7  8  9 10 11 12 13 14 15 16
16  9 10 11 12 13 14 15  4  5  6  7  8  1  2  3 24 17 18 19 20 21 22 23 28 29 30 31 32 25 26 27
15 16  9 10 11 12 13 14  7  8  1  2  3  4  5  6 27 28 29 30 31 32 25 26 19 20 21 22 23 24 17 18
14 15 16  9 10 11 12 13  2  3  4  5  6  7  8  1 30 31 32 25 26 27 28 21 22 23 24 17 18 19 20 29
13 14 15 16  9 10 11 12  5  6  7  8  1  2  3  4 21 22 23 24 17 18 19 20 29 30 31 32 25 26 27 28
12 13 14 15 16  9 10 11  8  1  2  3  4  5  6  7 22 23 24 17 18 19 20 21 28 29 30 31 32 25 26 27
11 12 13 14 15 16  9 10  3  4  5  6  7  8  1  2 31 32 25 26 27 28 29 30 23 24 17 18 19 20 21 22
10 11 12 13 14 15 16  9  6  7  8  1  2  3  4  5 26 27 28 29 30 31 32 25 24 17 18 19 20 21 22 23
 9 10 11 12 13 14 15 16  1  2  3  4  5  6  7  8 25 26 27 28 29 30 31 32 17 18 19 20 21 22 23 24
 8  1  2  3  4  5  6  7 16  9 10 11 12 13 14 15 28 29 30 31 32 25 26 27  4  5  6  7  8  1  2  3
 7  8  1  2  3  4  5  6 13 14 15 16  9 10 11 12 31 32 25 26 27 28 29 30  3  4  5  6  7  8  1  2
 6  7  8  1  2  3  4  5 10 11 12 13 14 15 16  9 26 27 28 29 30 31 32 25  2  3  4  5  6  7  8  1
 5  6  7  8  1  2  3  4 15 16  9 10 11 12 13 14 29 30 31 32 25 26 27 28 16  9 10 11 12 13 14 15
 4  5  6  7  8  1  2  3 12 13 14 15 16  9 10 11 32 25 26 27 28 29 30 31 13 14 15 16  9 10 11 12
 3  4  5  6  7  8  1  2 11 12 13 14 15 16  9 10 27 28 29 30 31 32 25 26 10 11 12 13 14 15 16  9
 2  3  4  5  6  7  8  1 14 15 16  9 10 11 12 13 30 31 32 25 26 27 28 29 15 16  9 10 11 12 13 14
 1  2  3  4  5  6  7  8  9 10 11 12 13 14 15 16 17 18 19 20 21 22 23 24 25 26 27 28 29 30 31 32
```

$\langle 2,9,17:2^8=9^2=17^2=1,2.9=9.2^5,2.17=17.9.2,9.17=17.9\rangle = (C_8 \rtimes C_2)\rtimes C_2$
11 elements of order 2, 4 of order 4,16 of order 8
11 conjugacy classes,centre type 2/1,inner automorphisms type 16/9
Commutator subgroup type 4/2 ,abelianisation type 8/2

```
32 31 30 29 28 27 26 25 24 23 22 21 20 19  4  5  6  7  8  1  2  3 16  9 10 11 12 13 14 15 ...
31 32 25 26 27 28 29 30 23 24 17 18 19 20 21 22 15 16  9 10 11 12 13 14  7  8  1  2  3  4 ...
30 31 32 25 26 27 28 29 18 19 20 21 22 23 24 17  6  7  8  1  2  3  4  5 10 11 12 13 14 15 ...
29 30 31 32 25 26 27 28 21 22 23 24 17 18 19 20  9 10 11 12 13 14 15  6  1  2  3  4  5  7 ...
28 29 30 31 32 25 26 27 17 18 19 20 21 22 23 24  8  1  2  3  4  5  6  7 12 13 14 15 16  9 ...
27 28 29 30 31 32 25 26 19 20 21 22 23 24 17 18 11 12 13 14 15 16  9 10  3  4  5  6  7  8 ...
26 27 28 29 30 31 32 25 22 23 24 17 18 19 20 21  2  3  4  5  6  7  8  1 14 15 16  9 10 11 ...
25 26 27 28 29 30 31 32 24 17 18 19 20 21 22 23 13 14 15 16  9 10 11 12  5  6  7  8  1  2 ...
24 17 18 19 20 21 22 23 28 29 30 31 32 25 26 27 12 13 14 15 16  9 10 11  8  1  2  3  4  5 ...
23 24 17 18 19 20 21 22 31 32 25 26 27 28 29 30  7  8  1  2  3  4  5  6 15 16  9 10 11 12 ...
22 23 24 17 18 19 20 21 26 27 28 29 30 31 32 25 14 15 16  9 10 11 12 13  1  2  3  4  5  6 ...
21 22 23 24 17 18 19 20 29 30 31 32 25 26 27 28  5  6  7  8  1  2  3  4 10 11 12 13 14 15 ...
20 21 22 23 24 17 18 19 32 25 26 27 28 29 30 31 16  9 10 11 12 13 14 15  4  5  6  7  8  1 ...
19 20 21 22 23 24 17 18 27 28 29 30 31 32 25 26  3  4  5  6  7  8  1  2 12 13 14 15 16  9 ...
18 19 20 21 22 23 24 17 30 31 32 25 26 27 28 29 10 11 12 13 14 15 16  9  6  7  8  1  2  3 ...
17 18 19 20 21 22 23 24 25 26 27 28 29 30 31 32  5  6  7  8  1  2  3  4 13 14 15 16  9 10 ...
16  9 10 11 12 13 14 15  4  5  6  7  8  1  2  3 24 17 18 19 20 21 22 23 28 29 30 31 32 25 ...
15 16  9 10 11 12 13 14  7  8  1  2  3  4  5  6 23 24 17 18 19 20 21 22 31 32 25 26 27 28 ...
14 15 16  9 10 11 12 13  2  3  4  5  6  7  8  1 18 19 20 21 22 23 24 17 30 31 32 25 26 27 ...
13 14 15 16  9 10 11 12  5  6  7  8  1  2  3  4 21 22 23 24 17 18 19 20 32 25 26 27 28 29 ...
12 13 14 15 16  9 10 11  8  1  2  3  4  5  6  7 17 18 19 20 21 22 23 24 26 27 28 29 30 31 ...
11 12 13 14 15 16  9 10  3  4  5  6  7  8  1  2 22 23 24 17 18 19 20 21 29 30 31 32 25 26 ...
10 11 12 13 14 15 16  9  6  7  8  1  2  3  4  5 19 20 21 22 23 24 17 18 27 28 29 30 31 32 ...
 9 10 11 12 13 14 15 16  1  2  3  4  5  6  7  8 20 21 22 23 24 17 18 19 25 26 27 28 29 30 ...
 8  1  2  3  4  5  6  7 12 13 14 15 16  9 10 11 28 29 30 31 32 25 26 27 20 21 22 23 24 17 ...
 7  8  1  2  3  4  5  6 15 16  9 10 11 12 13 14 31 32 25 26 27 28 29 30 23 24 17 18 19 20 ...
 6  7  8  1  2  3  4  5 10 11 12 13 14 15 16  9 26 27 28 29 30 31 32 25 18 19 20 21 22 23 ...
 5  6  7  8  1  2  3  4 13 14 15 16  9 10 11 12 29 30 31 32 25 26 27 28 21 22 23 24 17 18 ...
 4  5  6  7  8  1  2  3 16  9 10 11 12 13 14 15 32 25 26 27 28 29 30 31 17 18 19 20 21 22 ...
 3  4  5  6  7  8  1  2 11 12 13 14 15 16  9 10 27 28 29 30 31 32 25 26 22 23 24 17 18 19 ...
 2  3  4  5  6  7  8  1 14 15 16  9 10 11 12 13 30 31 32 25 26 27 28 29 19 20 21 22 23 24 ...
 1  2  3  4  5  6  7  8  9 10 11 12 13 14 15 16 17 18 19 20 21 22 23 24 25 26 27 28 29 30 31 32
```

$$\langle 2,9,17 : 2^8 = 1, 9^2 = 1, 17^2 = 2^4, 2.9 = 9.2^5, 2.17 = 17.9.2, 9.17 = 17.9 \rangle$$

3 elements of order 2, 12 of order 4, 16 of order 8

11 conjugacy classes, centre type 2/1, inner automorphisms type 16/9

Commutator subgroup type 4/2 , abelianisation type 8/2

TYPE 32/49  $D_{16}$  dihedral  $\Gamma_8 a_1$

| 1 | 2 | 3 | 4 | 5 | 6 | 7 | 8 | 9 | 10 | 11 | 12 | 13 | 14 | 15 | 16 | 17 | 18 | 19 | 20 | 21 | 22 | 23 | 24 | 25 | 26 | 27 | 28 | 29 | 30 | 31 | 32 |
|---|---|---|---|---|---|---|---|---|----|----|----|----|----|----|----|----|----|----|----|----|----|----|----|----|----|----|----|----|----|----|----|
| 32 | 17 | 18 | 19 | 20 | 21 | 22 | 23 | 24 | 25 | 26 | 27 | 28 | 29 | 30 | 31 | 2 | 3 | 4 | 5 | 6 | 7 | 8 | 9 | 10 | 11 | 12 | 13 | 14 | 15 | 16 | 1 |
| 31 | 32 | 17 | 18 | 19 | 20 | 21 | 22 | 23 | 24 | 25 | 26 | 27 | 28 | 29 | 30 | 3 | 4 | 5 | 6 | 7 | 8 | 9 | 10 | 11 | 12 | 13 | 14 | 15 | 16 | 1 | 2 |
| 30 | 31 | 32 | 17 | 18 | 19 | 20 | 21 | 22 | 23 | 24 | 25 | 26 | 27 | 28 | 29 | 4 | 5 | 6 | 7 | 8 | 9 | 10 | 11 | 12 | 13 | 14 | 15 | 16 | 1 | 2 | 3 |
| 29 | 30 | 31 | 32 | 17 | 18 | 19 | 20 | 21 | 22 | 23 | 24 | 25 | 26 | 27 | 28 | 5 | 6 | 7 | 8 | 9 | 10 | 11 | 12 | 13 | 14 | 15 | 16 | 1 | 2 | 3 | 4 |
| 28 | 29 | 30 | 31 | 32 | 17 | 18 | 19 | 20 | 21 | 22 | 23 | 24 | 25 | 26 | 27 | 6 | 7 | 8 | 9 | 10 | 11 | 12 | 13 | 14 | 15 | 16 | 1 | 2 | 3 | 4 | 5 |
| 27 | 28 | 29 | 30 | 31 | 32 | 17 | 18 | 19 | 20 | 21 | 22 | 23 | 24 | 25 | 26 | 7 | 8 | 9 | 10 | 11 | 12 | 13 | 14 | 15 | 16 | 1 | 2 | 3 | 4 | 5 | 6 |
| 26 | 27 | 28 | 29 | 30 | 31 | 32 | 17 | 18 | 19 | 20 | 21 | 22 | 23 | 24 | 25 | 8 | 9 | 10 | 11 | 12 | 13 | 14 | 15 | 16 | 1 | 2 | 3 | 4 | 5 | 6 | 7 |
| 25 | 26 | 27 | 28 | 29 | 30 | 31 | 32 | 17 | 18 | 19 | 20 | 21 | 22 | 23 | 24 | 9 | 10 | 11 | 12 | 13 | 14 | 15 | 16 | 1 | 2 | 3 | 4 | 5 | 6 | 7 | 8 |
| 24 | 25 | 26 | 27 | 28 | 29 | 30 | 31 | 32 | 17 | 18 | 19 | 20 | 21 | 22 | 23 | 10 | 11 | 12 | 13 | 14 | 15 | 16 | 1 | 2 | 3 | 4 | 5 | 6 | 7 | 8 | 9 |
| 23 | 24 | 25 | 26 | 27 | 28 | 29 | 30 | 31 | 32 | 17 | 18 | 19 | 20 | 21 | 22 | 11 | 12 | 13 | 14 | 15 | 16 | 1 | 2 | 3 | 4 | 5 | 6 | 7 | 8 | 9 | 10 |
| 22 | 23 | 24 | 25 | 26 | 27 | 28 | 29 | 30 | 31 | 32 | 17 | 18 | 19 | 20 | 21 | 12 | 13 | 14 | 15 | 16 | 1 | 2 | 3 | 4 | 5 | 6 | 7 | 8 | 9 | 10 | 11 |
| 21 | 22 | 23 | 24 | 25 | 26 | 27 | 28 | 29 | 30 | 31 | 32 | 17 | 18 | 19 | 20 | 13 | 14 | 15 | 16 | 1 | 2 | 3 | 4 | 5 | 6 | 7 | 8 | 9 | 10 | 11 | 12 |
| 20 | 21 | 22 | 23 | 24 | 25 | 26 | 27 | 28 | 29 | 30 | 31 | 32 | 17 | 18 | 19 | 14 | 15 | 16 | 1 | 2 | 3 | 4 | 5 | 6 | 7 | 8 | 9 | 10 | 11 | 12 | 13 |
| 19 | 20 | 21 | 22 | 23 | 24 | 25 | 26 | 27 | 28 | 29 | 30 | 31 | 32 | 17 | 18 | 15 | 16 | 1 | 2 | 3 | 4 | 5 | 6 | 7 | 8 | 9 | 10 | 11 | 12 | 13 | 14 |
| 18 | 19 | 20 | 21 | 22 | 23 | 24 | 25 | 26 | 27 | 28 | 29 | 30 | 31 | 32 | 17 | 16 | 1 | 2 | 3 | 4 | 5 | 6 | 7 | 8 | 9 | 10 | 11 | 12 | 13 | 14 | 15 |
| 17 | 18 | 19 | 20 | 21 | 22 | 23 | 24 | 25 | 26 | 27 | 28 | 29 | 30 | 31 | 32 | 1 | 2 | 3 | 4 | 5 | 6 | 7 | 8 | 9 | 10 | 11 | 12 | 13 | 14 | 15 | 16 |
| 16 | 1 | 2 | 3 | 4 | 5 | 6 | 7 | 8 | 9 | 10 | 11 | 12 | 13 | 14 | 15 | 18 | 19 | 20 | 21 | 22 | 23 | 24 | 25 | 26 | 27 | 28 | 29 | 30 | 31 | 32 | 17 |
| 15 | 16 | 1 | 2 | 3 | 4 | 5 | 6 | 7 | 8 | 9 | 10 | 11 | 12 | 13 | 14 | 19 | 20 | 21 | 22 | 23 | 24 | 25 | 26 | 27 | 28 | 29 | 30 | 31 | 32 | 17 | 18 |
| 14 | 15 | 16 | 1 | 2 | 3 | 4 | 5 | 6 | 7 | 8 | 9 | 10 | 11 | 12 | 13 | 20 | 21 | 22 | 23 | 24 | 25 | 26 | 27 | 28 | 29 | 30 | 31 | 32 | 17 | 18 | 19 |
| 13 | 14 | 15 | 16 | 1 | 2 | 3 | 4 | 5 | 6 | 7 | 8 | 9 | 10 | 11 | 12 | 21 | 22 | 23 | 24 | 25 | 26 | 27 | 28 | 29 | 30 | 31 | 32 | 17 | 18 | 19 | 20 |
| 12 | 13 | 14 | 15 | 16 | 1 | 2 | 3 | 4 | 5 | 6 | 7 | 8 | 9 | 10 | 11 | 22 | 23 | 24 | 25 | 26 | 27 | 28 | 29 | 30 | 31 | 32 | 17 | 18 | 19 | 20 | 21 |
| 11 | 12 | 13 | 14 | 15 | 16 | 1 | 2 | 3 | 4 | 5 | 6 | 7 | 8 | 9 | 10 | 23 | 24 | 25 | 26 | 27 | 28 | 29 | 30 | 31 | 32 | 17 | 18 | 19 | 20 | 21 | 22 |
| 10 | 11 | 12 | 13 | 14 | 15 | 16 | 1 | 2 | 3 | 4 | 5 | 6 | 7 | 8 | 9 | 24 | 25 | 26 | 27 | 28 | 29 | 30 | 31 | 32 | 17 | 18 | 19 | 20 | 21 | 22 | 23 |
| 9 | 10 | 11 | 12 | 13 | 14 | 15 | 16 | 1 | 2 | 3 | 4 | 5 | 6 | 7 | 8 | 25 | 26 | 27 | 28 | 29 | 30 | 31 | 32 | 17 | 18 | 19 | 20 | 21 | 22 | 23 | 24 |
| 8 | 9 | 10 | 11 | 12 | 13 | 14 | 15 | 16 | 1 | 2 | 3 | 4 | 5 | 6 | 7 | 26 | 27 | 28 | 29 | 30 | 31 | 32 | 17 | 18 | 19 | 20 | 21 | 22 | 23 | 24 | 25 |
| 7 | 8 | 9 | 10 | 11 | 12 | 13 | 14 | 15 | 16 | 1 | 2 | 3 | 4 | 5 | 6 | 27 | 28 | 29 | 30 | 31 | 32 | 17 | 18 | 19 | 20 | 21 | 22 | 23 | 24 | 25 | 26 |
| 6 | 7 | 8 | 9 | 10 | 11 | 12 | 13 | 14 | 15 | 16 | 1 | 2 | 3 | 4 | 5 | 28 | 29 | 30 | 31 | 32 | 17 | 18 | 19 | 20 | 21 | 22 | 23 | 24 | 25 | 26 | 27 |
| 5 | 6 | 7 | 8 | 9 | 10 | 11 | 12 | 13 | 14 | 15 | 16 | 1 | 2 | 3 | 4 | 29 | 30 | 31 | 32 | 17 | 18 | 19 | 20 | 21 | 22 | 23 | 24 | 25 | 26 | 27 | 28 |
| 4 | 5 | 6 | 7 | 8 | 9 | 10 | 11 | 12 | 13 | 14 | 15 | 16 | 1 | 2 | 3 | 30 | 31 | 32 | 17 | 18 | 19 | 20 | 21 | 22 | 23 | 24 | 25 | 26 | 27 | 28 | 29 |
| 3 | 4 | 5 | 6 | 7 | 8 | 9 | 10 | 11 | 12 | 13 | 14 | 15 | 16 | 1 | 2 | 31 | 32 | 17 | 18 | 19 | 20 | 21 | 22 | 23 | 24 | 25 | 26 | 27 | 28 | 29 | 30 |
| 2 | 3 | 4 | 5 | 6 | 7 | 8 | 9 | 10 | 11 | 12 | 13 | 14 | 15 | 16 | 1 | 32 | 17 | 18 | 19 | 20 | 21 | 22 | 23 | 24 | 25 | 26 | 27 | 28 | 29 | 30 | 31 |
| 1 | 2 | 3 | 4 | 5 | 6 | 7 | 8 | 9 | 10 | 11 | 12 | 13 | 14 | 15 | 16 | 17 | 18 | 19 | 20 | 21 | 22 | 23 | 24 | 25 | 26 | 27 | 28 | 29 | 30 | 31 | 32 |

$\langle 2,17 : 2^{16}=1, 17^2=1, 2.17=17.2^{-1}\rangle = D_{16}$

17 elements of order 2, 2 of order 4, 4 of order 8, 8 of order 16
11 conjugacy classes, centre type 2/1, inner automorphisms type 16/12
Commutator subgroup type 8/1, abelianisation type 4/2

```
32 17 18 19 20 21 22 23 24 25 26 27 28 29 30 31 10 11 12 13 14 15 16  1  2  3  4  5  6  7  8  9
31 32 17 18 19 20 21 22 23 24 25 26 27 28 29 30  3  4  5  6  7  8  9 10 11 12 13 14 15 16  1  2
30 31 32 17 18 19 20 21 22 23 24 25 26 27 28 29 12 13 14 15 16  1  2  3  4  5  6  7  8  9 10 11
29 30 31 32 17 18 19 20 21 22 23 24 25 26 27 28  5  6  7  8  9 10 11 12 13 14 15 16  1  2  3  4
28 29 30 31 32 17 18 19 20 21 22 23 24 25 26 27 14 15 16  1  2  3  4  5  6  7  8  9 10 11 12 13
27 28 29 30 31 32 17 18 19 20 21 22 23 24 25 26  7  8  9 10 11 12 13 14 15 16  1  2  3  4  5  6
26 27 28 29 30 31 32 17 18 19 20 21 22 23 24 25 16  1  2  3  4  5  6  7  8  9 10 11 12 13 14 15
25 26 27 28 29 30 31 32 17 18 19 20 21 22 23 24  9 10 11 12 13 14 15 16  1  2  3  4  5  6  7  8
24 25 26 27 28 29 30 31 32 17 18 19 20 21 22 23  2  3  4  5  6  7  8  9 10 11 12 13 14 15 16  1
23 24 25 26 27 28 29 30 31 32 17 18 19 20 21 22 11 12 13 14 15 16  1  2  3  4  5  6  7  8  9 10
22 23 24 25 26 27 28 29 30 31 32 17 18 19 20 21  4  5  6  7  8  9 10 11 12 13 14 15 16  1  2  3
21 22 23 24 25 26 27 28 29 30 31 32 17 18 19 20 13 14 15 16  1  2  3  4  5  6  7  8  9 10 11 12
20 21 22 23 24 25 26 27 28 29 30 31 32 17 18 19  6  7  8  9 10 11 12 13 14 15 16  1  2  3  4  5
19 20 21 22 23 24 25 26 27 28 29 30 31 32 17 18 15 16  1  2  3  4  5  6  7  8  9 10 11 12 13 14
18 19 20 21 22 23 24 25 26 27 28 29 30 31 32 17  8  9 10 11 12 13 14 15 16  1  2  3  4  5  6  7
17 18 19 20 21 22 23 24 25 26 27 28 29 30 31 32  1  2  3  4  5  6  7  8  9 10 11 12 13 14 15 16
16  1  2  3  4  5  6  7  8  9 10 11 12 13 14 15 26 27 28 29 30 31 32 17 18 19 20 21 22 23 24 25
15 16  1  2  3  4  5  6  7  8  9 10 11 12 13 14 19 20 21 22 23 24 25 26 27 28 29 30 31 32 17 18
14 15 16  1  2  3  4  5  6  7  8  9 10 11 12 13 28 29 30 31 32 17 18 19 20 21 22 23 24 25 26 27
13 14 15 16  1  2  3  4  5  6  7  8  9 10 11 12 21 22 23 24 25 26 27 28 29 30 31 32 17 18 19 20
12 13 14 15 16  1  2  3  4  5  6  7  8  9 10 11 30 31 32 17 18 19 20 21 22 23 24 25 26 27 28 29
11 12 13 14 15 16  1  2  3  4  5  6  7  8  9 10 23 24 25 26 27 28 29 30 31 32 17 18 19 20 21 22
10 11 12 13 14 15 16  1  2  3  4  5  6  7  8  9 32 17 18 19 20 21 22 23 24 25 26 27 28 29 30 31
 9 10 11 12 13 14 15 16  1  2  3  4  5  6  7  8 25 26 27 28 29 30 31 32 17 18 19 20 21 22 23 24
 8  9 10 11 12 13 14 15 16  1  2  3  4  5  6  7 18 19 20 21 22 23 24 25 26 27 28 29 30 31 32 17
 7  8  9 10 11 12 13 14 15 16  1  2  3  4  5  6 27 28 29 30 31 32 17 18 19 20 21 22 23 24 25 26
 6  7  8  9 10 11 12 13 14 15 16  1  2  3  4  5 20 21 22 23 24 25 26 27 28 29 30 31 32 17 18 19
 5  6  7  8  9 10 11 12 13 14 15 16  1  2  3  4 29 30 31 32 17 18 19 20 21 22 23 24 25 26 27 28
 4  5  6  7  8  9 10 11 12 13 14 15 16  1  2  3 22 23 24 25 26 27 28 29 30 31 32 17 18 19 20 21
 3  4  5  6  7  8  9 10 11 12 13 14 15 16  1  2 31 32 17 18 19 20 21 22 23 24 25 26 27 28 29 30
 2  3  4  5  6  7  8  9 10 11 12 13 14 15 16  1 24 25 26 27 28 29 30 31 32 17 18 19 20 21 22 23
 1  2  3  4  5  6  7  8  9 10 11 12 13 14 15 16 17 18 19 20 21 22 23 24 25 26 27 28 29 30 31 32
```

$\langle 2,17 : 2^{16}=1,\ 17^{2}=1,\ 2.17=17.2^{7}\rangle \;=\; C_{16} \rtimes C_{2}$

9 elements of order 2, 10 of order 4, 4 of order 8, 8 of order 16
11 conjugacy classes, centre type 2/1, inner automorphisms type 16/12
Commutator subgroup type 8/1, abelianisation type 4/2

| 32 | 17 | 18 | 19 | 20 | 21 | 22 | 23 | 24 | 25 | 26 | 27 | 28 | 29 | 30 | 31 | 10 | 11 | 12 | 13 | 14 | 15 | 16 | 1 | 2 | 3 | 4 | 5 | 6 | 7 | 8 | 9 |
|---|---|---|---|---|---|---|---|---|---|---|---|---|---|---|---|---|---|---|---|---|---|---|---|---|---|---|---|---|---|---|---|
| 31 | 32 | 17 | 18 | 19 | 20 | 21 | 22 | 23 | 24 | 25 | 26 | 27 | 28 | 29 | 30 | 11 | 12 | 13 | 14 | 15 | 16 | 1 | 2 | 3 | 4 | 5 | 6 | 7 | 8 | 9 | 10 |
| 30 | 31 | 32 | 17 | 18 | 19 | 20 | 21 | 22 | 23 | 24 | 25 | 26 | 27 | 28 | 29 | 12 | 13 | 14 | 15 | 16 | 1 | 2 | 3 | 4 | 5 | 6 | 7 | 8 | 9 | 10 | 11 |
| 29 | 30 | 31 | 32 | 17 | 18 | 19 | 20 | 21 | 22 | 23 | 24 | 25 | 26 | 27 | 28 | 13 | 14 | 15 | 16 | 1 | 2 | 3 | 4 | 5 | 6 | 7 | 8 | 9 | 10 | 11 | 12 |
| 28 | 29 | 30 | 31 | 32 | 17 | 18 | 19 | 20 | 21 | 22 | 23 | 24 | 25 | 26 | 27 | 14 | 15 | 16 | 1 | 2 | 3 | 4 | 5 | 6 | 7 | 8 | 9 | 10 | 11 | 12 | 13 |
| 27 | 28 | 29 | 30 | 31 | 32 | 17 | 18 | 19 | 20 | 21 | 22 | 23 | 24 | 25 | 26 | 15 | 16 | 1 | 2 | 3 | 4 | 5 | 6 | 7 | 8 | 9 | 10 | 11 | 12 | 13 | 14 |
| 26 | 27 | 28 | 29 | 30 | 31 | 32 | 17 | 18 | 19 | 20 | 21 | 22 | 23 | 24 | 25 | 16 | 1 | 2 | 3 | 4 | 5 | 6 | 7 | 8 | 9 | 10 | 11 | 12 | 13 | 14 | 15 |
| 25 | 26 | 27 | 28 | 29 | 30 | 31 | 32 | 17 | 18 | 19 | 20 | 21 | 22 | 23 | 24 | 1 | 2 | 3 | 4 | 5 | 6 | 7 | 8 | 9 | 10 | 11 | 12 | 13 | 14 | 15 | 16 |
| 24 | 25 | 26 | 27 | 28 | 29 | 30 | 31 | 32 | 17 | 18 | 19 | 20 | 21 | 22 | 23 | 2 | 3 | 4 | 5 | 6 | 7 | 8 | 9 | 10 | 11 | 12 | 13 | 14 | 15 | 16 | 1 |
| 23 | 24 | 25 | 26 | 27 | 28 | 29 | 30 | 31 | 32 | 17 | 18 | 19 | 20 | 21 | 22 | 3 | 4 | 5 | 6 | 7 | 8 | 9 | 10 | 11 | 12 | 13 | 14 | 15 | 16 | 1 | 2 |
| 22 | 23 | 24 | 25 | 26 | 27 | 28 | 29 | 30 | 31 | 32 | 17 | 18 | 19 | 20 | 21 | 4 | 5 | 6 | 7 | 8 | 9 | 10 | 11 | 12 | 13 | 14 | 15 | 16 | 1 | 2 | 3 |
| 21 | 22 | 23 | 24 | 25 | 26 | 27 | 28 | 29 | 30 | 31 | 32 | 17 | 18 | 19 | 20 | 5 | 6 | 7 | 8 | 9 | 10 | 11 | 12 | 13 | 14 | 15 | 16 | 1 | 2 | 3 | 4 |
| 20 | 21 | 22 | 23 | 24 | 25 | 26 | 27 | 28 | 29 | 30 | 31 | 32 | 17 | 18 | 19 | 6 | 7 | 8 | 9 | 10 | 11 | 12 | 13 | 14 | 15 | 16 | 1 | 2 | 3 | 4 | 5 |
| 19 | 20 | 21 | 22 | 23 | 24 | 25 | 26 | 27 | 28 | 29 | 30 | 31 | 32 | 17 | 18 | 7 | 8 | 9 | 10 | 11 | 12 | 13 | 14 | 15 | 16 | 1 | 2 | 3 | 4 | 5 | 6 |
| 18 | 19 | 20 | 21 | 22 | 23 | 24 | 25 | 26 | 27 | 28 | 29 | 30 | 31 | 32 | 17 | 8 | 9 | 10 | 11 | 12 | 13 | 14 | 15 | 16 | 1 | 2 | 3 | 4 | 5 | 6 | 7 |
| 17 | 18 | 19 | 20 | 21 | 22 | 23 | 24 | 25 | 26 | 27 | 28 | 29 | 30 | 31 | 32 | 9 | 10 | 11 | 12 | 13 | 14 | 15 | 16 | 1 | 2 | 3 | 4 | 5 | 6 | 7 | 8 |
| 16 | 1 | 2 | 3 | 4 | 5 | 6 | 7 | 8 | 9 | 10 | 11 | 12 | 13 | 14 | 15 | 18 | 19 | 20 | 21 | 22 | 23 | 24 | 25 | 26 | 27 | 28 | 29 | 30 | 31 | 32 | 17 |
| 15 | 16 | 1 | 2 | 3 | 4 | 5 | 6 | 7 | 8 | 9 | 10 | 11 | 12 | 13 | 14 | 19 | 20 | 21 | 22 | 23 | 24 | 25 | 26 | 27 | 28 | 29 | 30 | 31 | 32 | 17 | 18 |
| 14 | 15 | 16 | 1 | 2 | 3 | 4 | 5 | 6 | 7 | 8 | 9 | 10 | 11 | 12 | 13 | 20 | 21 | 22 | 23 | 24 | 25 | 26 | 27 | 28 | 29 | 30 | 31 | 32 | 17 | 18 | 19 |
| 13 | 14 | 15 | 16 | 1 | 2 | 3 | 4 | 5 | 6 | 7 | 8 | 9 | 10 | 11 | 12 | 21 | 22 | 23 | 24 | 25 | 26 | 27 | 28 | 29 | 30 | 31 | 32 | 17 | 18 | 19 | 20 |
| 12 | 13 | 14 | 15 | 16 | 1 | 2 | 3 | 4 | 5 | 6 | 7 | 8 | 9 | 10 | 11 | 22 | 23 | 24 | 25 | 26 | 27 | 28 | 29 | 30 | 31 | 32 | 17 | 18 | 19 | 20 | 21 |
| 11 | 12 | 13 | 14 | 15 | 16 | 1 | 2 | 3 | 4 | 5 | 6 | 7 | 8 | 9 | 10 | 23 | 24 | 25 | 26 | 27 | 28 | 29 | 30 | 31 | 32 | 17 | 18 | 19 | 20 | 21 | 22 |
| 10 | 11 | 12 | 13 | 14 | 15 | 16 | 1 | 2 | 3 | 4 | 5 | 6 | 7 | 8 | 9 | 24 | 25 | 26 | 27 | 28 | 29 | 30 | 31 | 32 | 17 | 18 | 19 | 20 | 21 | 22 | 23 |
| 9 | 10 | 11 | 12 | 13 | 14 | 15 | 16 | 1 | 2 | 3 | 4 | 5 | 6 | 7 | 8 | 25 | 26 | 27 | 28 | 29 | 30 | 31 | 32 | 17 | 18 | 19 | 20 | 21 | 22 | 23 | 24 |
| 8 | 9 | 10 | 11 | 12 | 13 | 14 | 15 | 16 | 1 | 2 | 3 | 4 | 5 | 6 | 7 | 26 | 27 | 28 | 29 | 30 | 31 | 32 | 17 | 18 | 19 | 20 | 21 | 22 | 23 | 24 | 25 |
| 7 | 8 | 9 | 10 | 11 | 12 | 13 | 14 | 15 | 16 | 1 | 2 | 3 | 4 | 5 | 6 | 27 | 28 | 29 | 30 | 31 | 32 | 17 | 18 | 19 | 20 | 21 | 22 | 23 | 24 | 25 | 26 |
| 6 | 7 | 8 | 9 | 10 | 11 | 12 | 13 | 14 | 15 | 16 | 1 | 2 | 3 | 4 | 5 | 28 | 29 | 30 | 31 | 32 | 17 | 18 | 19 | 20 | 21 | 22 | 23 | 24 | 25 | 26 | 27 |
| 5 | 6 | 7 | 8 | 9 | 10 | 11 | 12 | 13 | 14 | 15 | 16 | 1 | 2 | 3 | 4 | 29 | 30 | 31 | 32 | 17 | 18 | 19 | 20 | 21 | 22 | 23 | 24 | 25 | 26 | 27 | 28 |
| 4 | 5 | 6 | 7 | 8 | 9 | 10 | 11 | 12 | 13 | 14 | 15 | 16 | 1 | 2 | 3 | 30 | 31 | 32 | 17 | 18 | 19 | 20 | 21 | 22 | 23 | 24 | 25 | 26 | 27 | 28 | 29 |
| 3 | 4 | 5 | 6 | 7 | 8 | 9 | 10 | 11 | 12 | 13 | 14 | 15 | 16 | 1 | 2 | 31 | 32 | 17 | 18 | 19 | 20 | 21 | 22 | 23 | 24 | 25 | 26 | 27 | 28 | 29 | 30 |
| 2 | 3 | 4 | 5 | 6 | 7 | 8 | 9 | 10 | 11 | 12 | 13 | 14 | 15 | 16 | 1 | 32 | 17 | 18 | 19 | 20 | 21 | 22 | 23 | 24 | 25 | 26 | 27 | 28 | 29 | 30 | 31 |
| 1 | 2 | 3 | 4 | 5 | 6 | 7 | 8 | 9 | 10 | 11 | 12 | 13 | 14 | 15 | 16 | 17 | 18 | 19 | 20 | 21 | 22 | 23 | 24 | 25 | 26 | 27 | 28 | 29 | 30 | 31 | 32 |

$\langle 2, 17 : 2^{16} = 1, 17^2 = 2^8, 2.17 = 17.2^{-1} \rangle = Q_{16}$

1 element of order 2, 18 of order 4, 4 of order 8, 8 of order 16
11 conjugacy classes, centre type 2/1, inner automorphisms type 16/12
Commutator subgroup type 8/1, abelianisation type 4/2

# General information

The following pages contain

1) summary tables for groups of orders 8,12,16,18,20 24,27,28,30 and 32

2) a table of the number of groups of each order up to 100

3) a summary of basic definitions.

Notation.

NCC = number of conjugacy classes
  Z = type of centre
 G' = type of commutator subgroup
 Ab = type of abelianisation
 Ia = type of inner automorphism group
Aut = type or order of automorphism group
 Sq = type of group generated by squares

## Groups of order 8

| Type | Elements of order | | | NCC | Z | G' | Ab | Ia | Aut |
|------|:-:|:-:|:-:|:-:|:-:|:-:|:-:|:-:|:-:|
| | 2 | 4 | 8 | | | | | | |
| 8/1 | 1 | 2 | 4 | 8 | | abelian | abelian | | 4/2 |
| 8/2 | 3 | 4 | | 8 | | abelian | abelian | | 8/4 |
| 8/3 | 7 | | | 8 | | abelian | abelian | | $GL_3(F_2)$ |
| 8/4 | 5 | 2 | | 5 | 2/1 | 2/1 | 4/2 | 4/2 | 8/4 |
| 8/5 | 1 | 6 | | 5 | 2/1 | 2/1 | 4/2 | 4/2 | 24/12 |

## Groups of order 12

| Type | Elements of order | | | | | NCC | Sylow subgroups | Z | G' | Ab | Ia | Aut |
|------|:-:|:-:|:-:|:-:|:-:|:-:|:-:|:-:|:-:|:-:|:-:|:-:|
| | 2 | 3 | 4 | 6 | 12 | | | | | | | |
| 12/1 | 1 | 2 | 2 | 2 | 4 | 12 | 4/1 3/1 | | abelian | | | 4/2 |
| 12/2 | 3 | 2 | | 6 | | 12 | 4/2 3/1 | | abelian | | | 12/3 |
| 12/3 | 7 | 2 | | 2 | | 6 | 3*4/2 3/1 | 2/1 | 3/1 | 4/2 | 6/2 | 12/3 |
| 12/4 | 3 | 8 | | 2 | | 6 | 4/2 4*3/1 | 2/1 | 3/1 | 4/2 | 6/2 | 24/12 |
| 12/5 | 1 | 2 | 6 | 2 | | 6 | 3*4/1 3/1 | 2/1 | 3/1 | 4/2 | 6/2 | 12/3 |

## Groups of order 16

| Type | Elements of order | | | | NCC | Z | G' | Ab | Ia | Aut | sq |
|------|----|----|----|----|-----|-----|------|---------|-----|----------------|-----|
| | 2 | 4 | 8 | 16 | | | | | | | |
| 16/1 | 1 | 2 | 4 | 8 | 16 | | abelian | | | 8/2 | 8/1 |
| 16/2 | 3 | 4 | 8 | | 16 | | abelian | | | 16/6 | 4/1 |
| 16/3 | 3 | 12 | | | 16 | | abelian | | | $GL_2(Z_4)$ | 4/2 |
| 16/4 | 7 | 8 | | | 16 | | abelian | | | ord 192 | 2/1 |
| 16/5 | 15 | | | | 16 | | abelian | | | $GL_4(F_2)$ | 1 |
| 16/6 | 11 | 4 | | | 10 | 4/2 | 2/1 | 8/3 | 4/2 | ord 64 | 2/1 |
| 16/7 | 3 | 12 | | | 10 | 4/2 | 2/1 | 8/3 | 4/2 | ord 192 | 2/1 |
| 16/8 | 7 | 8 | | | 10 | 4/1 | 2/1 | 8/3 | 4/2 | ord 48 | 2/1 |
| 16/9 | 7 | 8 | | | 10 | 4/2 | 2/1 | 8/2 | 4/2 | 32/33 | 4/2 |
| 16/10 | 3 | 12 | | | 10 | 4/2 | 2/1 | 8/2 | 4/2 | 32/33 | 4/2 |
| 16/11 | 3 | 4 | 8 | | 10 | 4/2 | 2/1 | 8/2 | 4/2 | 16/6 | 4/1 |
| 16/12 | 9 | 2 | 4 | | 7 | 2/1 | 4/1 | 4/2 | 8/4 | 32/44 | 4/1 |
| 16/13 | 5 | 6 | 4 | | 7 | 2/1 | 4/1 | 4/2 | 8/4 | 16/6 | 4/1 |
| 16/14 | 1 | 10 | 4 | | 7 | 2/1 | 4/1 | 4/2 | 8/4 | 32/44 | 4/1 |

## Groups of order 18

| Type | Elements of order 2 | 3 | 6 | 9 | 18 | NCC | Sylow subgroups | Z | G' | Ab | Ia | Aut |
|------|---|---|---|---|----|-----|-----------------|---|----|----|----|-----|
| 18/1 | 1 | 2 | 2 | 6 | 6 | 18 | 2/1 9/1 | | abelian | | | 6/1 |
| 18/2 | 1 | 8 | 8 | | | 18 | 2/1 9/2 | | abelian | | | $GL_2(F_3)$ |
| 18/3 | 3 | 8 | 6 | | | 9 | 3*2/1 9/2 | 3/1 | 3/1 | 6/1 | 6/2 | 12/3 |
| 18/4 | 9 | 2 | | 6 | | 6 | 9*2/1 9/1 | 1 | 9/1 | 2/1 | 18/4 | $Hol(C_9)$ |
| 18/5 | 9 | 8 | | | | 6 | 9*2/1 9/2 | 1 | 9/2 | 2/1 | 18/5 | $Hol(C_3 \times C_3)$ |

## Groups of order 20

| Type | Elements of order 2 | 4 | 5 | 10 | 20 | NCC | Sylow subgroups | Z | G' | Ab | Ia | Aut |
|------|---|----|---|----|----|-----|-----------------|---|----|----|-----|-----|
| 20/1 | 1 | 2 | 4 | 4 | 8 | 20 | 4/1 5/1 | | abelian | | | 8/2 |
| 20/2 | 3 | | 4 | 12 | | 20 | 4/2 5/1 | | abelian | | | 24/8 |
| 20/3 | 11 | | 4 | 4 | | 8 | 5*4/2 5/1 | 2/1 | 5/1 | 4/2 | 10/2 | $Hol(C_{10})$ |
| 20/4 | 1 | 10 | 4 | 4 | | 8 | 5*4/2 5/1 | 2/1 | 5/1 | 4/1 | 10/2 | $Hol(C_{10})$ |
| 20/5 | 5 | 10 | 4 | | | 8 | 5*4/1 5/1 | 1 | 5/1 | 4/1 | 20/5 | 20/5 |

## Groups of order 24

| Type | 2 | 3 | 4 | 6 | 8 | 12 | 24 | NCC | Sylow subgroups | Z | G' | Ab | Ia | Aut |
|------|---|---|---|---|---|----|----|-----|-----------------|---|----|----|----|-----|
| | | | | Elements of order | | | | | | | | | | |
| 24/1  | 1  | 2 | 2  | 2  | 4  | 4  | 8 | 24 | 8/1    3/1      |     | abelian |      |       | $8/3$ |
| 24/2  | 3  | 2 | 4  | 6  |    | 8  |   | 24 | 8/2    3/1      |     | abelian |      |       | $16/6$ |
| 24/3  | 7  | 2 |    | 14 |    |    |   | 24 | 8/3    3/1      |     | abelian |      |       | $GL_3(F_2) \times C_2$ |
| 24/4  | 15 | 2 |    | 6  |    |    |   | 12 | 3*8/3  3/1      | 4/2 | 3/1  | 8/3  | 6/2   | $S_3 \times S_3$ |
| 24/5  | 7  | 8 |    | 8  |    |    |   | 8  | 8/3    4*3/1    | 2/1 | 4/2  | 6/1  | 12/4  | $24/12$ |
| 24/6  | 3  | 2 | 12 | 6  |    |    |   | 12 | 3*8/2  3/1      | 4/2 | 3/1  | 8/2  | 6/2   | $12/3$ |
| 24/7  | 5  | 2 | 2  | 10 |    | 4  |   | 15 | 8/4    3/1      | 6/1 | 2/1  | 12/2 | 4/2   | $16/6$ |
| 24/8  | 1  | 2 | 6  | 2  |    | 12 |   | 15 | 8/5    3/1      | 6/1 | 2/1  | 12/2 | 4/2   | $24/12$ |
| 24/9  | 7  | 2 | 8  | 2  |    | 4  |   | 12 | 3*8/2  3/1      | 4/1 | 3/1  | 8/2  | 6/2   | $12/3$ |
| 24/10 | 13 | 2 | 2  | 2  |    | 4  |   | 9  | 3*8/4  3/1      | 2/1 | 6/1  | 4/2  | 12/3  | $Hol(C_{12})$ |
| 24/11 | 1  | 2 | 14 | 2  |    | 4  |   | 9  | 3*8/5  3/1      | 2/1 | 6/1  | 4/2  | 12/3  | $Hol(C_{12})$ |
| 24/12 | 9  | 8 | 6  |    |    |    |   | 5  | 3*8/4  4*3/1    | 1   | 12/4 | 2/1  | 24/12 | $24/12$ |
| 24/13 | 1  | 8 | 6  | 8  |    |    |   | 7  | 8/5    4*3/1    | 2/1 | 8/5  | 3/1  | 12/4  | $24/12$ |
| 24/14 | 1  | 2 | 2  | 2  | 12 | 4  |   | 12 | 3*8/1  3/1      | 4/1 | 3/1  | 8/1  | 6/2   | $24/4$ |
| 24/15 | 9  | 2 | 6  | 6  |    |    |   | 9  | 3*8/4  3/1      | 2/1 | 6/1  | 4/2  | 12/3  | $24/4$ |

## Groups of order 27

| Type | Elements of order 3 | 9 | 27 | NCC | Z | G' | Ab | Ia | Aut |
|------|------|------|------|------|------|------|------|------|------|
| 27/1 | 2 | 6 | 18 | 27 | | abelian | | | 18/1 |
| 27/2 | 8 | 18 | | 27 | | abelian | | | ord 108 |
| 27/3 | 26 | | | 27 | | abelian | | | $GL_3(F_3)$ |
| 27/4 | 26 | | | 11 | 3/1 | 3/1 | 9/2 | 9/2 | ord 432 |
| 27/5 | 8 | 18 | | 11 | 3/1 | 3/1 | 9/2 | 9/2 | ord 54 |

## Groups of order 28

| Type | Elements of order 2 | 4 | 7 | 14 | 28 | NCC | Sylow subgroups | Z | G' | Ab | Ia | Aut |
|------|------|------|------|------|------|------|------|------|------|------|------|------|
| 28/1 | 1 | 2 | 6 | 6 | 12 | 28 | 4/1 | | abelian | | | 12/1 |
| 28/2 | 3 | | 6 | 18 | | 28 | 4/2 | | abelian | | | $C_6 \times S_3$ |
| 28/3 | 15 | | 6 | 6 | | 10 | 7*4/2 | 2/1 | 7/1 | 4/2 | 14/2 | $Hol(C_{14})$ |
| 28/4 | 1 | 14 | 6 | 6 | | 10 | 7*4/1 | 2/1 | 7/1 | 4/1 | 14/2 | $Hol(C_{14})$ |

## Groups of order 30

| Type | Elements of order | | | | | | | NCC | Sylow subgroups | | | Z | G' | Ab | Ia | Aut |
|------|---|---|---|---|----|----|----|-----|---|---|---|---|----|----|----|-----|
| | 2 | 3 | 5 | 6 | 10 | 15 | 30 | | | | | | | | | |
| 30/1 | 1 | 2 | 4 | 2 | 4 | 8 | 8 | 30 | 2/1 | 3/1 | 5/1 | | abelian | | | 8/2 |
| 30/2 | 5 | 2 | 4 | 10 | | 8 | | 12 | 5*2/1 | 3/1 | 5/1 | 3/1 | 5/1 | 6/1 | 10/2 | $Hol(C_5) \times C_2$ |
| 30/3 | 3 | 2 | 4 | | 12 | 8 | | 15 | 3*2/1 | 3/1 | 5/1 | 5/1 | 3/1 | 10/1 | 6/2 | 24/9 |
| 30/4 | 15 | 2 | 4 | | | 8 | | 9 | 15*2/1 | 3/1 | 5/1 | 1 | 15/1 | 2/1 | 30/4 | $Hol(C_{15})$ |

# Groups of order 32

| Type | \|2\| | \|4\| | \|8\| | \|16\| | \|32\| | NCC | Z | Ia | G' | Ab |
|------|---|---|---|---|---|---|---|---|---|---|
| 32/ 1 | 1 | 2 | 4 | 8 | 16 | | abelian | | | |
| 32/ 2 | 3 | 4 | 8 | 16 | | | abelian | | | |
| 32/ 3 | 3 | 12 | 16 | | | | abelian | | | |
| 32/ 4 | 7 | 8 | 16 | | | | abelian | | | |
| 32/ 5 | 7 | 24 | | | | | abelian | | | |
| 32/ 6 | 15 | 16 | | | | | abelian | | | |
| 32/ 7 | 31 | | | | | | abelian | | | |
| 32/ 8 | 23 | 8 | | | | 20 | 8/3 | 4/2 | 2/1 | 16/5 |
| 32/ 9 | 7 | 24 | | | | 20 | 8/3 | 4/2 | 2/1 | 16/5 |
| 32/10 | 15 | 16 | | | | 20 | 8/2 | 4/2 | 2/1 | 16/5 |
| 32/11 | 15 | 16 | | | | 20 | 8/3 | 4/2 | 2/1 | 16/4 |
| 32/12 | 7 | 24 | | | | 20 | 8/3 | 4/2 | 2/1 | 16/4 |
| 32/13 | 7 | 8 | 16 | | | 20 | 8/2 | 4/2 | 2/1 | 16/4 |
| 32/14 | 11 | 20 | | | | 20 | 8/2 | 4/2 | 2/1 | 16/4 |
| 32/15 | 3 | 28 | | | | 20 | 8/2 | 4/2 | 2/1 | 16/4 |
| 32/16 | 7 | 24 | | | | 20 | 8/2 | 4/2 | 2/1 | 16/4 |
| 32/17 | 7 | 8 | 16 | | | 20 | 8/1 | 4/2 | 2/1 | 16/4 |
| 32/18 | 7 | 24 | | | | 20 | 8/3 | 4/2 | 2/1 | 16/3 |
| 32/19 | 3 | 12 | 16 | | | 20 | 8/2 | 4/2 | 2/1 | 16/3 |
| 32/20 | 7 | 8 | 16 | | | 20 | 8/2 | 4/2 | 2/1 | 16/2 |
| 32/21 | 3 | 12 | 16 | | | 20 | 8/2 | 4/2 | 2/1 | 16/2 |
| 32/22 | 3 | 4 | 8 | 16 | | 20 | 8/1 | 4/2 | 2/1 | 16/2 |
| 32/23 | 19 | 4 | 8 | | | 14 | 4/2 | 8/4 | 4/1 | 8/3 |
| 32/24 | 11 | 12 | 8 | | | 14 | 4/2 | 8/4 | 4/1 | 8/3 |
| 32/25 | 3 | 20 | 8 | | | 14 | 4/2 | 8/4 | 4/1 | 8/3 |
| 32/26 | 11 | 12 | 8 | | | 14 | 4/1 | 8/4 | 4/1 | 8/3 |
| 32/27 | 11 | 12 | 8 | | | 14 | 4/2 | 8/4 | 4/1 | 8/2 |
| 32/28 | 3 | 20 | 8 | | | 14 | 4/2 | 8/4 | 4/1 | 8/2 |
| 32/29 | 3 | 20 | 8 | | | 14 | 4/2 | 8/4 | 4/1 | 8/2 |
| 32/30 | 3 | 20 | 8 | | | 14 | 4/2 | 8/4 | 4/1 | 8/2 |
| 32/31 | 7 | 16 | 8 | | | 14 | 4/1 | 8/4 | 4/1 | 8/2 |
| 32/32 | 3 | 4 | 24 | | | 14 | 4/1 | 8/4 | 4/1 | 8/2 |
| 32/33 | 19 | 12 | | | | 14 | 4/2 | 8/3 | 4/2 | 8/3 |
| 32/34 | 19 | 12 | | | | 14 | 4/2 | 8/3 | 4/2 | 8/3 |
| 32/35 | 3 | 28 | | | | 14 | 4/2 | 8/3 | 4/2 | 8/3 |
| 32/36 | 15 | 16 | | | | 14 | 4/2 | 8/3 | 4/2 | 8/3 |
| 32/37 | 7 | 24 | | | | 14 | 4/2 | 8/3 | 4/2 | 8/3 |
| 32/38 | 11 | 20 | | | | 14 | 4/2 | 8/3 | 4/2 | 8/3 |
| 32/39 | 11 | 20 | | | | 14 | 4/2 | 8/3 | 4/2 | 8/3 |
| 32/40 | 3 | 28 | | | | 14 | 4/2 | 8/3 | 4/2 | 8/3 |
| 32/41 | 7 | 24 | | | | 14 | 4/2 | 8/3 | 4/2 | 8/3 |
| 32/42 | 19 | 12 | | | | 17 | 2/1 | 16/5 | 2/1 | 16/5 |
| 32/43 | 11 | 20 | | | | 17 | 2/1 | 16/5 | 2/1 | 16/5 |
| 32/44 | 15 | 8 | 8 | | | 11 | 2/1 | 16/6 | 4/1 | 8/3 |
| 32/45 | 7 | 16 | 8 | | | 11 | 2/1 | 16/6 | 4/1 | 8/3 |
| 32/46 | 11 | 20 | | | | 11 | 2/1 | 16/9 | 4/2 | 8/2 |
| 32/47 | 11 | 4 | 16 | | | 11 | 2/1 | 16/9 | 4/2 | 8/2 |
| 32/48 | 3 | 12 | 16 | | | 11 | 2/1 | 16/9 | 4/2 | 8/2 |
| 32/49 | 17 | 2 | 4 | 8 | | 11 | 2/1 | 16/12 | 8/1 | 4/2 |
| 32/50 | 9 | 10 | 4 | 8 | | 11 | 2/1 | 16/12 | 8/1 | 4/2 |
| 32/51 | 1 | 18 | 4 | 8 | | 11 | 2/1 | 16/12 | 8/1 | 4/2 |

## Number of groups of order up to 100.

| n | $g_n$ | $a_n$ | n | $g_n$ | $a_n$ | n | $g_n$ | $a_n$ | n | $g_n$ | $a_n$ |
|---|---|---|---|---|---|---|---|---|---|---|---|
| 1 | 1 | 1 | 26 | 2 | 1 | 51 | 1 | 1 | 76 | 4 | 2 |
| 2 | 1 | 1 | 27 | 5 | 3 | 52 | 5 | 2 | 77 | 1 | 1 |
| 3 | 1 | 1 | 28 | 4 | 2 | 53 | 1 | 1 | 78 | 6 | 1 |
| 4 | 2 | 1 | 29 | 1 | 1 | 54 | 15 | 3 | 79 | 1 | 1 |
| 5 | 1 | 1 | 30 | 4 | 1 | 55 | 2 | 1 | 80 | 52 | 5 |
| 6 | 2 | 1 | 31 | 1 | 1 | 56 | 13 | 3 | 81 | 15 | 5 |
| 7 | 1 | 1 | 32 | 51 | 7 | 57 | 2 | 1 | 82 | 2 | 1 |
| 8 | 5 | 3 | 33 | 1 | 1 | 58 | 2 | 1 | 83 | 1 | 1 |
| 9 | 2 | 2 | 34 | 2 | 1 | 59 | 1 | 1 | 84 | 15 | 2 |
| 10 | 2 | 1 | 35 | 1 | 1 | 60 | 13 | 2 | 85 | 1 | 1 |
| 11 | 1 | 1 | 36 | 14 | 4 | 61 | 1 | 1 | 86 | 2 | 1 |
| 12 | 5 | 2 | 37 | 1 | 1 | 62 | 2 | 1 | 87 | 1 | 1 |
| 13 | 1 | 1 | 38 | 2 | 1 | 63 | 4 | 2 | 88 | 12 | 3 |
| 14 | 2 | 1 | 39 | 2 | 1 | 64 | 267 | 11 | 89 | 1 | 1 |
| 15 | 1 | 1 | 40 | 14 | 3 | 65 | 1 | 1 | 90 | 10 | 2 |
| 16 | 14 | 5 | 41 | 1 | 1 | 66 | 4 | 1 | 91 | 1 | 1 |
| 17 | 1 | 1 | 42 | 6 | 1 | 67 | 1 | 1 | 92 | 4 | 2 |
| 18 | 5 | 2 | 43 | 1 | 1 | 68 | 5 | 2 | 93 | 2 | 1 |
| 19 | 1 | 1 | 44 | 4 | 2 | 69 | 1 | 1 | 94 | 2 | 1 |
| 20 | 5 | 2 | 45 | 2 | 2 | 70 | 4 | 1 | 95 | 1 | 1 |
| 21 | 2 | 1 | 46 | 2 | 1 | 71 | 1 | 1 | 96 | 230 | 7 |
| 22 | 2 | 1 | 47 | 1 | 1 | 72 | 50 | 6 | 97 | 1 | 1 |
| 23 | 1 | 1 | 48 | 52 | 5 | 73 | 1 | 1 | 98 | 5 | 2 |
| 24 | 15 | 3 | 49 | 2 | 2 | 74 | 2 | 1 | 99 | 2 | 2 |
| 25 | 2 | 2 | 50 | 5 | 2 | 75 | 3 | 2 | 100 | 16 | 4 |

For each n, $g_n$ is the number of groups and $a_n$ the number of abelian groups of order n.

A <u>group</u> is a set G with a binary operation $(a,b) \mapsto a.b$ such that
1) $a.(b.c) = (a.b).c$ for all $a,b,c$ in G
2) there is an element 1 in G such that $a.1=a=1.a$ for all a in G
3) for each a in G there is an element $a^{-1}$ such that
$a.a^{-1} =1=a^{-1}.a$.
The element 1 is called the <u>identity</u> of the group G, and the ele-
ment $a^{-1}$ the <u>inverse</u> of a. The <u>order</u> of G is the number of ele-
ments in G and the <u>order of an element</u> a is the least positive n
such that $a^n =1$.
    If $G_1$ and $G_2$ are two groups, then a function $f:G_1 \dashrightarrow G_2$ is
called a homomorphism if
        $f(a.b)=f(a).f(b)$ for all $a,b$ in G
If f is also one-one and onto then f is called an <u>isomorphism</u>,
and $G_1$ and $G_2$ are called <u>isomorphic</u> groups.
A subset H of the group G is a <u>subgroup</u> if
1) 1 is in H
2) for $a,b$ in H the element $a.b$ is in H
3) for a in H the element $a^{-1}$ is also in H.

    A pair $a,b$ of elements are said to <u>commute</u> if $a.b=b.a$.    The
<u>centre</u> of the group G is the set
        $Z(G)=\{a \in G: a.x=x.a$  for all x in G$\}$
If the centre of G is G then G is <u>abelian</u>. If the elements $a,b$
do not commute then the element $bab^{-1}$ is not equal to a. This
element is called the <u>conjugate</u> of a by b and the set of all con-
jugates of a the <u>conjugacy class</u> of a. A subgroup which is a
union of conjugacy classes is called a <u>normal</u> subgroup.
    A <u>right coset</u> of a subgroup H of G is a subset of G of the
form
        $\{hx:h \in H\}$      for some x in G.
The set of all cosets of h in G is denoted by G/H. If H is a
normal subgroup of G then the set G/H can be given the structure
of a group in a unique manner such that the map $G \dashrightarrow G/H$, (which
sends the element x of G to the coset which contains x) , is a
homomorphism. The group G/H is called the <u>quotient group</u> of G
by H.
    If the elements $a,b$ do not commute then the element
        $[a,b]=a.b.a^{-1}.b^{-1}$
is not equal to 1. This element is called the <u>commutator</u> of a
and b. The <u>commutator subgroup</u> is the smallest subgroup G' of G
containing all commutators . In general the product of two com-
mutators is not a commutator, although it is for every group of
order no more than 32. The <u>abelianisation</u> of G is the quotient
G/G' , which is the largest abelian quotient group of G.
    A subgroup H of a finite group G is a <u>Sylow-p-subgroup</u> is p
is a prime dividing the order of G, and the order of H is the
largest power of p which divides the order of G.
    An <u>automorphism</u> of G is an isomorphism from G to itself.
For each element a in G the function $x \mapsto a.x.a^{-1}$ is an automor-
phism of G and any automorphism of this form is called an <u>inner</u>
<u>automorphism</u>. The set Aut(G) of all automorphisms of G is a
group under composition of functions and the subset Inn(G) of
inner automorphisms is a subgroup of Aut(G). The group Inn(G) is
isomorphic the the quotient G/Z(G).

A group G is <u>cyclic</u> if there is an element g in G such that every element of G is a power of g; such an element g is called a <u>generator</u> of G. For each positive integer n there is a unique cyclic group $C_n$ of order n, represented by the multiplicative group of complex n-th roots of unity which has as one of its generators the element

$$w = \exp(2\pi i/n).$$

The elements of $C_n$ are the n complex numbers

$$1 = w^0, w^1, w^2, \ldots, w^{n-1}$$

The element $w^j$ is a generator of C iff $(j,n)=1$. The number of integers j satisfying

$$1 \leqslant j \leqslant n \quad \text{and} \quad (j,n) = 1$$

is denoted by $\varphi(n)$, the function $\varphi$ being called Euler's function.

The group $C_n$ has one subgroup for each divisor d of n, namely the group $C_d$ generated by $w^{n/d}$. The group $C_r$ is contained in $C_s$ iff r divides s so that the lattice of subgroups of $C_n$ is isomorphic to the lattice of divisors of n.

Each automorphism of C takes w to some other generator. If $A_j$ denotes the automorphism $A_j : C_n \dashrightarrow C_n$ defined by

$$A_j(x) = x^j \quad \text{for all x in } C_n$$

where j is an integer with $(j,n)=1$

then $\text{Aut}(C_n)$ is the set

$$\{A_j : 1 \leqslant j \leqslant n, \ (j,n)=1\}$$

which has order $\varphi(n)$. The composite $A_r A_s$ is equal to $A_t$ where t =rs mod(n).

Any finite abelian group can be expressed as a product of cyclic groups usually in several different ways.
1) A finite abelian group can be expressed uniquely as a product of cylic groups of prime power order.
2) A finite abelian group can be expressed uniquely as a product of cyclic groups $G_1, G_2, \ldots, G$ such that if $n_k$ denotes the order of $G_k$ then $n_k$ is a multiple of $n_{k+1}$ for each k. The numbers $n_1, n_2, \ldots, n_r$ are called the <u>elementary divisors</u> of A.
To any partition

$$m = m_1 + m_2 + \ldots + m_k$$

of m there corresponds the abelian group

$$C_{p^{m_1}} \times C_{p^{m_2}} \times \ldots \times C_{p^{m_k}}$$

of order $p^m$. Different partitions of m determine different abelian groups. so that of order p for any prime p. There is a one-one correspondence between partitions of m and abelian groups of order p .If n is a natural number and

$$n = p_1^{k_1} p_2^{k_2} \ldots p_r^{k_r}$$

is the factorisation of n into prime powers, then each partition of $k_j$ determines an abelian group of order $p_j^{k_j}$ and the product of these groups is an abelian group of order n. The number of abelian groups of order n is the product

$$\pi(k_1) \pi(k_2) \ldots \pi(k_r)$$

where $\pi(k)$ denotes the number of partitions of k.

For small values of k the values of $\pi(k)$ are as follows:

| k = | 1 | 2 | 3 | 4 | 5 | 6 | 7 | 8 | 9 | 10 |
|-----|---|---|---|---|---|---|---|---|---|----|
| $\pi(k)$ = | 1 | 2 | 3 | 5 | 7 | 11 | 15 | 22 | 30 | 42 |

For example. consider $n = 600 = 2^3.3.5^2$ . There are 3 partitions of 3
namely

$$3 , 2 + 1 , 1 + 1 + 1$$

and so 3 abelian groups of order $2^3 = 8$. The six abelian groups of order 600 are the products of any one of $C_8$, $C_4 \times C_2$ or $C_2 \times C_2 \times C_2$ with any one of $C_{25}$ or $C_5 \times C_5$ with $C_3$.

An n-dimensional representation of the group G is a homomorphism from G to the group of n x n invertible complex matrices. Two representations R,S are equivalent if there is an invertible matrix U such that

$$R(x) = US(x)U^{-1} \text{ for each x in G.}$$

The sum of two representations R and S is the representation

$$x \longmapsto \begin{pmatrix} R(x) & 0 \\ 0 & S(x) \end{pmatrix}$$

which has dimension the sum of the dimensions of R and S. A representation is irreducible if it is not equivalent to such a sum. The number of inequivalent irreducible representations k of a finite group G is equal to the number of conjugacy classes, and if their dimensions are $n_1$ ,$n_2$ ,...,$n_K$ then

$$n_1^2 + n_2^2 + ... + n_K^2 = \text{order of G}$$

The character of a representation R is the function

$$x \longmapsto \text{trace}(R(x)) \text{ for x in G.}$$

The character is constant on conjugacy classes. A 1-dimensional representation is already a character. If R is a 1-dimensional and S is an n-dimensional representation, then the mapping

$$x \longmapsto R(x)S(x) \text{ for x in G}$$

is also an n-dimensional representation which is irreducible if S is.

**DATE DUE**

| | | | |
|---|---|---|---|
| | | | |
| | | | |
| | | | |
| | | | |
| | | | |
| | | | |
| | | | |
| | | | |
| | | | |